普通高等教育土木水利专业精品规划教材

材料试验优化设计与 PPR 分析方法

何建新　宫经伟　刘　亮
杨海华　杨　武　丁金华　编著

黄河水利出版社

·郑州·

内 容 提 要

本书总结了在岩土与混凝土材料试验设计与数据处理中的经验和体会,在概率论和数理统计理论的基础上,以试验设计和PPR数据处理方法为主要内容,结合了大量材料试验设计典型实例,介绍了在因子贡献权重、数据结构挖掘、材料数据本构、全局仿真寻优等方面PPR无假定建模技术的应用。

本书可为岩土与材料领域及相关专业研究生试验设计、数据处理与分析方法提供较好的指导作用,也可为相关领域工程技术人员提供一定的借鉴和帮助。

图书在版编目(CIP)数据

材料试验优化设计与PPR分析方法/何建新等编著
.—郑州:黄河水利出版社,2025.3
普通高等教育土木水利专业精品规划教材
ISBN 978-7-5509-3877-9

Ⅰ.①材… Ⅱ.①何… Ⅲ.①材料试验-最优设计-
高等学校-教材 Ⅳ.①TU502

中国国家版本馆 CIP 数据核字(2024)第 083564 号

组稿编辑:岳晓娟 电话:0371-66020903 QQ:2250150882

责任编辑 赵红菲 责任校对 鲁 宁
封面设计 张心怡 责任监制 常红昕
出版发行 黄河水利出版社
地址:河南省郑州市顺河路49号 邮政编码:450003
网址:www.yrcp.com E-mail:hhslcbs@126.com
发行部电话:0371-66020550
承印单位 河南匠心印刷有限公司
开 本 787 mm×1 092 mm 1/16
印 张 16.25
字 数 385 千字
版次印次 2025 年 3 月第 1 版 2025 年 3 月第 1 次印刷
定 价 68.00 元

前　言

根据《教育部关于做好全日制硕士专业学位研究生培养工作的若干意见》（教研〔2009〕1号）精神，研究生教育必须要增强服务于国家和社会发展的能力，加快结构调整的步伐，加大应用型人才培养的力度，促进人才培养与经济社会发展实际需求的紧密联系。从泥瓦砖木，到铜铁铝钢，再到碳纤维、石墨烯，伴随着文明和科技的进步，人类对材料开发利用的广度和深度逐步加大和加深，可以毫不夸张地说：我们的世界因材料而改变。然而，在进行材料试验前，设计一个好的试验方案非常重要，它将直接决定试验的成败，可以说，有一个好的试验设计，试验就成功了一半。试验完成后，如何对得到的试验数据（指标）进行科学分析，从而得到正确的结论，这也是试验设计的重要内容。鉴于此，编写了本书。试验设计与数据处理方法对科技工作者来说是非常重要的知识，作者多年来一直致力于把这门综合知识运用到材料学科的研究生教学中，使学生能够自主设计试验方案，并利用计算机进行数据处理，还对学生撰写毕业论文有非常大的帮助。

大量的材料试验设计结果表明：虽然自变量设计都是正态分布，但是试验结果的因变量却往往都是非正态分布，导致有正态分布假定前提的常规统计方法丧失了可靠性。例如：方差分析、人为的数学模型选择及响应面仿真分析、优化设计等，往往出现许多边界条件不合理的结果（出现违反常规的负值、无法外延等）。本书充分发挥无假定建模 PPR 技术的优势，达到优化试验设计和试验结果分析的目的。2021年，作者申请了"新疆农业大学研究生教育教学改革研究"项目的教材建设，以《复杂系统的投影寻踪回归无假定建模技术及应用实例》中的理论为基础，以实际水利工程材料研究应用为导向，综合了近年来在"岩土与混凝土材料试验设计与数据处理"中的经验和体会，力求理论的系统性和完整性，在工程应用方面做到通俗、实用。

本书的特色与创新表现在以下几个方面：

（1）PPR 无假定建模技术是认识客观世界的数学工具利器。针对传统的复杂系统建模方法存在主观"假定""准则"与客观实际相悖的现象，提出 PPR 无假定建模概念。也就是，忠实于数据本身，事先不选择任何经验分布函数形式，而是直接用数值函数来描述投影得到的岭函数；同时，不选择、不规定任何特定的投影寻踪算法，也不对原始数据做任何假定、分割、变换等人为干预，不论数据分布是正态还是偏态，也不论其是白色量、灰色量、模糊量还是黑色系统，都直接用于 PPR 建模分析和处理，证明 PPR 无假定建模技术是认识客观世界的多功能的有效数学工具。

（2）PPR 可弥补现行材料试验设计的缺陷与不足。优化试验设计的目的在于用最少的试验来获取响应 Y_j 和因素 X_i 之间最多的信息。然而，变量筛选强烈地依赖于它所存在的模型（以计算水泥凝固热的例子），即存在着变量选择与模型选择究竟是"先有蛋还是先有鸡"的难题，导致选择变量的贡献大小失真。研究表明：均匀设计+扩充边界区试验，或者利用自应力水泥的最优配方例子（葛毅雄教授）合并两个试验结果为一个样本，而出现两个自变量(粉煤灰、硅粉)为零的边界条件,做到了从失败的两次试验数据中找出了成功规律的典型案例。类似地,也可以把固定条件下的单因子预备试验数据归纳合并到正交试验数据中,把固定条件作为相应的其他自变量,以扩大试验的边界条件及信息量。

(3)在材料领域,PPR 具有强大的数据分析能力。无论是在自然界还是在工程界,正态分布仅仅是特殊的个例,如掷六面体骰子、抛硬币正反面等简单试验,非正态分布却是常例。试验结果数据的非正态性与方差分析的正态性的前提假定相背离,以及与数学模型的正态性假定前提相矛盾。这些将导致方差分析失真、响应面分析经常出现边界值为负的不合理现象等。灵活应用最好的试验数据分析方法,投影寻踪回归无假定建模技术具有不确定性量化、数据结构深度挖掘、全局仿真寻优、影响因素的权重分析等功能。

本书以概率论和数理统计基本理论为基础,以试验数据统计、试验设计方法(正交试验设计为主)、PPR 数据处理方法为主要内容,力求简明易懂,并结合大量的材料试验设计典型实例,介绍了在因子贡献权重、数据结构挖掘、材料数据本构、全局仿真寻优等方面,PPR 无假定建模技术的应用。

本书得到了国家自然科学基金项目(52469025)、新疆维吾尔自治区杰出青年科学基金项目(2022D01E44)、新疆维吾尔自治区自然科学基金项目(2022D01A199),以及新疆水工岩土与结构工程技术研究中心、新疆水利工程安全及水灾害防治重点实验室、堤坝工程安全及灾害防治兵团重点实验室等的资助。

本书编写人员及分工如下:新疆农业大学、石河子大学何建新编写第 1、2、4 章;新疆农业大学宫经伟编写第 3 章;新疆农业大学杨武、杨海华、丁金华编写第 5、6 章;新疆农业大学刘亮编写第 7 章。全书由新疆农业大学、石河子大学何建新整体策划和统稿。感谢新疆农业大学杨力行教授、唐新军教授、葛毅雄教授和浙江水利水电学院郑祖国教授对本书编写提出的宝贵意见!新疆农业大学、石河子大学水工岩土与材料方向的部分研究生对本书的编写提供了帮助,在此对他们表示感谢!

由于作者水平所限,本书难免存在不当之处,恳请广大读者批评指正。

作　者

2024 年 8 月

目　录

第 1 章　绪　论

1.1　材料的作用

从泥瓦砖木,到铜铁铝钢,再到碳纤维、石墨烯,伴随着文明和科技的进步,人类对材料开发利用的广度和深度逐步加大加深。如今越来越多的新型材料走入科学家的视野,新材料技术的突破,将伴随着新一轮产业革命,改变我们所处世界的属性。有理由认为,未来人类任何"高大上"的宏伟工程,都有着看似"细小微"新材料的支撑。在衣食住行和绚烂生活中,亦随处可见它们的身影。

人类对工具的使用,被认为是和其他哺乳动物的一个本质区别。对材料的利用,则从这一本质区别开始。考古学家对人类史前历史的三个阶段划分——石器时代、青铜时代、铁器时代,即可见人类使用材料的进化历程。虽然这一进化历程漫漫数十万年,但正是它们的进化,最终导致了人类文明史上第一次产业革命——1 万年前农牧业的出现。

人类文明的发展,使得材料的进化树上不断添加新的分支,如今被视为传统材料的清单中,不断有新成员加入,尽管它们当初也曾有着新材料的名分。这些材料在成长,但并未老去。高楼平地起,从数千年前的巍峨金字塔、莽莽万里长城,到今天雄伟的跨海大桥、鳞次栉比的摩天大楼;从巨石砖瓦,到钢筋水泥。传统材料的名单虽在逐渐拉长,但它们的作用依然是人类社会生产生活的重要基石。可以说,一砖一瓦、一木一石,它们都承载着人类的文明。或许有一天,某些材料最终会被新的材料取代,但它们对人类文明发展的贡献却永不褪色。

"上天入地""空中楼阁"是人类的梦想,曾是那么遥不可及,如今却已变为现实。空客 A380、波音 787、C919 的飞翔,让我们体会到遨游天际的舒适与快感;国际空间站的建立,使人类有机会站在太空审视我们的星球。这些都得益于科技的进步,其中也都有新材料的功劳。

"巧妇难为无米之炊",没有材料,再高明奇巧的设计也只能永远停留在纸面上。缺了土石,古人无法建造遮风避雨之所;没有纸张,先祖的文明也难以传承。历史证明,材料是人类社会发展的物质基础和先导,新材料更是人类社会进步的催化剂,新材料创造的奇迹不胜枚举。超性能材料的突破,使哈里·波特的隐身衣从魔法世界走进我们的现实生活;先进复合材料的大量使用,让越来越大的人造物体能够摆脱地球引力而飞入太空,新材料的研发永无止境。

新材料涵盖广阔,金属材料、无机非金属材料、有机高分子材料、先进复合材料,这些专业划分或许让门外汉难以适从,但不管怎样,作为高新技术的基础和先导,新材料的研究代表着人类对物质的认知和应用在向更深层次进发。它的发展,在促进信息、能源、生物等技术革命的同时,对制造业、运输业及个人生活方式都产生着重大影响。正因如此,新材料才被称为"发明之母"和"产业粮食",成为 21 世纪最重要和最具发展潜力的领域。

材料世界是神奇的,在英国伦敦大学有一个材料收藏馆,馆中陈设着 2 000 多种五花八门的材料,从自然生成的煤到人类智慧杰作的生物玻璃,从廉价的木材到贵重的金属,让参观者目不暇接。置身其中,会在了解它们的过程中默默感受到人类文明的进步,似乎每种材料都在说:"世界,因我们而改变!"材料科学已经是创新的前沿学科。《用新材料引发革命》(《科学世界》2019 年第 5 期)介绍了细野秀雄(日本)和华中科技大学肖泽文教授合作发现用类似水泥的物质"钙铝石"结晶体 $12CaO \cdot 7Al_2O_3$(C12A7)作为"笼子"构造的单原子催化剂,该催化剂在芳香硝基化合物选择性加氢反应中显示了优异的催化活性和选择性。

1.2　材料测试技术

材料在工程建设和日常生活中的应用也极为广泛,而材料的质量则直接关系到各种结构(建筑、道路、桥梁等)的安全和使用年限。为了保证和提高材料的质量,必须对材料的性能进行分析和评定,而这需要通过适当的测试技术来实现。如果没有合适的测试技术,材料的性能就无法判断,人们也就无法正确地使用各种材料,因而测试技术在建筑工程中的作用十分重要,并已成为当今建筑工程的重要课题之一。近年来,测试技术的发展尤为迅速,新的标准规范、测试方法和测试仪器不断涌现,质量检测的制度也逐步完善。测试技术显示出越来越重要的地位,发挥着越来越大的作用。

测试技术是关于试验技术的一门科学,是当代工程技术人员必须掌握的技术方法之一。随着科学技术的不断发展,它的应用也越来越广泛。它主要着重于解决材料测试中的测试技术、测试方法和数据处理技术,在建筑、水利、道路、桥梁等行业中均占有重要地位。材料在出厂前,都必须经过出厂检验;在使用前,也必须进行多种多样的检验测试,合格后方允许使用。作为专业理论教学中不可缺少的一个重要组成部分,测试技术与科学研究、生产、设计、施工、管理和工程质检密切相关。

(1)材料的测试与数据处理是科学研究中必不可少的一个重要环节,很多材料的科学理论都是建立在试验成果的基础上的,都是通过对大量试验结果的处理、分析、归纳和总结,从而得出一定的理论。

(2)各种产品、各种预制构件、商品混凝土的生产过程等都必须对所使用的材料进行测试和检测。好的材料是高质量产品的基础,只有保证了原材料的质量、把好原材料质量关,才能更充分地保证产品的质量。

(3)在产品或结构的设计中,各种设计都是以材料的性能为基础而进行的,具体结构的设计也都是以所提供的材料性能为依据的。

(4)在工程的整个施工过程中,必须有代表性、分批次地检测所使用的各种材料的性能。在施工前必须掌握材料的性能,做到心中有数,而这些都是通过样品试验而得到的;施工过程中为了加强对工程的管理,也必须对工程质量进行监控,对施工过程中的材料进行抽查(如对施工使用的混凝土进行配合比设计、现场测试检查以确保工程质量等);在工程竣工验收时,必须交付施工资料,进行现场抽检,对工程进行验收和质量监督等。

测试过程中不可避免地受到诸多不可控制因素的影响,使得所测试的数据出现波动性,甚至出现较大的离散。面对这些大量的数据,如不采用科学的方法进行处理,则不能充分地利用这些数据资料,而且可能得不到有用的信息,不能做出正确的结论。所以,应该正确认识并充分重视基于数理统计的数据处理方法,把它作为测试技术的基础加以掌握。

测试技术具有非常重要的作用,那么如何进行有效的试验,即进行试验设计,便成为一个需要研究的重要问题。试验设计是试验的最优化设计,是研究如何合理而有效地获得数据资料的方法,它的主要研究内容是如何合理安排试验,以较少的试验次数、较短的时间、较低的试验费用,得到较为满意、尽可能全面的试验结果,然后进行综合的科学分析,从而达到尽快获得最优方案的目的。试验设计方法是数理统计学的应用方法之一,主要是对已经获得的数据资料进行分析,对所关心的问题做出尽可能精确的判断。

1.3　材料试验数据统计

研究材料的力学性能,首先应通过试验测试出性能参数,研究其规律(包括测试与结果的误差、数据的分布、测量不确定度、参数间的关系等),完善或建立其理论,并在工程中加以应用,最后通过试验来进行验证,可以说这是一门试验科学。为此,在做好试验的基础上,数据的统计处理就显得十分重要。

试验后(有时在试验时),对采集得到的数据进行整理换算、统计分析和归纳演绎,以得到代表力学性能的公式、图像、表格、数学模型和数值等,这就是数据处理。采集得到的数据是数据处理过程的原始数据,这些原始数据量大且有误差,有时杂乱无章,有时甚至有错误。所以,必须对原始数据进行处理,才能得到可靠的试验结果。

数据处理的内容和步骤包括:数据的记录和计算、数据的统计分析、数据的误差分析和数据的表达。

1.3.1　数据的记录和计算

1.3.1.1　数据的记录

试验测量中,所使用的机器、仪表和量具,其标尺的最小分度值是随机器、仪表和量具的精度不同而不同的,应该根据试验要求和测量精度记录其有效数字。在测量时,除要直接从标尺读出可靠的刻度值外,还应该尽可能地读出其最小分度线的下一位估计值(只需一位)。例如,百分表测变形,百分表的最小分度值为 0.01 mm,其精度(仪器的最小分度值代表了仪器的精度)为 1/100 mm。但实际上,在最小分度值间还可以进行读数估计,例如可在百分表上读取 0.128 mm,其中最后一位数字 8 就是估计出来的。这种由测量得来的可靠数字和末位的估计数字所组成的数字称为有效数字。有效数字反映了量测的精确度,这在试验中必须予以重视。由此可见,有效数字的位数取决于测量仪器的精度,不能随意增减。多写了位数,损失了测量所得的精度,也不合理。数字 0 可以是有效数,也可以不是有效数。作为有效数 0,不要轻易舍掉。所以,在填写试验数据时,一定要注意其有效数字的位数应与仪器本身的精度相适应。例如,用百分表测出的变形数据,其有效数字应取三位,即 0.128 mm 或 $128×10^{-3}$ mm。多次测量同一物理量,取测量结果的算术平均值作为该物理量的量值。

1.3.1.2　计算法则

数据处理过程中往往需要对不同准确度的数据进行运算,如按一定法则进行计算,既节省时间又不会产生错误,下面列举常用的基本计算法则。

(1)记录数据时,只保留一位可疑数字。

(2)有效数字以后数字舍弃方法:凡末位有效数字后的第一位数字大于 5,则在末位上增加 1,若小于 5 则舍去不计;如等于 5 而末位数为奇数则增加 1,为偶数则舍去不计。

(3)计算有效数字位数时,如第一位数字大于或等于 8,则可多算一位。例如,9.15 虽然只有三位,但可作四位看待。

(4)进行加减法运算时,各数所保留的小数点后的位数应与各数中小数点位数最少的相同。如 12.58 + 0.008 1 + 4.546 应写为 12.58 + 0.01 + 4.55 = 17.14,而不应算成 17.134 1。

(5)进行乘除法运算时,各因子保留的位数以有效数字最少为准,所得积或商的准确度不应高于准确度最低的因子。

(6)大于或等于 4 个的数据计算平均值时,有效位数增加一位。

1.3.2　数据的统计分析

数据处理时,统计分析是一个常用的方法。可以用统计分析从很多数据中找到一个或若干个代表值,也可以通过统计分析对试验的误差进行分析。以下介绍常用的统计分析的概念和计算方法。

1.3.2.1　平均值

平均值有算术平均值、几何平均值和加权平均值等。

(1)算术平均值 $\bar{x}$ 为

$$\bar{x} = \frac{1}{n}(x_1 + x_2 + \cdots + x_n) \tag{1-1}$$

式中:x_1、x_2、$\cdots$、x_n 为一组试验值。

算术平均值在最小二乘法意义下是所求真值的最佳近似,是最常用的一种平均值。

(2)几何平均值 $\bar{x}_a$ 为

$$\bar{x}_a = \sqrt[n]{x_1 x_2 \cdots x_n} \tag{1-2}$$

或

$$\lg\bar{x}_a = \frac{1}{n}\sum_{i=1}^{n}\lg x_i \tag{1-3}$$

当对一组试验值(x_i)取常用对数($\lg x_i$)所得的图形的分布曲线更为对称(同 x_i 比较)时,常用此法。

(3)加权平均值 $\bar{x}_w$ 为

$$\bar{x}_w = \frac{w_1 x_1 + w_2 x_2 + \cdots + w_n x_n}{w_1 + w_2 + \cdots + w_n} \tag{1-4}$$

式中:w_i 为第 i 个试验值 x_i 的对应权,在计算用不同方法或不同条件观测同一物理量的均值时,可以对不同可靠程度的数据给予不同的"权"。

1.3.2.2　标准差

对一组试验值 x_1、x_2、$\cdots$、x_n,当它们的可靠程度相同时,其标准差 σ 为

$$\sigma = \sqrt{\frac{1}{n-1} \sum_{i=1}^{n} (x_i - \bar{x})^2} \qquad (1\text{-}5)$$

当它们的可靠程度不同时,其标准差 σ_w 为

$$\sigma_w = \sqrt{\frac{1}{(n-1)\sum\limits_{i=1}^{n} w_i} \sum_{i=1}^{n} w_i (x_i - \bar{x}_w)^2} \qquad (1\text{-}6)$$

标准差反映了一组试验值在平均值附近的分散和偏离程度。标准差越大,表示分散和偏离程度越大;反之,则越小。它对一组试验值中的较大偏差反映比较敏感。

1.3.2.3　变异系数

变异系数 C_v 通常用来衡量数据的相对偏差程度,它的定义为

$$C_v = \frac{\sigma}{\bar{x}} \qquad (1\text{-}7a)$$

或

$$C_v = \frac{\sigma_w}{\bar{x}_w} \qquad (1\text{-}7b)$$

1.3.2.4　随机变量和概率分布

材料试验的许多数据都是随机变量,既有分散性和不确定性,又有规律性。对随机变量,应该用概率的方法来研究,即对随机变量进行大量的测量,对其进行统计分析,从中演绎归纳出随机变量的统计规律及概率分布。

为了对力学性能试验(随机变量)进行统计分析,得到它的分布函数,需要进行大量(几百次以上)的测量,由测量值的频率分布图来估计其概率分布。常用的概率分布有正态分布、二项分布、均匀分布、瑞利分布、χ^2 分布、t 分布和 F 分布等。

绘制频率分布图的步骤如下:

(1)按观测次序记录数据。

(2)按由大到小的次序重新排列数据。

(3)划分区间,将数据分组。

(4)计算各区间数据出现的次数、频率(出现次数与全部测定次数之比)和累计频率。

(5)绘制频率直方图及累计频率图。

可将频率分布近似作为概率分布(概率是当测定次数趋于无穷大的各组频率),并由此推断试验结果服从何种概率分布。

1.3.3　几个重要概念

1.3.3.1　误差

在试验中,依靠各种仪器测量某个物理量时,由于主客观原因的影响,总不能测得该物理量的真值。因此,在测量中存在着误差。随着试验手段的不断改进,测量的精确度虽

然会不断提高,但是误差仍然不可能完全消除。但是,只要试验工作者对误差分析得当,则一方面可以避免不必要的误差,另一方面可以正确地处理测量数据,使其最大限度地接近真值。

在对一些物理量进行测量时,被测对象的值是客观存在的,称为真值 x,每次测量所得的值称为实测值(测量值)$x_i(i=1,2,3,\cdots,n)$。

$$a_i = x_i - x \qquad (i = 1,2,3,\cdots,n) \tag{1-8}$$

真值和测量值的差值称为测量误差,简称误差。实际试验中,真值是无法确定的,常用平均值代表真值。由于各种主客观的原因,任何测量数据不可避免地都包含一定的误差。只有了解了试验误差的范围,才有可能正确估计试验所得到的结果。同时,对试验误差进行分析将有助于在试验中控制和减少误差的产生。

误差分析的目的如下:

(1)已知各个测量的误差,估计试验结果的最后误差。

(2)根据试验的目的和要求,确定各个测量所需要的精度,选择相应精度的仪器。

1.3.3.2　正确度

正确度表示测量结果中系统误差大小的程度,即在规定的条件下,测量中所有系统误差的综合。

1.3.3.3　精密度

精密度表示测量结果中随机误差大小的程度,即在一定条件下,进行多次、重复测量时,所得测量结果彼此之间符合的程度,通常用随机不确定度来表示。

1.3.3.4　准确度

准确度是测量结果中系统误差与随机误差的综合。它表示测量结果与真值的一致程度,从误差的观点来看,准确度反映了测量的各类误差的综合,如果所有已定系统误差已经修正,那么准确度可由不确定度来表示。在一组测量中,尽管精密度很高,但准确度不一定很好。若准确度很好,则精密度也一定高。正确度、精密度与准确度的关系是:准确度包括正确度和精密度。可用以下打靶的例子(见图 1-1)来说明。

(a)不精密不准确　　　(b)精密但不准确　　　(c)准确但不精密　　　(d)既精密又准确

图 1-1　精密度、准确度打靶示意图

精密度是保证准确度的先决条件,精密度不符合要求,如射出乱箭,则表示所测结果不可靠,失去衡量准确度的前提。但是精密度再高,如果失去准确度,也是没有意义的,如同离靶的箭,即使全部射在了靶外的同一个点上,也已经与准确度无关了。

1.3.3.5　不确定度

不确定度的含义是指由于测量误差的存在,对被测量值的不能肯定的程度。反过来,也表明该结果的可信赖程度,它是测量结果质量的指标。不确定度越小,质量越高,水平越高,其使用价值也越高;不确定度越大,测量结果的质量越低,水平越低,其使用价值也越低。在报告物理量测量的结果时,必须给出相应的不确定度,一方面便于使用它评定其可靠性;另一方面也增强了测量结果之间的可比性。

统计学家与测量学家一直在寻找合适的术语正确表达测量结果的可靠性。譬如,以前常用的偶然误差,由于"偶然"两字表达不确切,已被随机误差所代替。"误差"两字的词义较为模糊,如讲"误差是±1%",使人感到含义不清晰。但是若讲"不确定度是1%",则含义是明确的。因此,用随机不确定度和系统不确定度分别取代了随机误差和系统误差。测量不确定度与测量误差是完全不同的概念,它不是误差,也不等于误差。误差表示测量结果对真值的偏离量,它是一个点,测量不确定度表示被测量之值的分散性,在数轴上表示一个区间。例如:有一列数 $A_1, A_2, \cdots, A_n$,它们的平均值为 A,则不确定度应为 $\max\{|A - A_i|, i = 1, 2, \cdots, n\}$。

1.3.4 误差的分类与估计

1.3.4.1 误差的分类

误差根据其性质及产生的原因,可分为系统误差、偶然误差和过失误差等三类。

1. 系统误差

系统误差是由某些固定不变的因素所引起的,因此其出现有固定偏向和一定的规律性。例如,材料试验机测力盘的示值不准,所测得的力值总是偏大或偏小。又例如,用电阻应变仪测量应变时,仪器面板上的灵敏系数旋转存在误差。再例如,因为试验人员的观察习惯,观测读数与实际值总偏离一个常量等。系统误差是可以采取适当的措施给予校正和消除的。

2. 偶然误差

在测量中,如果已经消除引起系统误差的一切因素,而所测数据仍在末一位或末二位数字上有差别,这类误差就是偶然误差。偶然误差时大时小,时正时负。单个偶然误差并无规律性,产生的原因一般都不清楚,因而无法控制。但是,在同样条件下对同一物理量进行多次测量,各次测量偶然误差的算术平均值随着测量次数的增加而逐渐接近于零,即偶然误差的总体符合统计规律。

3. 过失误差

过失误差是一种显然与事实不符的误差。它主要是由试验人员粗心大意、不按操作规程办事等造成的误差,如读数仪表刻度(位数、正负号)、记录和计算错误等。过失误差一般数值较大,并且常与事实明显不符。必须把过失误差从试验数据中删除,还应分析出现过失误差的原因,采取措施以防止再次出现。

1.3.4.2 系统误差的消除

分析试验中的具体情况,可以尽可能地减少甚至消除系统误差。常用的方法有对称法、校正法和增量法等。

1. 对称法

利用对称法进行试验可以消去由于荷载偏心等所引起的系统误差。如在做拉伸试验时,总是在试件两侧对称地装上引伸仪量变形,取两侧变形的平均值来表示试件的变形,就可以消去荷载偏心的影响。

2. 校正法

经常对仪表进行校正,以减小因为仪表不准造成的系统误差。例如,根据计量部门规定,材料试验机的测力度盘(相对误差不能大于 1%)必须每年用标准测力计(相对误差小于 0.5%)校准。又如,电阻应变仪的灵敏系数度盘,应定期用标准应变模拟仪进行校准。

3. 增量法

增量法也就是逐级加载法。当要测量某根杆件的变形或应变时,在比例极限内,荷载由 P_1 增加到 P_2、P_3、$\cdots$、P_i,在测量仪表上便可以读出各级荷载所对应的读数 A_1、A_2、A_3、$\cdots$、A_i,$\Delta A = A_i - A_{i-1}$ 称为读数差。各个读数差的平均值就是当荷载增加 ΔP(一般荷载都是等量增加)时的平均变形或应变。

增量法可以避免某些系统误差的影响。例如,材料试验机如果有摩擦力 f(常量)存在,则每次施加于试件上的真力为 P_1+f、P_2+f、$\cdots$,再取其增量 $\Delta P = (P_2+f) - (P_1+f) = P_2 - P_1$,摩擦力 f 便消除了。又例如,某试验人员读引伸仪时,习惯于把数字都读得偏高,如果采用增量法,而在试验进程中自始至终又都是同一个人读数,个人的偏向所带来的系统误差也就可以消掉。

在试验过程中,记录人员如果能随时将读数差算出,还可以消掉由于试验人员粗心所造成的过失误差。在材料力学试验中,一般都采用增量法。

1.3.4.3　误差的计算

1. 相对误差 δ

在材料试验中把理论值作为真值 T,若各次测量值的算术平均值为 $\overline{M}$,则相对误差计算方法为

$$\delta = \frac{T - \overline{M}}{T} \times 100\% \tag{1-9}$$

2. 标准差 S

在多次测量中,常用标准差 S 来表示单个测量值或算术平均值的误差。在 n 次测量中,反映单个测量误差的标准差为

$$S = \sqrt{\frac{\sum (M_i - \overline{M})^2}{n - 1}} \tag{1-10}$$

S 越大,测量数据波动越大,测量精度越低;S 越小,测量数据波动越小,测量精度越高。

根据概率论原理,最优值为

$$T = \overline{M} \pm eS \tag{1-11}$$

在式(1-11)中,若 $e = 0.674\ 5$,T 出现的频率为 50%;而当 $e = 3$ 时,T 出现的频率为 99.37%。

1.3.4.4　间接测量误差的估计

在测定材料的弹性模量 E 时,需要量测试件直径 d、长度 L、力和变形,然后再计算 E

值。上述每一个物理量在测量中都存在误差,由于误差传递,因此计算得到的弹性模量 E 值也有误差,这就是间接误差。

设 x_1、x_2、$\cdots$、x_n 为 n 个可以直接测得的独立物理量,而每一个物理量的绝对误差为 Δx_1、Δx_2、$\cdots$、Δx_n,y 为间接测量,它们之间的关系可以用下面的函数形式表示为

$$y = f(x_1, x_2, \cdots, x_n) \tag{1-12}$$

因为单个物理量误差的存在而引起间接测量 y 的绝对误差为 Δy,则

$$\Delta y = f(x_1 + \Delta x_1, x_2 + \Delta x_2, \cdots, x_n + \Delta x_n) - f(x_1, x_2, \cdots, x_n)$$

根据泰勒公式展开,并略去高次无穷小项,得

$$\Delta y = f(x_1, x_2, \cdots, x_n) + \frac{\partial f}{\partial x_1}\Delta x_1 + \frac{\partial f}{\partial x_2}\Delta x_2 + \cdots + \frac{\partial f}{\partial x_n}\Delta x_n - f(x_1, x_2, \cdots, x_n)$$

即

$$\Delta y = \frac{\partial f}{\partial x_1}\Delta x_1 + \frac{\partial f}{\partial x_2}\Delta x_2 + \cdots + \frac{\partial f}{\partial x_n}\Delta x_n \tag{1-13}$$

其相对误差为

$$\delta y = \frac{\Delta y}{y} = \frac{x_1}{y}\frac{\partial f}{\partial x_1}\frac{\Delta x_1}{x_1} + \frac{x_2}{y}\frac{\partial f}{\partial x_2}\frac{\Delta x_2}{x_2} + \cdots + \frac{x_n}{y}\frac{\partial f}{\partial x_n}\frac{\Delta x_n}{x_n}$$

而 $\delta x_1 = \dfrac{\Delta x_1}{x_1}, \delta x_2 = \dfrac{\Delta x_2}{x_2}, \delta x_n = \dfrac{\Delta x_n}{x_n}$ 为各单个测量的相对误差,则

$$\delta y = \frac{x_1}{y}\frac{\partial f}{\partial x_1}\delta x_1 + \frac{x_2}{y}\frac{\partial f}{\partial x_2}\delta x_2 + \cdots + \frac{x_n}{y}\frac{\partial f}{\partial x_n}\delta x_n \tag{1-14}$$

对一些常用的函数形式,可以得到以下相对误差公式:

(1)积的误差为

$$\begin{cases} y = x_1 x_2 \cdots x_n \\ \delta y = \delta x_1 + \delta x_2 + \cdots + \delta x_n \end{cases} \tag{1-15}$$

(2)商的误差为

$$\begin{cases} y = \dfrac{x_1}{x_2} \\ \delta y = \delta x_1 + \delta x_2 \end{cases} \tag{1-16}$$

(3)幂的误差为

$$\begin{cases} y = x_1^n x_2^m \\ \delta y = n\delta x_1 + m\delta x_2 \end{cases} \tag{1-17}$$

(4)开方的误差为

$$\begin{cases} y = x^{\frac{1}{n}} \\ \delta y = \dfrac{1}{n}\delta x \end{cases} \tag{1-18}$$

例如:在测定弹性模量 E 时,按 $E = \dfrac{\Delta PL}{\overline{\Delta L}A}$ 计算,ΔP 为荷载增量,L 为引伸仪标距,$\overline{\Delta L}$ 为变形增量,A 为截面面积。

如果试件为圆截面,则 $A = \dfrac{\pi d^2}{4}$,计算 E 的相对误差为

$$\delta_E = \delta_{\Delta P} + \delta_L + \delta_{\overline{\Delta L}} + 2\delta_d \tag{1-19}$$

从式(1-19)可以看出:试件直径的误差对结果影响较大,故做试验的时候,一方面要选择测量直径量具的精度,以与其他仪表相互协调;另一方面也要认真对待测量直径这一试验环节。

1.3.4.5　结论

根据以上分析,可以得出如下结论:

(1)系统误差可以设法减少或避免。

(2)偶然误差无法避免,但可反复多次测量,最后取算术平均值 $\overline{M}$,此值即为最优值。

(3)如理论值已知,则可与 $\overline{M}$ 比较,计算其相对误差。

(4)若无理论值,则应计算均方根误差,由此估计真值。

(5)已知直接测量精度,则可根据其组合情况,估计结果的最大相对误差。

(6)根据各个物理量的误差所占的地位,应对测量精度提出适当要求,以便选择合适的仪器。

1.3.5　不确定度的分类与评定

1.3.5.1　不确定度的分类

测量不确定度是与测量结果关联的一个参数,用于表征合理赋予被测量值的分散性。它可以用于"不确定度"方式,也可以是一个标准偏差(或其给定的倍数)或给定置信度区间的半宽度。该变量常由很多分量组成,它的表达在《测量不确定度评定与表示》评定方法中进行了定义。

从词义上理解,测量不确定度意味着对测量结果可信性、有效性的怀疑程度或不确定程度,是定量说明测量结果的质量的一个参数。实际上由于测量的不完善和人们认识的不足,所得的被测量值具有分散性,即每次测得的结果不是同一个值,而是以一定的概率分散在某个区域内的许多个值。虽然客观存在的系统误差是一个不变值,但由于我们不能完全认知或掌握,只能认为它是以某种概率分布存在于某个区域内,而这种概率分布本身也具有分散性。测量不确定度就是说明被测量值分散性的参数,它不说明测量结果是否接近真值。

在实践中,测量不确定度可能来源于以下 10 个方面:

(1)对被测量的定义不完整或不完善。

(2)实现被测量的定义的方法不理想。

(3)取样的代表性不够,即被测量的样本不能代表所定义的被测量。

(4)对测量过程受环境影响的认识不周全,或对环境条件的测量与控制不完善。

(5)对模拟仪器的读数存在人为偏移。

(6)测量仪器的计量性能的局限性。测量仪器的不准或测量仪器的分辨力、鉴别力不够。

（7）赋予计量标准的值和参考物质（标准物质）的值不准。

（8）引用于数据计算的常量和其他参量不准。

（9）测量方法和测量程序的近似性和假定性。

（10）在表面上看来完全相同的条件下，被测量重复观测值的变化。

由此可见，测量不确定度一般来源于随机性和模糊性，前者归因于条件不充分，后者归因于事物本身概念不明确。这就使得测量不确定度一般由许多分量组成，其中一些分量可以用测量列结果（观测值）的统计分布来进行估算，并且以试验标准（偏）差表征；而另一些分量可以用其他方法（根据经验或其他信息的假定概率分布）来进行估算，并且也以标准（偏）差表征。所有这些分量，应理解为都贡献给了分散性。

测量不确定度若以标准（偏）差来进行表征，称为标准不确定度，简称不确定度。一般可分为三类：A 类评定不确定度、B 类评定不确定度、合成标准不确定度。

1.3.5.2 不确定度的评定

由于测量结果的不确定度往往是多种原因引起的，对每个不确定度来源评定的标准偏差，称为标准不确定度分量，用符号 u_i 表示。

（1）不确定度 A 类评定（type A evaluation of measurement uncertainty）。用对观测列进行统计分析的方法来评定标准不确定度，称为不确定度 A 类评定；所得到的相应标准不确定度称为 A 类评定不确定度分量，用符号 u_A 表示。它用试验标准偏差来表征，计算公式如下：

一次测量结果的不确定度 $u_A = S$；n 次测量平均测量结果的不确定度为

$$u_A = \frac{S}{\sqrt{n}} = \sqrt{\frac{\sum_{i=1}^{n} (S_i - \bar{S})^2}{n(n-1)}} \tag{1-20}$$

（2）不确定度 B 类评定（type B evaluation of measurement uncertainty）。在多数实际测量工作中，不能或不需进行多次重复测量，则其不确定度只能用非统计分析的方法进行 B 类评定。评定基于以下信息：权威机构发布的量值；有证标准物质的量值；校准证书；仪器的漂移；经检定的测量仪器的准确度等级；根据人员经验推断的极限值等。它是用试验或其他信息来估计，含有主观鉴别的成分。对于某一项不确定度分量究竟用 A 类评定，还是用 B 类评定，应由测量人员根据具体情况选择。B 类评定方法应用相当广泛。

不确定度 B 类评定的方法：根据有关的信息或经验，判断被测量的可能值区间，假设被测量值的概率分布，根据概率分布和要求的概率 p 确定 k，则 B 类评定不确定度 u_B 可由以下公式得到：

$$u_B = \frac{a}{k} \tag{1-21}$$

式中：a 为被测量可能值区间的半宽度；k 为置信因子/包含因子。

例如：由产品说明书查得某测量器具的不确定度为 6 μm，若期望得到按正态分布规律中 3 倍标准差的置信水准（99.73%），即包含因子 $k=3$，则按 B 类评定时标准不确定度应取 $u_B = 6/3 = 2(\mu m)$。

（3）合成标准不确定度评定。当测量结果是由若干个其他量的值求得时，按其他各量的方差和协方差算得的标准不确定度,称为合成标准不确定度。它是测量结果标准偏差的估计值,用符号 u_c 表示。方差是标准偏差的平方,协方差是相关性导致的方差,计入协方差会扩大合成标准不确定度。合成标准不确定度仍然是标准偏差,它表征了测量结果的分散性。所用的合成方法,常称为不确定传播率,而传播系数又被称为灵敏系数,用 C_i 表示。

合成标准不确定度的估算:测量过程中一般都会有多个独立的误差源共同对测量的不确定度产生影响,因测量方法的不同,各误差源的影响程度也不相同。各误差源标准不确定度的合成按测量方法的不同可分为以下两类:

①直接测量的合成标准不确定度取各类独立误差源的标准不确定度的平方和的正平方根,即

$$u_C = \sqrt{\sum (u_i^2 + u_j^2)} \qquad (1-22)$$

②间接测量的合成标准不确定度。间接测量时,测量结果需经各间接测量值按事先设计好的函数关系计算后求得。由于各间接测量值的标准不确定度对测量结果的影响程度不同,在估算测量结果的不确定度时,要先分别对函数中各测量值求偏导数,算出其不确定度的传播系数。各测量值的标准不确定度乘以相应的传播系数后,取平方和的正平方根得到测量结果的不确定度。

1.3.6　试验数据的表示法

通过试验得到的数据,应该采用一定的方法来加以表示,从而显示出各数值之间的相互关系,以供研究。最常用的有列表表示法、图像表示法、方程表示法三种。

1.3.6.1　列表表示法

表格按其内容和格式可分为汇总表格和关系表格两类。汇总表格把试验结果中的主要内容或试验中的某些重要数据汇集于一表之中,起着类似于摘要和结论的作用,表格中的行与行、列与列之间一般没有必然的关系;关系表格是把相互有关的数据按一定的格式列于表格中,表格中的行与行、列与列之间都有一定的关系,它的作用是使有一定关系的代表两个或若干个变量的数据更加清楚地表示出变量之间的关系和规律。

表格的主要组成部分和基本要求如下:

(1)每个表格都应该有一个名称,如果文章中有一个以上的表格,还应该有表格的编号。表名和编号通常放在表格的顶上。

(2)项目即参数名称、符号和单位,应与现行标准相符。

(3)数值的写法要整齐统一,有效数字的取舍合乎相关标准及所用设备精度的要求,小数点要对齐等。

(4)不论何种表格,每列都必须有列名,它表示该列数据的意义和单位;列名都放在每列的头部,应把每列的列名都放在第一行对齐,如果第一行空间不够,可以把列名的部分内容放在表格下面的注解中去。应尽量把主要的数据列或自变量列放在靠左边的位置。

(5)表格中的内容应尽量完整,能完整地说明问题。

（6）如果需要对表格中的内容加以说明，可以在表格的下面，紧挨着表格加以注解，不要把注解放在其他任何地方，以免混淆。

1.3.6.2　图像表示法

试验数据还可以用图像来表示。图像表达有曲线图、形态图、直方图和饼形图等形式，其中最常用的是曲线图和形态图。

1. 曲线图

曲线可以清楚、直观地显示两个或两个以上的变量直接关系的变化过程，或显示若干个变量数据沿某一区域的分布；曲线可以显示变化过程或分布范围中的转折点、最高点、最低点及周期变化的规律；对于定性分布和整体规律分析来说，曲线图是最合适的方法。

曲线图的主要组成部分和基本要求如下：

（1）每个曲线图都必须有图名，如果文章中有一个以上的曲线图，还应该有图的编号。图名和编号通常放在图的底部。

（2）每个曲线应该有一个横坐标和一个或一个以上的纵坐标，每个坐标都应有名称；坐标的形式、比例和长度可根据数据的范围决定，但应该使整个曲线图清楚、准确地反映数据的规律。

（3）通常取横坐标作为自变量，取纵坐标作为因变量，自变量通常只有一个，因变量可以有若干个。一个自变量与一个因变量可以组成一条曲线，一个曲线图中可以有若干条曲线。

（4）有若干条曲线时，可以用不同线型（实线、虚线、点画线和点线等）或用不同的标记（+、□、△、×等）加以区别，也可以用文字说明来区别。

（5）曲线必须以试验数据为依据，对试验时记录得到的连续曲线（如 $X-Y$ 函数记录仪记录的曲线、光线示波器记录的振动曲线等），可以直接采用，或加以修整后采用；对试验是非连续记录得到的数据和把连续记录离散化得到的数据，可以用直线或曲线顺序相连，并应尽可能用标记标出试验数据点。

（6）如果需要对曲线图形中的内容加以说明，可以在图中或图名下加上注解。

2. 形态图

试验时的各种难以用数值表示的形态，用图像表示，如低碳钢拉伸试验的横截面面积的变化情况、压杆稳定试验的压杆失稳状态等，这种图像就是形态图。

形态图的制作方式有照相和手工画图。照片形式的形态图可以真实地反映实际情况，但有时却把一些不需要的细节也包括在内；手工画的形态图可以对实际情况进行概括和抽象，突出重点，更好地反映本质情况。制图时，可根据需要作整体图或局部图，还可以把各个侧面的形态图连成展开图。

3. 直方图和饼形图

直方图的作用之一是统计分析，通过绘制某个变量的频率直方图和累计频率直方图来判断其随机分布规律。为了研究某个随机的分布规律，首先要对该变量进行大量的观测，然后按照以下步骤绘制直方图：

（1）从观测数据中找出最大值和最小值。

（2）确定分组区间和组数，区间宽度为 Δx。

(3)计算出各组的中值。

(4)根据原始记录,统计各组内测量值出现的频数 m_i 。

(5)计算各组的频率 $f_i(f_i = m_i / \sum m_i)$ 和累计频率。

(6)绘制频率直方图和累计频率直方图,以观测值为横坐标,以频率密度 $(f_i / \Delta x)$ 为纵坐标。在每一分组区间,作以区间宽度为底、频率密度为高的矩形,这些矩形所组成的阶梯形成为频率直方图;再以累计频率为纵坐标,可绘出累计频率直方图。从频率直方图和累计频率直方图的基本趋势,可以判断该随机变量的分布规律。

直方图的另一个作用是数值比较,把大小不同的数据用不同长度的矩形代表,可以得到更加直观的比较。

在饼形图中,用大小不同的扇形面积来代表不同的数据,得到更加直观的比较。

1.3.6.3　方程表示法

如果把试验数据之间的关系用函数表示,即 $y = f(x)$,这就是方程表示法。这种方法不仅高度概括了所得结果的规律性,形式十分紧凑,且可方便地进行微分、积分、内插、外推等运算。

1. 经验公式的选择

如果一个公式能准确代表一组试验数据,且形式简单,待定常数不多,那么这就是理想的经验公式。其选择主要靠经验并经过验证。验证方法可采用表差法和图解法。通常可用图解法验证的、含有一个或两个常数的方程式有以下类型:

$$y = ax \qquad\qquad y = a + bx$$
$$y = a + b\lg x \qquad y = ab^x$$
$$y = ae^{bx} \qquad\qquad y = ae^{b/x}$$
$$y = ax^b \qquad\qquad y = \frac{x}{a + bx}$$
$$y = \frac{x}{a + be^{-x}} \qquad y = x^{a+bx}$$

如果采用多项式表示,则式中的常数项就多于两个,如 $y = a + bx + cx^2 + dx^3$ 等。限于篇幅这里就不再叙述了,可参见有关专著。

2. 经验公式中常数的求法

经验公式中常数的求法有图解法、选点法、平均法、最小二乘法等多种,这里只简要介绍图解法。

所选公式是一直线方程或经变量变换后化为直线方程的均可采用此法。直线方程比较简单,它的斜率就是直线公式 $y = a + bx$ 中的 b 值,而直线在 y 轴上的截距就是直线公式中的 a 值。由此有

$$b = \frac{\Delta y}{\Delta x} = \frac{y_2 - y_1}{x_2 - x_1} \tag{1-23}$$

显然,直线上的任意两点(x_1, y_1)和(x_2, y_2)相距越远,b值的准确度越高。a值可由y轴的截距读出,如不易读出,则可用下式计算:

$$a = \frac{y_1 x_2 - y_2 x_1}{x_2 - x_1} \qquad (1\text{-}24)$$

若所选经验公式中常数项为两个或更多,可采用选点法、平均法或最小二乘法,其中以最小二乘法精度最高。

第 2 章　试验设计与优化

工科尤其是材料科学专业的学生经常要做试验,很多情况下要想把试验做成功,仅靠专业知识是不够的,还要具备一定的试验设计与优化的能力,并且能够把试验数据的规律分析好。本课程就是解决这个问题的,本章主要介绍试验设计与优化的方法。

2.1　试验设计

自 20 世纪 20 年代,英国学者费希尔(R. A. Fisher)在农业生产中使用试验设计方法以来,试验设计已经得到广泛的发展与完善,统计学家与各领域的科学工作者共同发现了很多有效的试验设计技术与方法,试验设计也在众多的领域发挥了不可替代的作用。

2.1.1　基本概念

在进行具体的试验之前,要对试验的有关影响因素和环节做出全面的研究和合理的安排,从而制订出行之有效的试验方案。在自然科学领域,实验设计(design of experiments)一般也称为试验设计(design of tests),就是对试验进行科学合理的安排,以达到最好的试验效果的过程。试验设计是试验过程实施的依据,是试验数据处理的前提,更是提高科研成果质量的一个重要保证。

一个科学完善的试验设计,能够合理地安排各种试验因素,严格地控制试验误差,并能够有效地分析试验数据,从而用较少的人力、物力和时间,最大限度地获得丰富且可靠的资料;反之,如果试验设计存在缺陷,就必然造成不应有的浪费,减小科研成果的价值。

费希尔在农业试验中运用均衡排列的拉丁方,解决了长期未解决的试验条件不均衡的问题,提出了方差分析方法,创立了试验设计。随后,试验设计方法大量应用于农业和生物科学,从 20 世纪 30 年代起,英国的纺织业也开始使用试验设计。第二次世界大战中,美国的军工企业开始使用试验设计方法。第二次世界大战以后,美国和西欧的化工、电子、机械制造等众多行业都纷纷使用试验设计,试验设计已经成为理工农医各个领域各类试验的通用技术。

试验设计根据其内容的不同,可以分为专业设计与统计设计。试验的统计设计使得试验数据具有良好的统计性质(如随机性、正交性、均匀性等),由此可以对试验数据做所需要的统计分析。试验设计和试验结果的统计分析是密切相关的,只有按照科学的统计设计方法得到的试验数据才能进行科学的统计分析,得到客观有效的分析结论;反之,一大堆不符合统计学原理的数据可能是毫无作用的,统计学家也会对它束手无策。因此,对试验工作者而言,关键是用科学的方法设计试验,获得符合统计学原理的科学有效的数据。至于对试验结果的统计分析,很多方法都可以借助统计软件由试验人员自己完成,必要时也可以请专业统计人员帮助完成。

2.1.2　试验设计的类型

试验的目的和方式千差万别,根据不同的试验目的,试验设计可以划分为以下五种类型。

2.1.2.1　演示试验

演示试验的目的是演示一种科学现象,中小学的各种物理、化学、生物试验课所做的试验都是演示试验。只要按照正确的试验条件和试验程序操作,试验的结果就必然是事先预定的结果。对演示试验的设计主要是专业设计,其目的是使试验的操作更简便易行,试验的结果更直观清晰。

2.1.2.2　验证试验

验证试验的目的是验证一种科学推断的正确性,可以作为其他试验方法的补充试验。很多材料的试验设计方法都是对试验数据做统计分析,通过统计方法推断出最优试验条件,然后对这些推断出来的最优试验条件做补充的验证试验,以证明试验规律分析的可靠性。

验证试验也可以是对已提出的科学现象的重复验证,检验已有试验结果的正确性。例如,1996 年 7 月 5 日,由英国罗斯林研究所的伊恩·威尔穆特教授等通过体细胞克隆法培育的第一只克隆羊"多利"问世之后,世界各地的生物学家纷纷做验证试验,最初有许多验证试验是失败的,不少人对其正确性产生怀疑,但是随着时间的推移,越来越多的验证试验宣告成功,并且试验出克隆牛、克隆猪等一系列克隆产品。这种验证试验着重于试验条件,而不是统计技术。

2.1.2.3　比较试验

比较试验的目的是检验一种或几种处理的效果,如对生产工艺改进效果的检验、对一种新药物疗效的检验、对一种新材料配制方法的检验等。其试验的设计需要结合专业设计和统计设计两个方面的知识,对试验结果的数据分析属于统计学中的假设检验问题。

2.1.2.4　优化试验

优化试验的目的是高效率地找出试验问题的最优试验条件,这种优化试验是一项尝试性的工作,有可能获得成功,也有可能失败,所以以优化为目的的设计则称为试验设计。目前,流行的正交设计和均匀设计的全称分别是正交试验设计和均匀试验设计。

优化试验是一个十分广阔的领域,几乎无所不在。在科研、开发和生产中可以达到提高质量、增加产量、降低成本及保护环境的目的。随着科学技术的迅猛发展,市场竞争的日益激烈,优化试验将会愈发显示其巨大的威力。优化试验的内容十分丰富,可以划分为以下几种类型:

(1)按试验因素数目的不同,可以划分为单因素优化试验和多因素优化试验。

(2)按试验目的的不同,可以划分为指标水平优化和稳健性优化。指标水平优化的目的是优化试验指标的平均水平,如增加化工产品的回收率、延长产品的使用寿命、降低产品的能耗。稳健性优化是减小产品指标的波动(标准差),使产品的性能更稳定,用廉价的低等级的元件组装出性能稳定、高质量的产品。

(3)按试验形式的不同,可以划分为实物试验和计算试验(computer experiments)。实物试验包括现场试验和试验室试验两种情况,是主要的试验方式。计算试验是根据数学模型计算出试验指标,在物理学中有大量的应用。

现代的计算机运行速度很高,人们往往认为对已知数学模型的情况不必再做试验设计,只需要对所有可能情况全面计算,找出最优的条件就可以了。实际上这种观点是一个误解,在因素和水平数目较多时,即使高速运行的大型计算机也无力承担所需的运行时间。例如,为了研究 Si(100)2×1 半导体表面原子结构,美国的 Bell 试验室和 IBM 试验室等几家大的研究机构都投入了巨大的人力和物力进行了多年的研究工作,但是始终没有获得有效的进展。Si(100)2×1 的一个原胞中有 5 层共 10 个原子,每个原子的位置用三维坐标来描述,每个坐标取 3 个水平,全面计算需要 3^{30} 次,而每次计算都包含众多复杂的步骤和公式,需要几个小时才能完成,因此对这个问题的全面计算是不可能实现的。后来我国学者建议采用正交试验设计方法,并与美国学者合作,经过两轮 $L_{27}(3^{13})$ 与几轮 $L_9(3^4)$ 正交试验,仅做了几十次试验就找到了 Si(100)2×1 表面原子结构模型的最优结果。原子位置准确到原子距的 2%,达到了当今这一课题所能达到的最高精度,得到了世界的公认。

(4)按试验过程的不同,可以分为序贯试验设计和整体试验设计。序贯试验是从一个起点出发,根据前面试验的结果决定后面试验的位置,使试验的指标不断优化,形象地称为"爬山法"。0.618 法、分数法、因素轮换法都属于爬山法。整体试验是在试验前就把所要做的试验的位置确定好,要求设计的这些试验点能够均匀地分布在全部可能的试验点之中,然后根据试验结果寻找最优的试验条件。正交设计和均匀设计都属于整体试验设计。

2.1.2.5　探索试验

探索试验的目的是对未知事物的探索性科学研究试验,具体来说包括探索研究对象的未知性质,了解它具有怎样的组成,有哪些属性和特征及与其他对象或现象的联系等的试验。目前,高等院校和中小学都会安排一些探索性试验课,培养学生像科学家一样思考问题和解决问题,包括试验的选题、确定试验条件、试验的设计、试验数据的记录及试验结果的分析等。

探索试验在工程技术中属于开发设计,其设计工作既要依靠专业技术知识,也需要结合使用比较试验和优化试验的方法。前面提到的研究 Si(100)2×1 半导体表面原子结构的问题就属于探索试验,在这些试验中使用了优化设计技术,可以大幅度减少试验次数。

2.1.3　试验设计的内容

试验成功与否是由试验设计或者试验方案决定的,一个好的试验设计应包含以下几个方面的内容:

(1)明确试验结果的考核指标,在试验设计中也称为试验指标,或响应变量、输出变量。考核指标可以是单一指标,也可以是多个指标;可以是定性指标,也可以是定量指标。但在材料领域中,研究材料性能时主要是定量试验指标,强调用数据说话。

(2)寻找影响考核指标的可能因素 ,也称为影响因子或输入变量。因素变化的各种状态称为水平,要求根据专业知识初步确定因素水平的范围。因素水平的变化可以引起试验指标的变化,试验设计的目的就是找出影响试验指标值的诸因素,或者说是寻找最佳组合。但是,不同试验的指标值和影响指标值的因素是不同的,为达到试验目的,总是人为地选定某些特定因素,让它们在一定的范围内变化来考察它们对指标值的影响。

(3)根据实际问题,选择适合的试验设计方法。试验设计的方法有很多,每种方法都有不同的适用条件,选择了适合的方法就可以事半功倍,选择的方法不正确或者根本没有进行有效的试验设计就会事倍功半。

(4)科学地分析试验结果,包括对数据的直观分析、方差分析、回归分析等多种统计分析方法,这些工作一般可以借助相应的软件完成。

在材料科学研究中,经常需要做试验,以求达到预期目的。例如,希望通过试验达到材料最优性能,特别是新材料试验,未知的东西很多,影响因素也很多,人们对材料性能规律把握不好,要通过试验来摸索配方。如何做试验,其中大有学问。试验设计得好,会事半功倍;反之会事倍功半,甚至劳而无功。

如果要最有效地进行科学试验,必须用科学方法来设计。所谓试验的统计设计,就是设计试验的过程,使得收集的数据适合于用统计方法分析,得出有效的和客观的结论。如果想从数据中得出有意义的结论,用统计方法做试验设计是必要的。当问题涉及受试验误差影响的数据时,只有统计方法才是客观的分析方法。这样一来,任一试验问题就存在两个方面:试验的设计和数据的统计分析。这两个课题是紧密相连的,因为分析方法直接依赖于所用的设计。

2.1.4　试验设计的原则

试验设计的三个基本原则是重复、区组化及随机化。

2.1.4.1　重复

所谓重复(replication),是指一个试验处理在相同条件下进行若干次独立的重复试验。各处理的重复数相等时称为平衡设计,各处理的重复数不等时称为不平衡设计。重复测量所指的重复不是试验设计意义上的重复。例如:一个试验处理的多次测量值和一个处理不同试验周期的测量值,这些测量值不独立。

重复具有以下三个作用:

(1)估计试验误差。试验误差是客观存在的,但只有通过一个处理的重复试验才能得到估计,如果在一个处理上有 n 次重复,则试验指标的实测值 $\hat{y}$ 和真实值 μ 之间的误差应服从正态分布 $N(0,\sigma^2)$。

(2)降低试验误差。重复是降低试验误差、提高试验结果精确度的一个重要方法,统计学已经证明误差与重复次数的平方根成反比,适当地增加重复可以减少误差。

(3)增强代表性。一次试验的结果很可能带有偶然性,增加重复数可以扩大试验的代表性,可以更广泛地认识试验的影响与适应范围。

2.1.4.2　区组化

所谓区组化(block),又称局部控制(local control),是针对试验条件的不均匀性,人为地把时间、空间、试验材料和试验设备等试验条件划分成若干个区组,使区组内的试验条件相同或者相近,而区组之间允许存在较大的差异。区组也是影响试验指标的因素,但并不是真正要研究、考察的因素,因此也称非试验因素。区组能够分离非试验因素引起的变异,进而减少试验误差,提高试验的精确度,保证分析结果的正确性。

通常情况下,一个区组当中应该安排所有的试验处理(组合),一个区组就可以看作一次重复,安排几个区组就相当于安排了几次重复,只不过是各次重复之间可能存在一些试验条件上的差异而已。区组的作用是减少试验误差。

2.1.4.3　随机化

所谓随机化(randomization),是指试验中任何一个处理都随机地安排在任何一个试验单元上,即试验所用的仪器、材料,试验操作人员及试验单元的次序也要随机地确定。统计方法要求观察值(或误差)是独立分布的随机变量,随机化通常能使这一假定有效。把试验进行适当的随机化亦有助于"均匀"可能出现的外来因素的效应。随机化能使各试验结果相互独立,有效地降低系统误差。随机化的作用是正确地估计试验误差。随机化的方法常用的主要有随机数表法、计算机生成随机数法和抽签法。

例如:4 种材料性能对比试验,有 3 次重复。图 2-1(a)有重复但没有局部控制;图 2-1(b)有重复,有局部控制,但顺序排列不随机化;图 2-1(c)完全贯彻了三大原则,有重复,有局部控制,又做到了随机化。

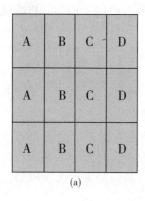 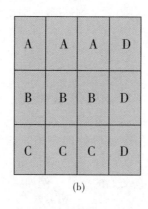 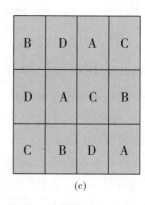

图 2-1　有 3 次重复的 4 种材料性能对比试验

此外,现代科学研究还需要考虑以下几方面的要求:

(1)创新性。随着信息大爆炸时代的到来,新研究层出不穷,要善于利用各种能力,选择前人没有解决或没有完全解决的问题,善于捕捉有价值的线索,勇于探索、深化。

(2)需求性。虽然这与科学研究本身的要求不符合,但是随着科学研究作为一种促进社会和经济发展的工具越来越明显,选择在科学上有重要意义或社会生产、人民生活需要解决的问题就非常有必要了。

(3)目的性。选题必须目的明确,应目标集中,不含糊,不笼统。

(4)功效性。目前,科学研究的花费比较高,研究中所消耗的人力、物力、财力应同预期成果的科学意义、水平、社会效益和经济效益等综合衡量。

2.1.5 试验因素的选择

需要注意的是,影响试验结果的因子数往往很多,但在试验时仅能挑选出一部分重要的可控因子进行试验。试验因子的挑选:首先,可以借鉴已有试验的结果或根据经验进行选择;其次,可以依据专业背景知识进行选择;最后,可以将试验分为不同的阶段进行,在试验的初级阶段进行探索性试验,从中挑选出主要的试验因子,然后再做进一步的高级阶段的试验。

如表 2-1 所示,影响混凝土立方体抗压强度的因素很多,如胶凝材料水泥的强度等级、砂率、水胶比等;各因素在试验中所取的状态称为水平,如水泥的强度等级可取 32.5级、42.5 级、52.5 级,砂率可取 35%、40%、45%,水胶比可取 0.35、0.40、0.45 等。每一项具体试验,由于试验目的不同或现场条件的限制,通常只选取所有因素中的某些因素进行试验,试验过程中改变某个因素的水平,保证其余因素不变,按所取因素的多少把试验分为单因素试验、两因素试验和多因素试验。

表 2-1　影响混凝土抗压强度的因素

影响因素		考核指标
原材料	水泥的强度等级、砂率、水胶比等	立方体抗压强度
养护方法	同条件养护、标准养护等	
试件尺寸	200 mm、150 mm、100 mm 立方体	
加载速率	快速、标准速度、慢速等	

表 2-2 是一个单因素试验,因素 A 有三个水平,每个水平重复试验 3 次;表 2-3 是两因素试验,因素 A、B 均有三个水平,共 9 次试验,这一试验也可用两个单因素试验代替,见表 2-4。

表 2-2　单因素试验

A_1	A_2	A_3
●	●	●
●	●	●
●	●	●

表 2-3　两因素试验

	A_1	A_2	A_3
B_1	●	●	●
B_2	●	●	●
B_3	●	●	●

表 2-4　两个单因素试验

A_1	A_2	A_3	B_1	B_2	B_3
●	●	●	●	●	●
●	●	●	●	●	●
●	●	●	●	●	●

为了说明上述两种方案的优劣,在表 2-5 中给出一定水泥用量($50\ kg/m^3$)的胶凝砂砾石 28 d 抗压强度的试验数据,考虑了两个影响因素,A 为砂砾石中细料含量(粒径小于 5 mm 颗粒的含量),B 为水胶比。当 A 固定在 20%,B 为 B_4(1.2)时最好,此时材料强度为 2.78 MPa,可得出最优组合 A_1B_4;同样,当 B 固定在 1.0,A 为 30% 时,材料强度最高为 3.06 MPa,即 A_3B_3 组合最好。显然,这两个单因素试验所得到的结论是不一样的。而且从该组合试验表中可知,以上两个组合都不是最佳组合,最佳组合应该是 A_2B_4。可以看出,两个单因素试验方案的可靠性要比全组合试验方案差。

表 2-5　抗压强度全组合试验

	A_1(20%)	A_2(25%)	A_3(30%)	A_3(35%)
B_1(0.6)	1.83	2.36	2.46	2.22
B_2(0.8)	2.15	2.68	2.70	2.56
B_3(1.0)	2.52	2.92	3.06	2.48
B_4(1.2)	2.78	**3.26**	2.84	2.26
B_5(1.4)	2.36	2.98	2.65	2.05

选择部分工况进行试验也能够得出正确的结论,例如在选择水胶比时,水胶比太小,拌和料过于干涩,近似散粒状,颗粒之间的摩擦阻力较大,振捣击实困难,达不到较高的密实度,故而其抗压强度偏低。在选择细料含量时,如细料含量小于 25%,胶凝砂砾石材料内部的粗骨料较多,产生的浆体不足以填充细骨料间的空隙,骨架疏松;当细料含量大于 30% 时,骨料总比表面积增大,拌和料需水量明显增大,有限的胶凝材料形成的浆体不能完全裹覆骨料,骨料黏结出现漏洞,材料抗压强度较低。基于这种知识,选取部分工况做试验应当说是比较高明的。但是,这并不是容易做的事,因为这种方法需要有深厚的理论基础和丰富的实践经验,否则是难以获得正确结论的。所以,当对影响因素的规律把握不大时,最好做全组合的试验。从信息利用率的角度来看,全组合试验数据的利用率高,一个数据在单因素试验中只被利用一次,而在全组合试验中就被利用两次。

这里只选取了影响胶凝砂砾石强度的两个因素,其他因素在试验过程中保持不变。但是,为保证结论的可靠性,在选取因素时最好把所有影响较大的因素选入试验。这里应当指出,某些因素之间还存在着交互作用。所谓交互作用,就是这些因素在同时改变水平时,其效果会超过单独改变某一因素水平时的效果。所以,影响较大的因素还应包括那些单独变化水平时效果不显著,而与其他因素同时变化水平时交互作用较大的因素,这样试验结果才具有代表性。如果设计试验漏掉了影响较大的因素,那么只要这些因素水平一变,结果就会改变,最佳组合也会发生变化。所以,为保证结论的可靠性,设计试验时就应把所有影响较大的因素选入试验,进行全组合试验,一般而言,选入的因素越多越好。在近代工程中,20~50 个影响因素的试验并不罕见。当然,不同的试验,选取因素的数量也不一样,因素的多少取决于客观事物本身和试验目的的要求。

然而,由于试验的影响因素过多,组成的系统将具有极高的维数,这些数据在统计处理中通常称为高维数据。随着数据维数的不断提高,数据将提供有关客观现象的更加丰富、细致的信息。但同时,数据维数的大幅度提高又会给数据处理工作中的降维等问题带来较大的困难,“高维性”将造成“维数祸根”难题。

“高维性”是复杂系统的固有统计特性,在分析复杂系统高维数据过程中遇到最大的问题就是维数的膨胀,所需的空间样本数会随维数的增加而呈指数增长,即样本数很大,会出现高维点云稀疏,Bellman(1961)把这种现象称为“维数祸根”(curse of dimensionality),以维数 $P = 10$ 为例,设数据在单位球体中是均匀分布的,那么在其中的一个只包含 5% 数据的球半径就得有 $(0.05)^{1/10} = 0.74$ 那么大;又例如:在单位超立方体中均匀分布的数据,若把每条边分成 10 等份,得到 10^{10} 个小超立方,即使有 100 万个数据点,平均每 1 万个小超立方体中才有一个点,绝大多数小超立方体中根本没有点而是空的。维数愈高,空间点云就愈加稀疏。当复杂系统数据维数很高时,传统的多元统计分析方法在处理实际数据时会碰到数据不符合正态分布或对数据没有多少先验信息的情况,所以处理时只能用非参数的方法去解决。处理这类问题的非参数方法主要依赖大样本理论,但高维数据会出现空间点云稀疏现象。所以,大样本理论处理高维数据并不适用。另外,许多经典的低维数据处理方法,如回归分析、主成分分析、聚类算法中的划分方法和层次方法等,在处理高维数据时存在着难以解决的困难。例如:维数的增加会导致数据的计算量迅速上升;高维导致空间的样本数变少,使得某些统计上的渐进性难以实现;传统的数据处理方法在处理高维数据时不能满足稳健性要求等,上述问题给高维数据处理带来了极大的挑战。因此,从高维数据中寻找和揭示事物的本质规律的基本出发点和关键在于对高维数据进行降维,以克服“维数祸根”,从而兼容高维空间的“复杂性与精确性”。

2.1.6　试验水平的选取

试验水平的选取也是试验设计的主要内容之一。试验水平可以是定性的,如测试不同岩性的石料或胶凝材料,具有质的区别,称为质量水平;试验水平也可以是定量的,如胶凝材料用量、水胶比等,具有量的差异,称为数量水平。对于质量因素,选取水平时就只能根据实际情况有多少种就取多少种;相反,对于数量因素,选取的水平以少为佳,因为随水平数的增加,试验次数会急剧增多。

确定因子的各个水平时,既要根据试验目的和实践经验来确定,又要考虑到因子的水平数对试验处理数的影响。如试验处理水平数过少,则试验的精确度低;如试验处理水平数过多,则又难以实现。因子水平数一般取 2~5。如定量的水平间距过小,容易掩盖不同水平间的差异;如定量的水平间距过大,则可能遗漏一些试验效应。每个试验因素的水平数目不宜多,且各水平间距要适当,使各水平能明确区分,并把最佳水平范围包括在内。

表 2-5 已经涉及水平变化的幅度问题,从减小试验次数来看,当水平间距不太大时,取两水平或三水平就可满足要求。但也应当注意,水平靠近时指标的变化较小,尤其是那些影响不大的因素,水平靠近就可能检测不出水平的影响,从而得不到任何结论。所以,水平变化的幅度在开始阶段可取大些,然后再逐渐靠近。如果细料含量水平选择的不是20%、25%、30%、35%,而是 20%、22%、24%、26%,就很难得出正确的结论。此时,即使仪器能够分辨出水平变化所引起的指标波动,但从统计方法来看,这是没有任何意义的。

还应当指出,选取的水平必须在技术上现实可行。如在寻找最佳组合的试验中,最佳水平应在试验范围内。在工艺对比试验中,新工艺必须具有工程实际使用价值。

2.1.7　试验对照与对比

2.1.7.1　对照试验

在科学试验中,经常需要通过严格控制无关变量,观察自变量(施加某种因素)对试验结果造成的影响。在大多数情况下,如果只有一组试验,不足以说明该变量是影响试验结果的唯一因素,这时,需要设置一个未施加这种因素(自变量)而已知的试验结果作为对照,以明确这种因素所起的作用。因此,通常把经过控制处理的一组(或者未知试验结果的一组)称为试验组,而未经过控制处理的一组(自然状态下或者已知试验结果的一组)称为对照组。

对照试验是科学研究中常用的一种试验方法,目的是通过比较试验结果找到想要研究的因素对试验的影响作用,从而为科学研究提供事实依据和直接证据,是否有适当的对照试验,在许多情况下会影响研究的结果。

对照可以用来消除或平衡无关变量带来的影响。按对照的内容和形式的不同,通常有以下对照类型:

(1)空白对照。指不做任何试验处理的对象组。空白对照能明白地对比和衬托出试验的变化和结果,增强说服力。

(2)自身对照。指试验与对照在同一对象上进行,即不另设对照组。自身对照,方法简便,关键是要看清楚试验处理前后现象变化的差异,试验处理前的对象状况为对照组,试验处理后的对象变化则为试验组。

(3)条件对照。指虽给对象施以某种试验处理,但这种处理是作为对照意义的,或者说这种处理不是试验假设所给定的试验变量意义的。

(4)相互对照。指不另设对照组,而是几个试验组相互对比的方法。

2.1.7.2　对比试验

如果并不知道两组(或多组)试验中自变量对试验结果所造成的影响,需要通过试验来确定,此时就可以称这些试验为对比试验。对比试验不设对照组,均为试验组(或互为试验组和对照组),是对照试验的一种特殊形式,相当于"相互对照试验"。

2.1.7.3　对照试验与对比试验的相互转变

对照试验和对比试验在一定的条件下是可以相互转变的。人类在不同的时期,对事物的认知也在不断发展。不同的人,对事物的认知水平也有差异。例如,如果人们不知道温度对某种材料转化合成的影响,此时设计一系列的试验条件进行研究,这就是对比试验,从对比试验中可以确定该材料转化合成的最适宜温度;如果现在人们已知了上述材料转化合成的最适宜温度,还想研究其他温度的影响,此时设计的试验就是对照试验。同样,对于学生来说,因知识有限,对照试验在一定的条件下也可以认为是对比试验。

试验教学中,强调的是试验设计的基本原则和对变量的控制等基本要素,而不应花过多的精力分析某个试验是对照试验还是对比试验,因为讨论这些名称问题并没有太多的实际意义,并不会给学生的学习带来切实有益的帮助。

2.2　试验优化

2.2.1　最优化

2.2.1.1　最优化的定义

在现代社会中,实现过程和目标的最优化已成为解决科学研究、工程设计、生产管理、市场营销、规划、决策及其他方面实际问题的一项重要原则。所谓最优化,简单地说就是高效率地找出问题在一定条件下的最优解,或者说在给定条件下寻找最佳方案的问题。最佳的含义各种各样,如成本最小、收益最大、利润最多、距离最短、时间最少、空间最小等,即在资源给定时寻找最好的目标,或在目标确定下使用最少的资源。最优化是一个十分广阔的领域,或者说在许许多多的领域里都有最优化问题。在实际中,最优化问题随处可见,例如:在科学研究、开发和生产中为了达到提高质量、增加产量、降低成本、保护环境及改善劳动条件等目标;在经济计划、工程建设、产品设计、技术革新和工艺改革等领域,经常遇到要求改进或实现最优化的项目。广泛和明确的客观需要促使最优化成为一门重要的、充满活力的应用数学学科。随着科学技术的迅猛发展,市场竞争的日益激烈,最优化学科将会愈发显示出其巨大的威力。

2.2.1.2　最优化的分类

1. 按数学模型是否可计算分类

按数学模型是否可计算或者是否已知,最优化可分为两类:一是可计算性最优化,即数学模型是已知的,是可以计算的;二是试验性最优化,即数学模型是未知的或其函数值是不可计算的,只能通过试验来进行。在大量的实际问题中,试验性最优化问题比可计算性最优化问题要多得多,也复杂得多。

2. 按最优化的结果分类

按最优化的结果,可把最优化分为局部最优和全局最优两类。全局最优是指从决策目标的总体战略或纵观长远、全局出发,综合评价和权衡某一方案的最佳效果。一项决策往往有多种目标,涉及多个领域和许多部门,其产生的效果和社会影响也是多面性和长期性的。一个决策方案,从一个目标或部门的角度看无疑是最佳方案,从另一个目标或部门的角度看却未必理想;从近期观点看,方案可行,效益颇佳,但从长远观点看,问题不少,无综合效益。因此,无论什么决策,都应该用全局价值观念来衡量,坚持总体全局最优标准。

假如一个方案对局部有利,是合理的,而对全局来说是不利的或不合理的,那么这个方案就不是"最满意"方案或"最优化"方案。因此,对于实际的最优化问题,人们总是希望求全局最优,但在传统的最优化学科中,求全局最优的方法相对较少,多数还是依赖求局部最优。尽管可以通过多次求局部最优来寻找全局最优,但这样做的结果会大大降低最优化方法的效率。

常规的启发式算法、贪婪算法或局部算法都很容易产生局部最优,或者说根本无法查证产生的最优解是不是全局最优的,或者只是局部最优的。这是因为对于大型系统或复杂的问题,一般的算法都着眼于从局部展开求解,以减少计算量和算法复杂度。对于优化问题,尤其是最优化问题,总是希望找到全局最优的解或策略,但是当问题的复杂度过于高、要考虑的因素和处理的信息量过多时,我们往往会倾向于接受局部最优解,因为局部最优解的质量不一定都是差的。尤其是当我们有确定的评判标准表明得出的解是可以接受的话,通常会接受局部最优的结果。这样,从成本、效率等多方面考虑,也可能是实际工程中会采取的策略。对于部分工程领域,受限于时间和成本,对局部最优和全局最优可能不会进行严格的检查,但是有的情况下是要求得到全局最优的,这时就需要避免产生的仅仅是局部最优的结果。

3. 按优化计算中是否求导数分类

按优化计算中是否求导数,可把最优化分为导数法(包括差分法)和直接法两类。直接法对函数性质的要求比导数法低得多,所以其应用范围比导数法广得多。原则上直接法适用于试验性最优化问题。

现代优化技术主要分为三个方面:优化控制、优化设计和优化试验。目前,常用的优化技术主要有直觉优化、进化优化、试验优化、价值分析优化和数值计算优化。各种优化方法基本上都可以由上述分类方法予以归类。例如,材料试验优化显然是试验性最优化问题,属于直接法最优化、全局最优。

2.2.2　试验优化的目的

试验优化就是在这种最优化思想指导下,通过广义试验(包括实物试验与非实物试验)进行最优设计的一种优化方法,也是应用数学的一个新兴分支。它从不同的优良性出发,合理设计试验方案,有效控制试验干扰,科学处理试验数据,全面进行优化分析,直接实现优化目标,成为现代优化技术的一个重要方面。

试验优化是一种直接优化法。具体地说,设计试验方案时,不仅要使方案具有一定的优良性,也要使试验点大大减少,但少量实施的试验点却能获取丰富的试验信息,得出全面的结论;实施试验方案时,能有效地控制试验干扰,提高试验精度;处理试验结果时,通过简便的计算及分析,可以直接获得较多的优化结果。

显然,试验优化既是全过程优化,又是多目标优化。对于多快好省地进行多因素试验,对于构造各种线性与非线性的数学模型,对于科学研究中发现新规律、实际生产中探寻新工艺、产品开发中进行优质设计、管理科学中寻求最佳决策等,试验优化都是一种非常有效的数学工具。

一切设计、控制与决策,都必须首先从信息载体中获取有用的信息。我们现在正处于控制论时代,当信息成为价值手段,知识、信息和技术成为重要的生产力时,试验优化能够满足时代的需要。因为试验优化实际上是一门关于信息的量的科学,运用试验优化技术,可以既快又省地获取既多又好的信息,并能科学地分析和利用已获取的信息。通常,试验是指实物试验,但对于试验优化,常常进行的是广义试验。凡是能获取信息的有效的科学手段和方法,都可作为广义试验的试验方法。因此,试验优化不仅是提高获取信息效率的一种现代技术,也是适用面很广的一种通用技术。

2.2.3　试验优化的发展与应用

近代创立和发展起来的试验优化法,将优化思想和要求贯穿于试验的全过程,从此,试验才真正走上科学的轨道,使试验领域发生了深刻的变化,也有力地促进了现代优化技术的发展。

试验优化技术的推广应用是一项在经济效益上十分领先的工作。据报道,日本推广应用试验设计的前 10 年,即整个 20 世纪 60 年代,应用正交表已超过 10 万次,在创造利润和提高生产率方面起了巨大的作用。今天,试验设计技术已成为日本企业界人士、工程技术人员、研究人员和管理人员的必备技术,已被认为是工程师共同语言的一部分。据说,在日本一个工程师如果没有试验设计这方面的知识,就只能算半个工程师。目前,这门技术还在农业、医学、生物学和物理学等方面得到普及和应用。

在试验设计推广应用的同时,回归设计也得到迅速的发展和广泛的应用,尤其是近 30 年来,不仅在理论研究方面异常活跃,而且在机械制造、材料工程、自动控制和系统工程等许多领域都有应用。目前,日本每年有数百家公司应用田口方法,尤其是利用稳健设计来完成数万个实际项目。丰田汽车公司、日产汽车公司、松下电器公司、新日铁公司、富士胶片公司等几乎所有大公司都在积极推广应用田口方法。丰田汽车公司对田口方法的评价是:在为公司产品质量改进做出贡献的各种方法中,田口方法的贡献占 50%。

田口方法于 20 世纪 80 年代初引入美国,首先在福特汽车公司获得成功应用,然后在全美引起轰动。到 1986 年,福特汽车公司经济效益已超过世界最大的通用汽车公司,其飞跃的秘密武器就是田口方法。该公司每年都有上百个典型的田口方法应用实例。新车开发时间由 48 个月降到 36 个月,并且开发成本也大大降低。目前,在美国田口方法已推广应用到美国三大汽车公司、国际电报电话公司及美国国防部等上千家大公司和政府有关部门。某些学派认为,这是美国 50 年来生产率快速增长的主要的、决定性的因素,已成为世界强国间较量的重要因素。

我国一些学者自 20 世纪 50 年代就开始研究试验优化,在理论研究、设计方法与应用技巧方面都有新的创见,构造了许多新的正交表,提出了"小表多排因素,分批走着瞧,在有苗头处着重加密,在过稀处适当加密"的正交优化的基本原理和方法,提出了"直接看可靠又冒尖,算一算有效待检验"等行之有效的正交优化数据分析方法,提出了直接性和稳健性择优相结合的方法,提出了参数设计中多种减少外表设计试验点的新方法,还构造了系列的均匀设计表,创建了均匀设计法,这就形成了一套有中国特色的试验设计法。我国对试验优化的发展和推广应用也做出了显著的贡献。尤其是自 20 世纪 70 年代以来,试验优化的实际应用越来越广,取得了非常可喜的成果。国内正交法的应用已有超过

1 万个自变量的例子。据粗略估计,仅正交试验设计的应用成果目前已超过 10 万项,经济效益在 50 亿元以上。但是与开展这一工作最发达的国家相比,以及与我国应该达到的应用规模相比还有较大的差距。试验设计的现代发展——稳健设计及各种回归设计方法的实际应用于 20 世纪 70 年代末 80 年代初在我国才刚刚开始。因此,大力推广应用试验优化技术,对于促进我国科学研究、生产和管理等各项事业迅速而健康的发展,不仅具有普遍的实际意义,也具有一定的迫切性。

2.3　试验设计的优良性

试验优化时,人们往往根据实际需要,进行不同优良性的设计,并运用合适的优化方法,圆满地实现优化目标。常用的优良性如下。

2.3.1　正交性

在 p 维因素空间内,如果试验方案 $\varepsilon(N)$ 使所有 j 个因素的不同水平 x_i 满足

$$\sum_{i=1}^{n} x_{ij} = 0 \tag{2-1}$$

就称该方案具有正交性。

正交性主要表现于正交表 $L_a(b^c)$ 与 $L_a(b_1^{c_1} \times b_2^{c_2})$ 中,也表现于正交多项式组中,具体应用于各种正交设计。正交性能减少试验次数,消除各种效应间的相关性,使因素效应、交互作用效应及回归系数的计算分析大大简化。正交性是试验优化中应用最广泛的一种优良性。

2.3.2　稳健性

如果试验方案 $\varepsilon(N)$ 对各种噪声因素不敏感,或者对各种干扰具有较好的抑制性,则称该方案具有稳健性,有些场合亦称为鲁棒性。

稳健性具体应用于稳健设计。稳健设计的目的是使产品或过程在使用运行时与目标值始终保持一致,并且对种种难以控制的因素不敏感。稳健设计及稳健性技术开发设计是正交试验设计的最新发展。

2.3.3　均匀性

如果试验方案 $\varepsilon(N)$ 使得 N 个试验点按一定的规律充分均匀地分布在试验范围内,每个试验点都有一定的代表性,就称该方案具有均匀性。

均匀性是新开发的一种优良性,它主要表现于均匀设计表 $U_a(b^c)$ 与 $U_a(b_1^{c_1} \times b_2^{c_2})$ 中,具体应用于均匀试验设计。

均匀性比正交性更能大量地减少试验次数,但仍能得到反映试验体系主要特征的试验结果。

2.3.4 饱和性

若试验方案 $\varepsilon(N)$ 的无重复试验次数 N 比试验因素及其交互作用的自由度之和多 1，或者与欲求的回归方程的待估计参数个数相等，则称该方案具有饱和性。

饱和性主要应用于各种饱和设计，它能最有效地发挥各个试点的作用，使每个试验点获取最多的有用信息，大大减少试验次数，缩短设计周期。

2.3.5 旋转性

在 p 维因素空间中，如果试验方案 $\varepsilon(N)$ 使得试验指标回归值 $\hat{y}$ 的预测方差 $D(\hat{y})$ 仅与试验点到试验中心的距离 ρ 有关，则称该方案具有旋转性。

旋转性应用于各种回归旋转设计。旋转性能保证 p 维因素空间中同一 p 维球面上各点的预测方差 $D(\hat{y})$ 相等，这样就消除了 $D(\hat{y})$ 的方向性，为进一步调优创造了条件。

若在 $0 < \rho < 1$ 内，旋转设计 $\varepsilon(N)$ 同时使得回归值预测方差 $D(\hat{y})$ 近似为一常数，则称该方案具有通用性，亦称均匀精度性。方案 $\varepsilon(N)$ 亦称为通用旋转设计或均匀精度旋转设计。这样，$\varepsilon(N)$ 就使得旋转的中心组合设计具有均匀精度性。

2.3.6 D-优良性

在 p 维因素空间确定的区域内，对于给定的回归模型，若在一切可能的方案中，方案 $\varepsilon(N)$ 信息矩阵的行列式值最大，就称该方案为 D-优良性。D-优良性使回归系数 $b(b_1, b_2, \cdots, b_m)$ 的 m 维密集椭球体体积最小。实际上它与 D-优良性等价，是使回归系数的预测方差 $D(b)$ 最小的设计。当然，回归值 $\hat{y}$ 的预测方差 $D(\hat{y})$ 也最小。

在试验优化的实际应用中，人们还常常希望某些优良性共集于同一设计，如饱和正交设计、均匀正交设计、正交旋转设计、饱和 D-优良性等。有时，为了达到优化目标，既可以连续多次运用某种优良性，也可以根据实际需要，在不同的优化阶段灵活选用不同的优良性。例如，在因素变化的全域进行因素选优时，可以选用正交性或饱和性，而在因素选优基础上再进行方程优选时，则可以选用旋转性或 D-优良性。

2.4 试验优化方法

目前，在科学研究与生产的实际应用中试验优化主要是进行离散优化，有时也进行序贯优化，有时则必须综合进行离散优化和序贯优化。

所谓离散优化，就是在试验区域内有目的的、有规律地散布一定量的试验点，多方向同时寻找优化目标。如果优化目标是最优点，则离散优化只是一种试验点优选法，优选过程不遵循一定的寻优路径，而只是对给定条件下一切可能的试验点进行选优。因此，离散优化不能真正实现全局优化，所谓的最优只是近似的，最优点也只是较优点。但实际应用表明，离散优化完全能够满足一般科学研究和生产的实际需要。这种离散优化法有正交设计、SN 比设计、均匀设计等。如果优化目标是最优回归方程，则这种离散优化法就是回归设计。

　　在实现优化目标的整个过程中,所谓序贯优化,是遵循一定优化路径逐渐寻找最优点的方法,它是单向寻优,后一阶段优化是在前一阶段优化的基础上进行的。通常情况下,序贯优化可以进行全域精确寻优。常用的序贯优化法有 0.618 法、Fibonacci 法、单纯形法、梯度法、渐近分式法和连贯设计法等。

　　随着科学研究的深入、工农业生产的发展和计算机技术的广泛应用,试验优化的内容越来越丰富,设计方法也越来越多。例如,仅正交试验设计与混料回归设计就分别有几十种方法。试验优化最常用的方法是试验设计与回归设计。

2.4.1　试验设计

　　试验设计是离散优化的基本方法,它是从正交性、均匀性出发,利用拉丁方、正交表、均匀表等作为工具来设计试验方案,实施广义试验,直接寻找最优点。试验设计时,方案的编制与数据处理常常表格化,应用分析非常方便。

　　在试验设计的发展道路上,Fisher 创立的传统试验设计是第一个里程碑。正交表的构造和开发则是第二个里程碑,日本田口式正交表试验设计法是突出的代表,而我国研创的正交试验法同日本田口式正交表设计法相比,程序更简单、指导理论正确合理、优化效率更高、教育推广和普及更便利,从而使多因素优化从欧美式的艰深方法中跳出,演化成简单易行、行之有效的工作。日本学者田口玄一开发的稳健试验设计是第三个里程碑。它是试验设计的现代发展,为试验设计开拓了更加广阔的应用领域,为优质产品的设计和开发提供了非常有效的工具。20 世纪 90 年代初,田口玄一创造并推行了稳健性技术开发设计,这是一种带有重大创新思想的试验优化方法。这种方法能以较短的开发周期开发出相类似的一组或系列的稳健的、高质量的、在使用中具有优良可靠性的产品。20 世纪 90 年代中期,田口玄一将马氏距离成功地用于医疗诊断、地震预报等方面的基础上,建立了马哈拉诺比斯–田口系统(MTS),主要用于产品检测、医疗诊断、灾害预防预测、声音识别等多个领域。田口玄一认为,MTS 将是 21 世纪试验优化领域里的最大技术,提醒人们对 MTS 重点进行研究和应用。

2.4.2　回归设计

　　如果仅以最优回归方程为优化目标,多数回归设计方法都是离散优化的;但在 D-最优回归设计与混料回归设计应用测度设计寻求最优方案时,则表现为序贯优化。如果最优化目标是最优组合条件,则回归设计一般表现为离散优化与序贯优化的综合。回归设计主要是从正交性、旋转性和 D-优良性出发,利用正交表、H 阵、单纯形、中心组合法、正交多项式组及计算机技术编制试验方案,直接求取各种线性和非线性回归方程。实际上,回归设计是现代建模的一种最优化方法。常用的回归设计法有多元线性正交设计、二次组合设计、正交多项式设计、D-最优设计及混料设计等。

　　回归设计实际上产生于 20 世纪 50 年代,它是在综合回归分析与试验设计现代发展的基础上而建立起来的试验优化领域的一个新分支,也是数理统计学科的一个新发展。它将方案设计、数据处理与回归方程的精度统一起来进行优化,已成为现代通用的一种试验优化技术。我们知道,试验设计很难用于系统连续优化,因为它不能给出连续模型。由于某些因素水平变化的非定量性和非连续性,即使利用试验数据线性结构模型或伪变量回归分析建立起预测方程,也只能近似地选优。相反,回归设计则提供了便于系统连续优化和进一步精确选优的条件。因此,回归设计不但使工程技术、自然科学和社会科学乃至思维科学中具有相关关系的多因素问题都有可能实现定量分析,而且有可能用最小的代价达到寻优的目的,且不论要研究的问题是白色系统、灰色系统还是黑色系统。可以预料,过去那些只能进行定性研究和处理的科学研究和生产问题,期望能用回归设计方法构造需要的数学模型,将其提高到定量分析的水平上来加以更好地研究。

各种回归设计方法都必须对因素进行编码。所谓因素编码,就是将自然因素通过编码公式变成编码因素的过程。自然因素是未经编码的试验因素,通常记为 z_1, z_2, $\cdots$, z_p。自然因素有些有量纲,有些无量纲,但都有具体的物理意义。由自然因素构成的空间称为自然空间,是实际试验方案的存在空间。编码因素是经过编码得到的因素,通常记为 x_1, x_2, $\cdots$, x_p。任何编码因素都是无量纲的,由编码因素构成的空间称为编码空间。回归设计时,方案的编制、回归系数的计算及回归方程的统计检验,即整个优化过程都是在编码空间进行的。因此,因素编码是回归设计的关键环节。不同的回归设计有不同的编码公式,而表示编码因素具体取值的编码也因不同的编码公式而有所不同。设计表格化、公式规范化、分析程式化是回归设计的显著特点。设计表格化是指试验方案的设计、回归系数的计算与检验都配列于同一表,即计算格式表。公式规范化是指对于不同的回归设计方法,回归系数的计算,各因素的线性项、非线性项及其交互项的偏差平方和的计算及统计检验,大多有同样形式的公式。一般回归设计的优化过程是根据试验要求与专业知识,选择合适的回归设计方法,先编码、设计方案、配列计算格式表,再计算分析,最后进行统计检验,已经完全程式化。回归设计的上述特点对于计算编程及在科学研究和工农业生产中的实际应用都非常方便。

2.5　均匀设计

均匀设计是由中国统计学家方开泰和中国科学院院士王元首创的,是处理多因素多水平试验设计的首选方法,可用较少的试验次数,完成复杂的科学研究课题和新产品的研究及开发。均匀设计将试验点在高维空间内充分均匀分散,使数据具有更好的代表性,为揭示规律创造必要条件。变量和水平数小于 4 时,试验设计用户易于选择,适用的方法较多,如正交试验设计、回归正交试验设计、旋转设计、D-最优设计等,试验次数通常是十几个,用户能够接受。但当描述复杂的自然现象和探讨复杂的规律,试验因素和水平在 5 个以上时,用上述方法的试验次数会剧增,使得用户难于接受,用户只好简化条件或是取消试验考察。均匀设计的最大特点是,试验次数可以等于最大水平数,而不是试验因子数平方的关系,试验次数仅与需要考察的 x 个数有关。但一般来说,以试验次数选为试验因子个数的 3 倍左右为宜,有利于建模和优化。

目前,对于一般等水平均匀设计问题,方开泰的有关均匀设计的几部著作,可以得到大量的均匀设计表格。当各个因素的水平不等时,一般是利用数量有限的混合水平均匀设计表,如方开泰的专著《均匀设计与均匀设计表》(科学出版社,1994)附录Ⅱ;或采用拟水平方法将一般均匀设计表变换为各个因素水平数不等的混合水平均匀设计表。这种利用现成的混合水平均匀设计表进行的试验，很多情况下都需要我们的设计方案"削足适履"，以符合表格的要求；而利用拟水平法来构造混合水平的均匀设计表，当因素比较多时，如何构造出偏差更小的混合水平均匀设计表，既更均匀又很难解决。在 DPS 数据处理系统中，有些学者提出了一种新的定向优化算法，初步解决了一般均匀设计表和混合水平均匀设计表的构造问题。运用该方法可以求得设计矩阵优良性能较好、偏差也比较小的均匀试验设计方案。特别适用于构造试验因子和处理（水平）数较大的情形及混合水平的均匀试验设计需求，因为目前几乎所有的现成的均匀设计方案的因子数在 30 以下。同时，在 DPS(data processing system) 系统中，还提供了对现有的均匀设计进行优化的功能，以及混料均匀设计方案计算的功能等。

均匀设计最突出的优点是试验工作量少，特别适用于水平数较多的试验安排。但它与正交表不同的是，不仅表中各列的地位不平等，而且因素安排在表中的位置也是不能随便变动的，需根据试验中欲考察的实际因素数，依照附在每一张均匀设计表后的使用表来确定因素所对应的列号；试验安排的特点使试验数据失去了整齐可比性，数据一般采用回归分析法。由于试验次数较少，试验精度较差，为了提高其精度可采用试验次数较多的均匀设计表来重复安排因素各水平的试验。

均匀设计的步骤大体与正交试验设计相同，首先也是挑因素选水平设计因素水平表，然后选择合适的均匀设计表及相应的使用表，设计好试验方案，最后进行结果分析，结果分析不像正交设计，一般采用多元回归分析方法。由于均匀试验设计表安排允许的因素水平数较多，水平间隔较少，研究因素的范围宽，试验点在整个试验区域内分布均匀，试验结果具有较好的代表性，因此也可以采用直观分析法。

2.6　正交设计

正交设计，是指研究多因素多水平的一种试验设计方法。根据正交性从全面试验中挑选出部分有代表性的点进行试验，这些有代表性的点具备均匀分散、齐整可比的特点。正交设计是分式析因设计的主要方法。当试验涉及的因素在 3 个或 3 个以上，而且因素间可能有交互作用时，试验工作量就会变得很大，甚至难以实施。针对这个困扰，正交设计无疑是一种更好的选择。正交设计的主要工具是正交表，试验者可根据试验的因素数、因素的水平数及是否具有交互作用等需求查找相应的正交表，再依托正交表的正交性从全面试验中挑选出部分有代表性的点进行试验，可以实现以最少的试验次数达到与大量全面试验等效的结果，因此应用正交表设计试验是一种高效、快速且经济的多因素试验设计方法。下面我们用一个工程实例加以说明。

为提高某化工产品的转化率，选择了 3 个有关因素进行条件试验，反应温度(A)、反应时间(B)、用碱量(C)，并确定了它们的试验范围，A:80～90 ℃；B:90～150 min；C:5%～7%。试验目的是搞清楚因素 A、B、C 对转化率有什么影响？哪些是主要的？哪些是次要的？从而确定最适合的生产条件，即温度、时间及用碱量各为多少才能使转化率高？并制订出试验方案。

这里,对于因素 A,在试验范围内选取了三个水平;因素 B 和 C 也都选取三个水平,如下:

A:$A_1 = 80$ ℃,$A_2 = 85$ ℃,$A_3 = 90$ ℃;

B:$B_1 = 90$ min,$B_2 = 120$ mim,$B_3 = 150$ min;

C:$C_1 = 5\%$,$C_2 = 6\%$,$C_3 = 7\%$。

这个三因素三水平的条件试验,通常有两种试验方案。

（1）全面试验法。取三个因素所有水平进行组合,即 $A_1B_1C_1$,$A_1B_1C_2$,$A_1B_2C_1$,…,$A_3B_3C_3$,根据统计学知识可知,共有 $3^3 = 27$（次）试验。用图表示就是图 2-2 所示立方体的 27 个节点,这种试验法叫作全面试验法。

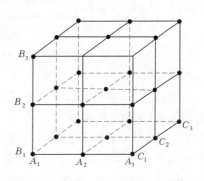

图 2-2　三因素三水平全面试验法取点

全面试验法对各因素与指标间的关系剖析得比较清楚,但试验次数太多。特别是当因素数目多,每个因素的水平数也多时,试验工作量就大得惊人。当选六个因素,每个因素取五个水平时,如做全面试验,则需做 $5^6 = $ 15 625（次）试验,实际上是不可能实现的。如果采用正交试验法,只需做 25 次试验就可以了。而且在某种意义上讲,这 25 次试验就代表了 15 625 次试验。

（2）简单对比法。变化一个因素而固定其他因素,如首先固定 B、C 于 B_1、C_1,使 A 发生变化:

$$\nearrow A_1$$
$$B_1C_1 \rightarrow A_3（结果 A_3 最好）,则再固定 A 于 A_3,C 还是 C_1,使 B 发生变化:$$
$$\searrow A_3$$

$$\nearrow B_1$$
$$A_3C_1 \rightarrow B_2（结果 B_2 最好）,则固定 B 于 B_2,A 还是 A_3,再使 C 发生变化:$$
$$\searrow B_2$$

$$\nearrow C_1$$
$$A_3B_2 \rightarrow C_2（结果 C_2 最好）,于是就可以认为最好的工艺条件是 A_3B_2C_2。$$
$$\searrow C_3$$

这种方法虽然可以大大减少试验次数,也有一定的选优效果,但缺点很多。首先,这种方法的选点代表性很差,如按上述方法进行试验,试验点完全分布在一个角上,而在一个很大的范围内没有选点。因此,这种试验方法并不全面,所选的工艺条件 $A_3B_2C_2$ 并不一定是 27 个组合中最好的,达不到全局最优的效果。其次,用这种方法比较条件好坏时,是把单个的试验数据拿来进行数值上的简单比较,而试验数据必然要包含着误差成分,所以单个数据的简单比较不能剔除误差的干扰,必然造成结果的不可靠。

简单对比法的最大优点就是试验次数少,例如六因素五水平试验,在不重复时,只用 $5 + (6-1) \times (5-1) = 5 + 5 \times 4 = 25$（次）试验就可以了。

考虑兼顾这两种试验方法的优点,从全面试验法的空间分布点中选择具有典型性、代表性的点,使试验点在试验范围内分布均匀,能反映全面情况。但我们又希望试验点尽量地少,为此还要具体考虑一些问题。

如上述问题,对应于 A 有 A_1、A_2、A_3 三个平面,对应于 B、C 也各有三个平面,共有九个平面。这九个平面上的试验点都应当一样多,即对每个因素的每个水平都要同等看待。具体来说,每个平面上都有三行三列,要求在每行每列上的点一样多。这样,可以做出如图 2-3 所示的设计,试验点用 ⊙ 表示。可以看到九个平面中每个平面上都恰好有三个点,而每个平面的每行每列都有一个点,而且只有一个点,总共九个点。这样的试验方案,试验点的分布均匀,且试验次数也不多。

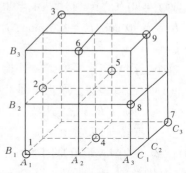

图 2-3　三因素三水平正交试验法取点

很明显,当因素数和水平数不超过 3 时,尚可通过作图的办法选择分布均匀的试验点。但是,因素数和水平数大于 3 时,作图的方法就不行了。试验工作者在长期的工作中总结出一套办法,创造出所谓的正交表。按照正交表来安排试验,既能使试验点分布得很均匀,又能减少试验次数,而且计算分析简单,能够清晰地阐明试验条件与指标之间的关系。用正交表来安排试验及分析试验结果,这种方法叫作正交试验设计法。

日本著名的统计学家田口玄一首先提出将正交试验选择的水平组合列成表格,这种表格称为正交表。例如,作一个三因素三水平的试验,按全面试验要求,须进行 $3^3 = 27$(种)组合的试验,且尚未考虑每一组合的重复数。若按 $L_9(3^4)$ 正交表安排试验,如表 2-6 所示,只需做 9 次试验,显然大大地减少了工作量。因此,正交试验设计在很多领域的研究中已经得到了广泛应用。

表 2-6　$L_9(3^4)$ 标准正交表

试验号	列号			
	1	2	3	4
1	1	1	1	1
2	1	2	2	2
3	1	3	3	3
4	2	1	2	3
5	2	2	3	1
6	2	3	1	2
7	3	1	3	2
8	3	2	1	3
9	3	3	2	1

2.6.1　正交表设计

正交表是有一整套规则的设计表格,用 $L_n(t^c)$ 来表示,L 为正交表的代号,n 为试验的次数,t 为试验水平数,c 为列数,也就是可能安排最多的因素个数。正交表可以分为标准正交表、非标准正交表和混合正交表三类,常用的标准正交表有二水平 $L_4(2^3)$、$L_8(2^7)$、$L_{16}(2^{15})$,三水平 $L_9(3^4)$、$L_{27}(3^{13})$,四水平 $L_{16}(4^5)$、$L_{64}(4^{21})$,五水平 $L_{25}(5^6)$ 等;非标准正交表有 $L_{12}(2^{11})$、$L_{18}(3^7)$、$L_{32}(4^9)$、$L_{50}(5^{11})$ 等;混合正交表有 $L_8(4\times2^4)$、$L_9(2\times3^3)$、$L_{12}(3\times2^4)$、$L_{18}(6\times3^6)$ 等。例如,表 2-6 的 $L_9(3^4)$ 标准正交表,它表示需做 9 次试验,最多可观察 4 个因素,每个因素均为 3 个水平。其设计方法先考虑 2 个三水平因素 A 和 B,把他们的所有水平搭配都写出来排成 2 列,这 2 列叫作基本列,然后再写出 2 个 3 阶的正交拉丁方(只有 2 个正交拉丁方),将这 2 个正交拉丁方的 1、2、3 列分别按顺序连成一列(共得 2 列),放到 2 个基本列的右面,就构成 1 个 4 列 9 行的矩阵,再配上列号和行号,就得到了 $L_9(3^4)$ 标准正交表。

3 阶拉丁方中

$$
\begin{array}{ccc}
A & B & C \\
B & C & A \\
C & A & B
\end{array}
\quad 和 \quad
\begin{array}{ccc}
A & B & C \\
C & A & B \\
B & C & A
\end{array}
$$

是正交拉丁方。

同三水平情况类似,考虑 2 个四水平的因素 A 和 B,把它们所有的水平搭配都写出来,构成 2 个基本列,然后写出 3 个 4 阶正交拉丁方(只有 3 个正交拉丁方),将这 3 个正交拉丁方的 1、2、3、4 列分别按顺序连成 1 列(共得 3 列),再按顺序放在 2 个基本列的右面,构成一个 5 列 16 行的矩阵,再配上列号、行号,就得到了 $L_{16}(4^5)$ 标准正交表,如表 2-7 所示。

4 阶拉丁方中

$$
\begin{array}{cccc}
A & B & C & D \\
B & A & D & C \\
C & D & A & B \\
D & C & B & A
\end{array}
\quad 和 \quad
\begin{array}{cccc}
A & B & C & D \\
D & C & B & A \\
B & A & D & C \\
C & D & A & B
\end{array}
\quad 和 \quad
\begin{array}{cccc}
A & B & C & D \\
C & D & A & B \\
D & C & B & A \\
B & A & D & C
\end{array}
$$

是互为正交的拉丁方。

在各阶拉丁方中,正交拉丁方的个数是确定的。在 3 阶拉丁方中,正交拉丁方的个数只有 2 个;在 4 阶拉丁方中,正交拉丁方的个数只有 3 个;在 5 阶拉丁方中,正交拉丁方的个数只有 4 个;在 6 阶拉丁方中,没有正交拉丁方,数学上已经得到证明。对于 n 阶拉丁方,如果有正交拉丁方,最多只能有 $n-1$ 个,以此可以构造出 n 个水平的标准正交表。

一个正交表中也可以各列的水平数不相等,称它为混合型正交表,如表 2-8 的 $L_8(4\times2^4)$,此表的 5 列中,有 1 列为四水平,有 4 列为二水平。根据正交表的数据结构看出,正交表是一个 n 行 c 列的表,其中第 j 列由数码 $1,2,\cdots,s$ 组成,这些数码均各出现 n/s 次,例如在表 2-6 中,第二列的数码个数为 3,$s=3$,即由 1、2、3 组成,各数码均出现 $n/s=9/3=3$(次)。

表 2-7 $L_{16}(4^5)$ 标准正交表

行号	列号				
	1	2	3	4	5
1	1	1	1	1	1
2	1	2	2	2	2
3	1	3	3	3	3
4	1	4	4	4	4
5	2	1	2	3	4
6	2	2	1	4	3
7	2	3	4	1	2
8	2	4	3	2	1
9	3	1	3	4	2
10	3	2	4	3	1
11	3	3	1	2	4
12	3	4	2	1	3
13	4	1	4	2	3
14	4	2	3	1	4
15	4	3	2	4	1
16	4	4	1	3	2

表 2-8 $L_8(4 \times 2^4)$ 正交表

试验号	列号				
	1	2	3	4	5
1	1	1	1	1	1
2	1	2	2	2	2
3	2	1	1	2	2
4	2	2	2	1	1
5	3	1	2	1	2
6	3	2	1	2	1
7	4	1	2	2	1
8	4	2	1	1	2

$L_{18}(2 \times 3^7)$ 的数字告诉我们,用它来安排试验,做 18 次试验最多可以考察 1 个二水平

因素和 7 个三水平因素。

$$试验次数(行数) = \sum (每列水平数 - 1) + 1 \tag{2-2}$$

例如，$L_8(2^7)$，$8 = 7 \times (2-1) + 1$。

利用关系式（2-2）可以从所要考察的因素水平数来决定最少的试验次数，进而选择合适的正交表。例如，要考察 5 个三水平因素及 1 个二水平因素，则最少试验次数为 $5 \times (3-1) + 1 \times (2-1) + 1 = 12$（次）。也就是说，要在行数不小于 12，既有二水平列又有三水平列的正交表中进行选择，$L_{18}(2 \times 3^7)$ 是最适合的。

2.6.2 正交表的性质

2.6.2.1 正交性

（1）任一列中各水平都出现，且出现的次数是相等的。例如，在二水平正交表中，任何一列都有数码"1"和"2"，且任一列中它们出现的次数是相等的；在三水平正交表中，任何一列都有数码"1""2"和"3"，且在任一列的出现次数均相等。

（2）任意两列间各种不同水平的所有组合都会出现，且出现的次数是相等的。例如，在二水平正交表中，任何两列（同一横行内）有序对共有 4 种：（1,1）、（1,2）、（2,1）、（2,2），每对出现的次数相等。在三水平情况下，任何两列（同一横行内）有序对共有 9 种，（1,1）、（1,2）、（1,3）、（2,1）、（2,2）、（2,3）、（3,1）、（3,2）、（3,3），且每对出现的次数也相等。

2.6.2.2 均衡分散性

由于任一列中各水平都出现，因此部分试验中包含所有因素的所有水平；任意两列间所有组合都会出现，使得任意两因素间都是全面试验。因此，部分试验中所有因素的所有水平信息和任意两因素间所有组合信息无一遗漏。虽然只是做了部分试验，却可以了解到全面试验的情况。

2.6.2.3 综合可比性

正交性使得任一因素的各个水平试验条件相同，保证了每列因素各个水平的效果比较中其他因素的干扰相对最小，可以最大限度地反映该因素不同水平对考核指标的影响。

以上三点充分地体现了正交表的优越性，即"均匀分散、整齐可比"的特点。正交性是核心，均衡分散性和综合可比性是正交性的必然结果。通俗地说，每个因素的每个水平与另一个因素各水平只会相遇一次，这就是正交性。正交表的获得有专门的算法，对应用者来说，不必深究。

2.6.3 交互作用的处理

正交试验设计的关键在于试验因素的安排。通常，在不考虑交互作用的情况下，可以自由地将各个因素安排在正交表的各列，只要不在同一列安排两个因素即可（否则会出现混杂）。但是当要考虑交互作用时，就会受到一定的限制，如果任意安排，将会导致交互效应与其他效应混杂的情况。

因素所在列虽是随意的，但是一旦安排完成，试验方案也就随即确定，之后的试验及后续分析将根据这一安排进行,不能再随意改变。对于部分正交表,如 $L_{18}(2×3^7)$ 并没有交互作用列,如考虑交互作用需要选择其他的正交表。

交互作用是指因素间联合搭配对考核指标的影响作用,它是试验设计的一个重要概念。事实上,因素间总会存在或大或小的交互作用,它反映各因素间相互促进或抑制的作用,这是客观存在的普遍现象。试验设计中,一级交互作用可记作 $A×B$,表明因素 A、B 间有交互作用。二级交互作用记作 $A×B×C$,表明因素 A、B、C 间有交互作用。

在试验设计中,交互作用一律当作因素看待,这是处理交互作用的原则。作为因素,各级交互作用都可以安排在能考察交互作用的正交表的相应列上,它们对考核指标的影响都可以分析清楚。但交互作用又与因素不同,用于考虑交互作用的列不影响试验方案,一个交互作用并不一定只占正交表的 1 列,而是与因素数、水平数和交互作用的级数有关。如二水平因素的各级交互作用均占 1 列,三水平因素的一级交互作用占 2 列,二级交互作用占 4 列。每一张正交表后都附有相应的交互作用表,它是专门用来安排交互作用试验的,表 2-9 就是 $L_8(2^7)$ 正交表的交互作用表。

表 2-9　$L_8(2^7)$ 正交表的交互作用表

试验号	列号						
	1	2	3	4	5	6	7
1	(1)	3	2	5	4	7	6
2		(2)	1	6	7	4	5
3			(3)	7	6	5	4
4				(4)	1	2	3
5					(5)	3	2
6						(6)	1
7							(7)

安排交互作用的试验时,是将两个因素的交互作用当作一个新的因素,占用 1 列,为交互作用列,从表 2-9 中可查出 $L_8(2^7)$ 正交表中的任何两列的交互作用列。表 2-9 中带( )的为主因素的列号,它与另一主因素的交互列为第一个列号从左向右,第二个列号顺次由下向上,两者相交的号为两者的交互作用列。例如:将 A 因素排为第(1)列,B 因素排为第(2)列,两数字相交为 3,则第 3 列为 $A×B$ 交互作用列;将 A 因素和 B 因素安排在第(2)列和第(3)列,则第 1 列就为 $A×B$ 交互作用列;还可以看到第(4)列与第(6)列的交互列是第 2 列等。

2.6.4　正交试验表头设计

表头设计是正交设计的关键,它承担着将各因素及交互作用合理安排到正交表各列中的重要任务,因此一个表头设计实际就是一个设计方案。表头设计的主要步骤如下:

(1)确定列数。根据试验目的,选择处理因素与不可忽略的交互作用,明确其共有多少个数,如果对研究中的某些问题尚不太了解,列可多一些,但一般不宜过多。当每个试验号无重复,只有 1 个试验数据时,可设 2 个或多个空白列,作为计算误差项之用。

(2)确定各因素的水平数。根据研究目的,一般二水平(有、无)可作因素筛选用,也可适用于试验次数少、分批进行的研究。三水平可观察变化趋势,选择最佳搭配;多水平能一次满足试验要求。

(3)选定正交表。根据确定的列数(c)与水平数(t)选择相应的正交表。例如,观察 5 个因素 8 个一级交互作用,留两个空白列,且每个因素取二水平,则适宜选 $L_8(2^7)$ 表。由于同水平的正交表有多个,如 $L_8(2^7)$、$L_{16}(2^{15})$、$L_{32}(2^{31})$,一般只要表中列数比考虑需要观察的个数稍多一点即可,这样省工省时。

(4)表头安排。应优先考虑交互作用不可忽略的处理因素,按照不可混杂的原则,将它们及交互作用首先在表头排妥,而后再将剩余各因素任意安排在各列上。例如,某项目考察 4 个因素 A、B、C、D 及 $A \times B$ 交互作用,各因素均为二水平,现选取 $L_8(2^7)$ 正交表(见表 2-10),由于 A、B 两因素需要观察其交互作用,故将两者优先安排在第 1、2 列,根据交互作用表查得 $A \times B$ 应排在第 3 列,于是 C 排在第 4 列,由于 $A \times C$ 交互作用在第 5 列,$B \times C$ 交互作用在第 6 列,虽然未考查 $A \times C$ 与 $B \times C$,为避免混杂之嫌,D 就排在第 7 列。

表 2-10　$L_8(2^7)$ 正交表

列号	1	2	3	4	5	6	7
有交互作用	A	B	$A \times B$	C	空列	空列	D

(5)组织实施方案。根据选定正交表中各因素占有列的水平数列,构成实施方案表,按试验号依次进行,共做 n 次试验,每次试验按表中横行的各水平组合进行。例如,$L_9(3^4)$ 表,若安排四个因素,第一次试验 A、B、C、D 四因素均取一水平,第二次试验 A 因素一水平,B、C、D 取二水平,……,第九次试验 A、B 因素取三水平,C 因素取二水平,D 因素取一水平。试验结果数据记录在该行的末尾。因此,整个设计过程可用一句话归纳为:"因素顺序上列、水平对号入座,试验横着做。"

2.7　均匀正交设计

一个设计兼具两个以上优良性,是最优试验设计的一个出发点。试验设计中常用的正交设计能否既具有正交优良性又兼具其他优良性,如均匀性等,这是试验设计领域所关心的问题。正交设计的最新发展表明,均匀正交设计在一定条件下是可以实现的。

研究表明,任一个正交设计都可以找到一个均匀设计,即 U-设计,对该设计进行拟水平法后,正好是给定的正交设计。如果均匀性测度选取适当,常用的正交设计都可以通过均匀设计来获得。例如,要找均匀设计 $U_9(3^4)$,就要在一切可能的 U-设计中找一个均匀性最好的设计,如果均匀性测度选取恰当,用这种方法求得的均匀设计,同时也是正交设计,但由此获得的正交表并不是标准表。如表 2-6 为 $L_9(3^4)$ 标准正交表,表 2-11 为 $UL_9(3^4)$ 均匀正交表。选用均匀正交表进行试验设计,比选用标准正交表更能减少混杂,从而提高试验设计的优良性。

表 2-11 $UL_9(3^4)$ 均匀正交表

试验号	列号			
	1	2	3	4
1	1	1	1	2
2	1	2	3	1
3	1	3	2	3
4	2	1	3	3
5	2	2	2	2
6	2	3	1	1
7	3	1	2	1
8	3	2	1	3
9	3	3	3	2

　　正交设计、均匀设计和均匀正交设计都过重着眼于试验设计的效率,即用最少的试验次数捕捉到试验的总体规律,体现了费用最小的原则。对于完全正态分布的数据,采用直观分析、方差分析和回归分析效率较高,但对于自然界中占绝大多数的非正态数据效率较低,仅仅只能做数据内插,无法掌握控制全局的规律,有时候甚至会导致错误,必须寻求一种更有效的试验数据分析方法,以适应试验数据的非正态特征。

第 3 章　试验数据分析

　　材料试验完成后,如何对得到的试验数据(指标)进行科学分析,从而得到正确的结论,这也是试验设计的重要内容。在很多实际问题研究中,试验者不仅想抓住关键因素,了解事物的内在规律,还希望控制事物的发展过程及结果。这是科学研究后期阶段模型选择和优化问题,在模型选择和优化中,应用最广的是回归模型,特别是研究事物发展的因果之间的数量关系,可以用一般的回归模型拟合。《2025 年的数学科学》中指出,数据本身不能创造价值,真正重要的是我们能够从数据中获得新见解,从数据中认识关系,通过数据进行准确的预测。我们的能力就是从数据中获得知识,并采取行动。可以看出试验数据分析方法的重要性,科学的分析方法,才可以得到客观的有价值的试验规律。材料试验中常用到的数据分析方法有直观分析方法、方差分析方法、回归分析方法。

　　(1)直观分析方法。又称极差分析法,极差是指某因素在不同水平下指标值的最大值与最小值之间的差值。极差的大小反映了试验中各个因素影响的大小。极差大表明该因素对试验结果的影响大,是主要因素;反之,表明该因素对试验结果的影响小,是次要因素或不重要因素。直观分析方法首先要计算出每一个水平的试验指标值的总和与平均值,然后求出极差,根据极差的大小,分析各因素对试验指标值的影响程度,确定哪些因素是主要因素,哪些因素是次要因素,从而找出主要因素的最好水平。直观分析方法的优点是简便、工作量小;而缺点是判断因素效应的精度差,不能给出试验误差大小的估计,在试验误差较大时,往往可能造成误判。

　　(2)方差分析方法。本质是总的变差平方和被分解为各个因素的变差平方和与误差的变差平方和,然后求出它们所对应的自由度,求出平均方差,计算出统计量 E,根据显著性水平查出临界值 F,从而进行判定。对于正交设计方法,正交表能够将变差平方和分解,可根据因素所在列计算出各个因素的变差平方和,没有安排因素的列可用来估计误差的变差平方和。方差分析方法的优点是能够充分地利用试验所得的数据估计试验误差,并且分析判断因素效应的精度很高。

　　(3)回归分析方法。是用来寻找试验因素与试验指标之间是否存在函数关系的一种方法,一般回归方程的表示方法如下:

$$y = b_0 + b_1 x_1 + b_2 x_2 + \cdots + b_n x_n \tag{3-1}$$

　　在试验过程中,试验的误差越小,则各因素 x 变化时,得出的考察指标越精确。因此,利用最小二乘法原理,列出正规方程组,解这个方程组,求出回归方程的系数,代入并求出回归方程。建立的回归方程是否有意义,需要进行统计假设检验。

3.1　直观分析方法

　　实际应用表明,极差分析法直观形象、简单易懂。通过非常简便的计算和判断就可以求得试验的优化成果——主要因素、次要因素、优水平、优搭配及最优组合,能比较圆满迅速地达到一般试验的要求。它在试验误差不大、精度要求不高的各种场合中,在筛选因素的初步试验中,在寻求最优生产条件、最佳工艺、最好配方的科学研究和生产实际中都能得到广泛的应用。极差分析法是正交设计中常用的方法之一。但是,由于极差分析法不能充分利用试验数据所提供的信息,其应用还受到一定的限制。极差分析法不能估计试验误差,实际上任何试验都不可避免地存在着试验误差,而极差分析法却不能估计这种试验误差的大小,无法区分某因素各水平所对应的考核指标平均值间的差异究竟有多少是由因素水平不同引起的,又有多少是由试验误差引起的。对于误差较大或精度要求较高的试验,若用极差分析法分析试验结果而不考虑试验误差的影响,就会给准确分析带来困难,影响获得正确的结论。极差分析法无法确定试验优化成果的可信度,也不能应用于回归分析与回归设计。

3.1.1　单指标极差分析

极差分析法简称 R 法。它包括计算和判断两个步骤,其内容如图 3-1 所示。

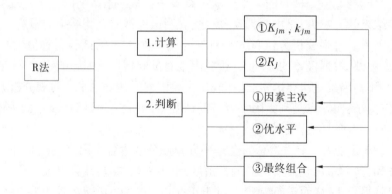

图 3-1　极差分析法示意图

图 3-1 中,K_{jm} 为第 j 列因素的 m 水平所对应的试验指标和,k_{jm} 为 K_{jm} 的平均值。由 K_{jm} 的大小可以判断第 j 列因素的优水平和各因素的水平组合,即最优组合。R_j 为第 j 列因素的极差,即第 j 列因素各水平下平均指标值的最大值与最小值之差:

$$R_j = \max(k_{j1}, k_{j2}, \cdots, k_{jm}) - \min(k_{j1}, k_{j2}, \cdots, k_{jm}) \qquad (3-2)$$

R_j 反映了第 j 列因素的水平变动时,试验指标的变动幅度。R_j 越大,说明该因素对试验指标的影响越大,因此也就越重要。于是依据 R_j 的大小,就可以判断因素的主次。极差分析法的计算与判断,可直接在试验结果分析表上进行。

【例 3-1】　某水泥厂为了提高水泥的强度,需要通过试验选择最好的生产方案,经研究有 3 个因素影响水泥的强度,这 3 个因素分别为 A 生料中矿化剂的用量(%)、B 烧成温度(℃)、C 保温时间(min)。每个因素都考虑 3 个水平,矿化剂的用量分别为 2%、4% 和 6%,烧成温度分别为 1 350 ℃、1 400 ℃ 和 1 450 ℃,保温时间分别为 20 min、30 min 和 40

min。进行 $L_9(3^4)$ 正交设计,试验考核指标为 28 d 的抗压强度(MPa),试验结果分别为 44.1、45.3、46.7、48.2、46.2、47.0、45.3、43.2 和 46.3,如表 3-1 所示。试进行方案优选分析,以获得最高的水泥抗压强度。

表 3-1　$L_9(3^4)$ 正交设计试验结果

试验号	因素			考核指标
	A	B	C	抗压强度/MPa
	矿化剂的用量/%	烧成温度/℃	保温时间/min	
1	2	1 350	20	44.1
2	2	1 400	30	45.3
3	2	1 450	40	46.7
4	4	1 350	40	48.2
5	4	1 400	20	46.2
6	4	1 450	30	47.0
7	6	1 350	30	45.3
8	6	1 400	40	43.2
9	6	1 450	20	46.3

极差为同一列中 k_1、k_2、k_3 的三个数中的最大者减去最小者所得的差值,一般来说,各列的极差是不同的,这说明各因素的水平改变时对考核指标的影响是不同的,极差越大,说明这个因素的水平改变时对考核指标的影响越大,极差最大的那一列,说明那个因素的水平改变时对考核指标的影响最大,那个因素就是要重点考虑的因素。

通过极差分析(见表 3-2)可以看出,计算得出 3 列极差分别为 2.20、1.77 和 0.50,显然第 1 列因素 A(矿化剂用量)的极差 2.20 最大,这说明因素 A 的水平改变时对考核指标的影响最大。因此,因素 A 是要考虑的主要因素,它的 3 个水平所对应的抗压强度平均值分别为 45.37、47.13 和 44.93,以第 2 水平所对应的数值 47.13 为最大,所以取它的第 2 水平最好。第 2 列因素 B(烧成温度)的极差为 1.77,仅次于因素 A,它的 3 个水平所对应的指标平均值分别为 45.87、44.90、46.67,以第 3 水平所对应的数值 46.67 为最大,所以取它的第 3 水平最好。第 3 列因素 C(保温时间)的极差仅为 0.50,是 3 个因素中极差最小的,说明它的水平改变时对试验指标的影响最小,它的 3 个水平所对应的指标平均值分别为 45.53、45.87 和 46.03,以第 3 水平对应的数值 46.03 为最大,所以取它的第 3 水平最好。

表 3-2　极差分析表

	因素			抗压强度/MPa
	A 矿化剂的用量/%	B 烧成温度/℃	C 保温时间/min	
1	2	1 350	20	44.1
2	2	1 400	30	45.3
3	2	1 450	40	46.7
4	4	1 350	40	48.2
5	4	1 400	20	46.2
6	4	1 450	30	47.0
7	6	1 350	30	45.3
8	6	1 400	40	43.2
9	6	1 450	20	46.3
K_1	136.1	137.6	136.6	各因素的考核
K_2	141.4	134.7	137.6	指标求和
K_3	134.8	140.0	138.1	
$k_1=K_1/3$	45.37	45.87	45.53	各因素水平指标
$k_2=K_2/3$	47.13	44.90	45.87	和平均值
$k_3=K_3/3$	44.93	46.67	46.03	
极差	2.20	1.77	0.50	最优试验组合为
最优方案	A_2	B_3	C_3	$A_2B_3C_3$

　　从表 3-2 可以得出结论:各因素对考核指标(抗压强度)的影响按大小次序来说应当是 A(矿化剂的用量)→B(烧成温度)→C(保温时间);最好的方案应当是 $A_2B_3C_3$,即矿化剂用量为 4%、烧成温度为 1 450 ℃、保温时间为 40 min。

　　可以看出,这时分析出来的最好方案在已经做过的 9 次试验中并没有出现,与它比较接近的是第 4 号和第 6 号试验,在第 4 号试验中只有烧成温度 B 不是处在最好水平,在第 6 号试验中只有保温时间 C 不是处在最好水平,从实际做出的结果看出第 4 号和第 6 号试验中的抗压强度分别是 48.2 MPa 和 47.0 MPa,也是 9 次试验中最高的 2 个抗压强度,这也说明我们找出的最好方案是符合实际的。为了最终确定上面找出的试验方案 $A_2B_3C_3$ 是不是最好方案,可以按这个方案再进行一次验证试验,看是否会得出比第 4 号试验更好的结果。若比第 4 号试验的效果好,就确定上述方案为最优方案;若不比第 4 号试验的效果好,可以取第 4 号试验为最优方案。如果出现了后一种情况,说明理论分析与实践尚存在一定差距,理论分析的可靠性最终还是要接受实践的检验。

3.1.2　多指标极差分析

在实际生产和科学研究试验中,所要考核的指标往往不止一个,这一类的试验设计叫作多指标试验设计。在多指标试验设计中,各指标之间可能存在一定的矛盾,如何兼顾各个指标,找出使每个试验尽可能好的试验条件,换言之,就是如何分析多指标试验设计结果。常用的有两种方法:综合平衡法和综合评分法。下面举例说明综合平衡法。这种方法在试验方案安排和各指标计算分析方法上,与单指标试验完全一样。其步骤是先分别找出各个指标最优或较优的生产条件,再将这些生产条件综合平衡,找出兼顾每个指标都尽可能好的生产条件。

【例 3-2】　为研究某土石坝工程心墙沥青混凝土的最佳配合比,在各级矿料级配确定的条件下,选择矿料级配指数、填料用量(矿粉用量)和沥青用量(油石比)三个影响因素。根据工程的实际情况,借鉴近年来多项工程的碾压式沥青混凝土配合比使用经验,初步选择级配指数分别为 0.36、0.39、0.42 三个水平,填料用量分别为 11%、13%、15% 三个水平,沥青用量分别为 6.3%、6.6%、6.9%、7.2% 四个水平。试验采用正交设计试验方案,按 $L_{12}(4×3^4)$ 正交表安排 12 次试验组,沥青混凝土配合比参数详见表 3-3。在沥青混凝土初步配合比初选试验中,以试件孔隙率、劈裂抗拉强度、马歇尔稳定度和马歇尔流值为考核指标。各项指标中孔隙率越小越好,其他均越大越好,其试验结果见表 3-4。

表 3-3　沥青混凝土配合比试验方案

编号	沥青用量/%	填料用量/%	级配指数	空列
1	6.3	11	0.36	2
2	6.3	13	0.42	1
3	6.3	15	0.39	3
4	6.6	11	0.42	3
5	6.6	13	0.39	2
6	6.6	15	0.36	1
7	6.9	11	0.39	1
8	6.9	13	0.36	3
9	6.9	15	0.42	2
10	7.2	11	0.36	2
11	7.2	13	0.42	1
12	7.2	15	0.39	3

表 3-4　各组配合比试验结果

试验号	级配指数	填料用量/%	沥青用量/%	孔隙率/%	马歇尔流值/(0.1 mm)	马歇尔稳定度/kN	劈裂抗拉强度/MPa
1	0.36	11	6.3	1.53	47.03	9.23	0.88
2	0.42	13	6.3	1.54	50.10	9.59	0.86
3	0.39	15	6.3	1.47	50.30	9.97	0.93
4	0.42	11	6.6	1.30	49.80	10.17	1.09
5	0.39	13	6.6	1.30	52.00	10.06	1.10
6	0.36	15	6.6	1.41	54.33	9.20	1.06
7	0.39	11	6.9	1.35	51.80	9.29	1.01
8	0.36	13	6.9	1.30	55.23	9.04	0.95
9	0.42	15	6.9	1.42	57.47	8.40	0.92
10	0.36	11	7.2	1.13	64.23	7.75	0.74
11	0.42	13	7.2	1.15	65.33	8.03	0.71
12	0.39	15	7.2	1.21	68.43	7.82	0.67

从表 3-5 可以看出:

(1)以孔隙率为考核指标,随着沥青用量的增加,孔隙率减小,沥青用量对孔隙率的影响程度最大,填料用量和级配指数对孔隙率影响均不显著,其最优方案为 $A_4B_2C_2$,孔隙率试验误差估计值为 0.04%。

(2)以马歇尔流值为考核指标,随着沥青用量的增加,马歇尔流值增大,随着填料用量的增加,马歇尔流值略有增大。沥青用量对马歇尔流值的影响程度最大,填料用量对马歇尔流值影响次之,级配指数对马歇尔流值影响不明显,其最优方案为 $A_4B_3C_3$,马歇尔流值试验误差估计值为 0.76 mm。

(3)以马歇尔稳定度为考核指标,随着沥青用量的增加,马歇尔稳定度呈现先增大后减小的规律,沥青用量对马歇尔稳定度的影响程度最大,级配指数和填料用量对马歇尔稳定度影响均不明显,其最优方案为 $A_2B_2C_2$,马歇尔稳定度试验误差估计值为 0.39 kN。

(4)以劈裂抗拉强度为考核指标,随着沥青用量的增加,劈裂抗拉强度也呈现先增大后减小的规律,沥青用量对劈裂抗拉强度的影响程度最大,填料用量和级配指数对劈裂抗拉强度影响不明显。其最优方案为 $A_2B_1C_2$,劈裂抗拉强度试验误差估计值为 0 MPa。

表 3-5　$L_{12}(4\times3^4)$ 试验结果直观分析表

试验号		列号				试验结果			
		1	2	3	4				
		A 沥青用量/%	B 填料用量/%	C 级配指数	D 空列	孔隙率/%	马歇尔流值/(0.1 mm)	马歇尔稳定度/kN	劈裂抗拉强度/MPa
1		6.3	11	0.36	2	1.53	47.03	9.23	0.88
2		6.3	13	0.42	1	1.54	50.10	9.59	0.86
3		6.3	15	0.39	3	1.47	50.30	9.97	0.93
4		6.6	11	0.42	3	1.30	49.80	10.17	1.09
5		6.6	13	0.39	2	1.30	52.00	10.06	1.10
6		6.6	15	0.36	1	1.41	54.33	9.20	1.06
7		6.9	11	0.39	1	1.35	51.80	9.29	1.01
8		6.9	13	0.36	3	1.30	55.23	9.04	0.95
9		6.9	15	0.42	2	1.42	57.47	8.40	0.92
10		7.2	11	0.36	2	1.13	64.23	7.75	0.74
11		7.2	13	0.42	1	1.15	65.33	8.03	0.71
12		7.2	15	0.39	3	1.21	68.43	7.82	0.67
					Σ	16.11	666.05	108.55	10.92
					$\bar{x}$	1.34	55.50	9.05	0.91
孔隙率/%	K_1	4.54	5.31	5.37	5.45				
	K_2	4.01	5.29	5.33	5.38				
	K_3	4.07	5.51	5.41	5.28				
	K_4	3.49	—	—	—				
	k_1	1.51	1.33	1.34	1.36	试验误差估计值为 0.04%			
	k_2	1.34	1.32	1.33	1.35				
	k_3	1.36	1.38	1.35	1.32				
	k_4	1.16	—	—	—				
	R	0.35	0.06	0.02	0.04				

续表 3-5

试验号		列号				试验结果			
		1	2	3	4	孔隙率/%	马歇尔流值/(0.1 mm)	马歇尔稳定度/kN	劈裂抗拉强度/MPa
		A 沥青用量/%	B 填料用量/%	C 级配指数	D 空列				
马歇尔流值/(0.1 mm)	K_1	147.43	212.86	220.82	221.56	试验误差估计值为 0.76 mm			
	K_2	156.13	222.66	222.53	220.73				
	K_3	164.50	230.53	222.70	223.76				
	K_4	197.99	—	—	—				
	k_1	49.14	53.22	55.21	55.39				
	k_2	52.04	55.67	55.63	55.18				
	k_3	54.83	57.63	55.68	55.94				
	k_4	66.00	—	—	—				
	R	16.86	4.41	0.47	0.76				
马歇尔稳定度/kN	K_1	28.79	36.44	35.22	36.11	试验误差估计值为 0.39 kN			
	K_2	29.43	36.72	37.14	35.44				
	K_3	26.73	35.39	36.19	37.00				
	K_4	23.60	—	—	—				
	k_1	9.60	9.11	8.81	9.03				
	k_2	9.81	9.18	9.29	8.86				
	k_3	8.91	8.85	9.05	9.25				
	k_4	7.87	—	—	—				
	R	1.94	0.33	0.48	0.39				
劈裂抗拉强度/MPa	K_1	2.67	3.72	3.63	3.64	试验误差估计值为 0 MPa			
	K_2	3.25	3.62	3.71	3.64				
	K_3	2.88	3.58	3.58	3.64				
	K_4	2.12	—	—	—				
	k_1	0.89	0.93	0.91	0.91				
	k_2	1.08	0.91	0.93	0.91				
	k_3	0.96	0.90	0.90	0.91				
	k_4	0.71	—	—	—				
	R	0.37	0.03	0.03	0				

　　同时,还可以看出,所选定的 4 个考核指标中马歇尔流值和马歇尔稳定度反映了沥青混合料的物性指标,两者是相互矛盾的,其趋势基本相反,所以必须根据因素对 4 个指标影响的主次顺序,综合考虑,确定出最优条件。

　　首先,把水平选取上没有矛盾的因素的水平定下来,即如果对 4 个指标影响都重要的某一因素,都是取某一水平时最好,则该因素就是选这一水平。在该试验中无这样的因素,因此只能逐个考察每一因素。孔隙率很容易满足规范小于 2% 的要求,并且所有水平下均满足这一要求,因此孔隙率可以作为非控制性指标。劈裂抗拉强度规律反映了沥青混凝土的力学性能指标,它与马歇尔稳定度规律较相近。在这种情况下,采用综合平衡法,即考虑其中某个或某些重要指标,兼顾其他指标来确定最优方案。该例中根据沥青混凝土心墙工作性状,重点考虑劈裂抗拉强度规律和马歇尔稳定度指标,兼顾考虑马歇尔流值指标,最终确定最优方案为 $A_2B_2C_2$,即第 5 号配合比为最优配合比。

　　现将利用正交表安排试验,并将直观分析方法的步骤归纳如下:

　　(1)明确试验目的,确定要考核的试验指标。

　　(2)根据试验目的,确定要考察的因素和各因素的水平;要通过对实际问题的具体分析选出主要因素,略去次要因素,这样可使因素个数少些。如果对问题不太了解,因素个数可适当地多取一些,经过对试验结果的初步分析,再选出主要因素,因素被确定后,随之确定各因素的水平数。

　　以上两条主要靠实践来决定,不是数学方法所能解决的。

　　(3)选用合适的正交表,安排试验计划,首先根据各因素的水平选择相应水平的正交表。同水平的正交表有好几个,究竟选哪一个要看因素的个数,一般只要正交表中因素的个数比试验要考察的因素的个数稍大或相等就可以了,这样既能保证达到试验目的,试验的次数又不至于太多,省工省时。

　　(4)根据安排的计划进行试验,测定各考核指标。

　　(5)对试验结果进行计算分析,得出合理的结论。

　　直观分析方法比较简单,计算量不大,是一种很实用的分析方法。最后再说明一点,这种方法的主要工具是正交表,而在因素及其水平都确定的情况下,正交表并不唯一,常见正交表可以查阅相关书籍。

3.2　方差分析方法

　　根据试验结果,怎样找出有显著作用的因素,以及找出在怎样的水平和工艺条件下能使指标最优以达到优质和高产的目的,这就是方差分析(analysis of variance)所要解决的问题。进行试验时,称可控制的试验条件为因素(factor),因素变化的各个等级为水平(level)。如果在试验中只有一个因素在变化,其他可控制的条件不变,称它为单因素试验;若试验中变化的因素有两个或两个以上,则称为双因素或多因素试验。

　　通常用方差(variance)表示偏差程度的量,先求某一群体的平均值与实际值差数的平方和,再用自由度(普通自由度为实测值的总数减 1)除平方和所得之数即为方差。组群间的方差除以误差的方差称为方差比,用发明者 R. A. Fisher 的姓的第一个字母 F 表示。

根据计算的 F 值查相应的 F 分布表,即可判明试验中组群之差仅仅是偶然性的原因,还是很难用偶然性来解释。换言之,即判明试验所得之差数在统计学上是否显著。方差分析也适用于包含多因素的试验,处理方法也有多种。在根据试验设计所进行的试验中,方差分析方法尤为有效。

3.2.1　单因素方差分析

假定试验或观察中只有一个因素(因子)A,且 A 有 a 个水平,分别记为 $A_1, A_2, \cdots, A_a$,在每一种水平下,做 n_i 次独立试验,在每一次试验后可得一个观察值,记作 $x_{ij}(i = 1, 2, \cdots, a; j = 1, 2, \cdots, n_i)$,表示在第 i 个水平下的第 j 个试验值,结果如表 3-6 所示。

表 3-6　单因素方差分析数据结构表

水平	观测值			
	1	2	$\cdots$	n_i
A_1	x_{11}	x_{12}	$\cdots$	x_{1n_i}
A_2	x_{21}	x_{2n_i}	$\cdots$	x_{2n_i}
$\cdots$	$\cdots$	$\cdots$	$\cdots$	$\cdots$
A_a	x_{a1}	x_{a2}	$\cdots$	x_{an_i}

为了考察因素 A 对试验结果是否有显著影响,把因素 A 的 a 个水平 $A_1, A_2, \cdots, A_a$ 看成是 a 个样本 $X_{i1}, X_{i2}, \cdots, X_{ia}$,它们来自相同的方差 σ^2,均值分别为 μ_i 的正态总体 $X_i \sim N(\mu_i, \sigma^2), i = 1, 2, \cdots a$,其中 μ_i 和 σ^2 均是未知的,并且不同水平 A_i 下的样本间相互独立,取如下线性统计模型:

$$\begin{cases} x_{ij} = \mu_i + \varepsilon_{ij} & i = 1, 2, \cdots, a; j = 1, 2, \cdots, n_i \\ \varepsilon_{ij} \sim N(0, \sigma^2) & \varepsilon_{ij} \text{ 均相互独立} \end{cases} \quad (3\text{-}3)$$

式中: ε_{ij} 为随机误差。

设总平均值 $\mu = \dfrac{1}{n} \sum_{i=1}^{a} n_i \mu_i$,其中 $n = \sum_{i=1}^{a} n_i$,令第 i 个水平 A_i 的效应 $\delta_i = \mu_i - \mu$,则 $\sum_{i=1}^{a} n_i \delta_i = 0$,于是式(3-3)就变成

$$\begin{cases} x_{ij} = \mu + \delta_i + \varepsilon_{ij} & i = 1, 2, \cdots, a; j = 1, 2, \cdots, n_i \\ \varepsilon_{ij} \sim N(0, \sigma^2) \end{cases} \quad (3\text{-}4)$$

方差分析的任务就是检验线性统计模型(3-3)中 m 个总体 $N(\mu_i, \sigma^2)$ 中的各 μ_i 的相等性,就相当于检验:

$$H_0: \mu_1 = \mu_2 = \cdots = \mu_m \quad \text{或者} \quad H_0: \delta_1 = \delta_2 = \cdots = \delta_m = 0$$

其对立的假设为

$$H_1: \mu_i \neq \mu_j, \text{至少存在一对这样的 } i, j \quad \text{或者} \quad H_1: \delta_i \neq 0, \text{至少有一个 } i$$

具体的分析检验步骤如下：

（1）计算均值。

令 $\bar{x}_{i.}$ 表示在 A_i 水平下的样本均值，则

$$\bar{x}_{i.} = \frac{1}{n_i} \sum_{j=1}^{n_i} x_{ij} \tag{3-5}$$

式中：x_{ij} 为第 i 种水平下的第 j 个观察值；n_i 为 A_i 水平下的观察值次数。

令 $\bar{x}$ 表示样本数据的总体均值，则

$$\bar{x} = \frac{1}{n} \sum_{i=1}^{a} \sum_{j=1}^{n_i} x_{ij} \tag{3-6}$$

式中：n 为各水平下的观察值总次数。

（2）计算离差平方和。

在单因素方差分析中，离差平方和有三个，它们分别是总离差平方和（总变差）、组内离差平方和（组内差）、组间离差平方和（组间差）。

首先，总离差平方和用 SST 表示，其计算公式为

$$SST = \sum_{i=1}^{a} \sum_{j=1}^{n_i} (x_{ij} - \bar{x})^2 \tag{3-7}$$

它反映了离差平方和的总体情况。

其次，组内离差平方和用 SSE 表示，其计算公式为

$$SSE = \sum_{i=1}^{a} \sum_{j=1}^{n_i} (x_{ij} - \bar{x}_{i.})^2 \tag{3-8}$$

SSE 反映的是在 A_i 水平下的样本均值与样本值之间的差异，它是由随机误差引起的，即反映了随机因素带来的影响，又叫作误差平方和。

最后，组间离差平方和用 SSA 表示，其计算公式为

$$SSA = \sum_{i=1}^{a} n_i (\bar{x}_{i.} - \bar{x})^2 \tag{3-9}$$

SSA 反映的是在 A_i 水平下的样本均值与总体平均值之间的差异，可以看出，它所表现的是组间差异，既包括随机因素，又包括系统因素。SST、SSE、SSA 之间存在着一定的联系，因为

$$\sum_{i=1}^{a} \sum_{j=1}^{n_i} (x_{ij} - \bar{x})^2 = \sum_{i=1}^{a} \sum_{j=1}^{n_i} [(x_{ij} - \bar{x}_{i.}) + (\bar{x}_{i.} - \bar{x})]^2$$

$$= \sum_{i=1}^{a} \sum_{j=1}^{n_i} (x_{ij} - \bar{x}_{i.})^2 + \sum_{i=1}^{a} \sum_{j=1}^{n_i} (\bar{x}_{i.} - \bar{x})^2 + 2 \sum_{i=1}^{a} \sum_{j=1}^{n_i} (x_{ij} - \bar{x}_{i.})(\bar{x}_{i.} - \bar{x}) \tag{3-10}$$

在各组同为正态分布、等方差的条件下，等式右边最后一项为 0，故

$$\sum_{i=1}^{a} \sum_{j=1}^{n_i} (x_{ij} - \bar{x})^2 = \sum_{i=1}^{a} \sum_{j=1}^{n_i} (x_{ij} - \bar{x}_{i.})^2 + \sum_{i=1}^{a} \sum_{j=1}^{n_i} (\bar{x}_{i.} - \bar{x})^2 \tag{3-11}$$

即
$$SST = SSE + SSA$$

（3）计算平均平方差。

用离差平方和除以各自由度即可得到平均平方差,简称均方差。对 SST 来说,其自由度为 $n-1$,因为它只有一个约束条件;对 SSA 来说,其自由度为 $a-1$,这里 a 表示水平数,SSA 反映的是组间的差异,它也有一个约束条件;对 SSE 来说,其自由度为 $n-a$,因为对每一种水平而言,其观察值个数为 n_i,该水平下的自由度为 n_i-1,总共有 a 个水平,因此拥有自由度的个数为 $a(n_i-1)=n-a$。与离差平方和一样,SST、SSE、SSA 之间的自由度也存在着关系,即

$$n-1=(a-1)+(n-a) \tag{3-12}$$

这样,对于 SSA,组间均方差 MSA 为

$$MSA=\frac{SSA}{a-1} \tag{3-13}$$

对于 SSE,组内均方差 MSE 为

$$MSE=\frac{SSE}{n-a} \tag{3-14}$$

（4）方差分析表。

由 F 分布可知,F 值的计算公式为

$$F=\frac{组间均方差}{组内均方差}=\frac{MSA}{MSE} \tag{3-15}$$

为了计算方便,可采用下面的简便计算公式(3-16)。

$x_{i\cdot}=\sum_{j=1}^{n_i}x_{ij}$,$i=1,2,\cdots,a$;$x_{\cdot\cdot}=\sum_{i=1}^{a}\sum_{j=1}^{n_i}x_{ij}$,则有

$$\begin{cases} SST=\sum_{i=1}^{a}\sum_{j=1}^{n_i}x_{ij}^2-\dfrac{x_{\cdot\cdot}^2}{n} \\ SSA=\sum_{i=1}^{a}\dfrac{x_{i\cdot}^2}{n_i}-\dfrac{x_{\cdot\cdot}^2}{n} \\ SSE=SST-SSA \end{cases} \tag{3-16}$$

为了给解决问题带来方便,将上述分析过程列成方差分析表,如表 3-7 所示。

表 3-7　方差分析表

方差来源	离差平方和 SS	自由度 f	均方差 MS	F 值
组间	SSA	$a-1$	MSA	
组内	SSE	$n-a$	MSE	MSA/MSE
总差异	SST	$n-1$		

（5）做出统计判断。

对于给定的显著性水平 α,由 F 分布表查出自由度为 $(a-1,n-a)$ 的临界值 F_α,如果 $F>F_\alpha$,则拒绝原假设,说明因素对指标有显著影响;如果 $F\leq F_\alpha$,则接受原假设,说明因素的不同水平对试验结果影响不显著。

3.2.2 多因素方差分析

当有两个或者两个以上的因素对因变量产生影响时,可以用多因素方差分析的方法来进行分析。多因素方差分析亦称"多向方差分析",原理与单因素方差分析基本一致,也是利用方差比较的方法,通过假设检验的过程来判断多个因素是否对因变量产生显著影响。在多因素方差分析中,由于影响因变量的因素有多个,其中某些因素除自身对因变量产生影响外,它们之间也有可能会共同对因变量产生影响,称为"交互作用"。在多因素方差分析中,把因素单独对因变量产生的影响称为"主效应";把因素之间共同对因变量产生的影响,或者因素某些水平同时出现时,除主效应外的附加影响,称为"交互效应"。多因素方差分析不仅要考虑每个因素的主效应,往往还要考虑因素之间的交互效应。此外,多因素方差分析往往假定因素与因变量之间的关系是线性关系。从这个方面来说,方差分析的模型也是如下一个一般化线性模型的延续:因变量=因素 1 主效应+因素 2 主效应+⋯+因素 n 主效应+因素交互效应 1+因素交互效应 2+⋯+因素交互效应 m+随机误差。所以,多因素方差分析往往选用一般化线性模型进行参数估计。

多因素方差分析用来研究两个及两个以上控制变量是否对观测变量产生显著影响。多因素方差分析不仅能够分析多个控制变量对观测变量的独立影响,更能够分析多个控制变量的交互作用能否对观测变量产生显著影响,最终找到利于观测变量的最优组合。

多因素方差分析实质上也采用了统计推断的方法,其基本步骤与假设检验完全一致,分析步骤如下:

(1)提出原假设。

多因素方差分析的第一步是明确观测变量和若干个控制变量,并在此基础上提出原假设。多因素方差分析的原假设是:各控制变量不同水平下观测变量各总体的均值无显著性差异,控制变量各效应和交互作用效应同时为 0,即控制变量和它们的交互作用没有对观测变量产生显著影响。

(2)计算均值。

令 $\bar{x}_{i..}$ 表示控制变量 A 第 i 个水平下观测变量的均值,则

$$\bar{x}_{i..} = \frac{1}{bn}x_{i..} = \frac{1}{bn}\sum_{j=1}^{b}\sum_{k=1}^{n}x_{ijk} \qquad i = 1,2,\cdots,a \tag{3-17}$$

令 $\bar{x}_{.j.}$ 表示控制变量 B 第 j 个水平下观测变量的均值,则

$$\bar{x}_{.j.} = \frac{1}{an}x_{.j.} = \frac{1}{an}\sum_{i=1}^{a}\sum_{k=1}^{n}x_{ijk} \qquad j = 1,2,\cdots,b \tag{3-18}$$

令 $\bar{x}_{ij.}$ 表示控制变量 A 第 i 个水平和控制变量 B 第 j 个水平下观测变量的均值,则

$$\bar{x}_{ij.} = \frac{1}{n}x_{ij.} = \frac{1}{n}\sum_{k=1}^{n}x_{ijk} \qquad i = 1,2,\cdots,a;j = 1,2,\cdots,b \tag{3-19}$$

令 $\bar{x}$ 表示样本数据的总体均值,则

$$\bar{x} = \frac{x_{...}}{abn} = \frac{1}{abn}\sum_{i=1}^{a}\sum_{j=1}^{b}\sum_{k=1}^{n}x_{ijk} \tag{3-20}$$

式(3-20)中, a 为第 i 控制变量的水平数; b 为第 j 控制变量的水平数; x_{ijk} 为控制变量 A 第

i 个水平和控制变量 B 第 j 个水平下第 k 样本值；n 为控制变量 A 第 i 个水平和控制变量 B 第 j 个水平下样本个数。

（3）观测变量离差平方和。

在多因素方差分析中，观测变量取值的变动会受到三个方面的影响：①控制变量独立作用的影响，指单个控制变量独立作用对观测变量产生的影响；②控制变量交互作用的影响，指多个控制变量相互搭配后对观测变量产生的影响；③随机因素的影响，主要指抽样误差带来的影响。基于上述原则，多因素方差分析将观测变量的总离差平方和分解为

$$\mathrm{SST} = \mathrm{SS}A + \mathrm{SS}B + \mathrm{SS}AB + \mathrm{SSE} \tag{3-21}$$

式中：SST 为观测变量的总离差平方和；$\mathrm{SS}A$、$\mathrm{SS}B$ 分别为控制变量 A、B 独立作用引起的离差平方和；$\mathrm{SS}AB$ 为控制变量 A、B 两两交互作用引起的离差平方和；SSE 为随机因素引起的离差平方和，通常称 $\mathrm{SS}A+\mathrm{SS}B+\mathrm{SS}AB$ 为主效应，$\mathrm{SS}AB$ 为 N 向（N-WAY）交互效应；SSE 为剩余效应。

总离差平方和 SST 的定义为

$$\mathrm{SST} = \sum_{i=1}^{a} \sum_{j=1}^{b} \sum_{k=1}^{n} (x_{ijk} - \bar{x})^2 \tag{3-22}$$

A 因素主效应离差平方和为

$$\mathrm{SS}A = \sum_{i=1}^{a} \sum_{j=1}^{b} n(\bar{x}_{i..} - \bar{x})^2 = bn \sum_{i=1}^{a} (\bar{x}_{i.} - \bar{x})^2 \tag{3-23}$$

B 因素主效应离差平方和为

$$\mathrm{SS}B = \sum_{i=1}^{a} \sum_{j=1}^{b} n(\bar{x}_{.j.} - \bar{x})^2 = an \sum_{j=1}^{b} (\bar{x}_{.j.} - \bar{x})^2 \tag{3-24}$$

$A \times B$ 因素效应离差平方和为

$$\mathrm{SS}AB = \sum_{i=1}^{a} \sum_{j=1}^{b} n(\bar{x}_{ij.} - \bar{x}_{i..} - \bar{x}_{.j.} + \bar{x})^2 \tag{3-25}$$

随机误差平方和为

$$\mathrm{SSE} = \sum_{i=1}^{a} \sum_{j=1}^{b} \sum_{k=1}^{n} (x_{ijk} - \bar{x}_{ij.})^2 \tag{3-26}$$

（4）计算自由度。

同样，上述离差平方和的自由度也应具有以下关系：

$$f_{\mathrm{SST}} = f_{\mathrm{SS}A} + f_{\mathrm{SS}B} + f_{\mathrm{SS}AB} + f_{\mathrm{SSE}} \tag{3-27}$$

其中　　　$f_{\mathrm{SST}} = abn - 1, \quad f_{\mathrm{SS}A} = a - 1, \quad f_{\mathrm{SS}B} = b - 1,$

$$f_{\mathrm{SS}AB} = (a-1)(b-1),$$

$$f_{\mathrm{SSE}} = (abn - 1) - (a - 1) - (b - 1) - (a - 1)(b - 1) = ab(n - 1)$$

（5）计算检验统计量。

多因素方差分析的第三步是通过比较观测变量总离差平方和各部分所占的比例，推断控制变量及控制变量的交互作用是否给观测变量带来了显著影响。容易理解，在观测变量总离差平方和中，如果 $\mathrm{SS}A$ 所占比例较大，则说明控制变量 A 是引起观测变量变动的主要因素之一，观测变量的变动可以部分地由控制变量 A 来解释；反之，如果 $\mathrm{SS}A$ 所占比例较小，则说明控制变量 A 不是引起观测变量变动的主要因素，观测变量的变动无法通过

控制变量 A 来解释。对 SSB 和 SSAB 同理。在多因素方差分析中,控制变量可以进一步划分为固定效应和随机效应两种类型。其中,固定效应通常指控制变量的各个水平是可以严格控制的,它们给观测变量带来的影响是固定的;随机效应是指控制变量的各个水平无法做严格的控制,它们给观测变量带来的影响是随机的。

计算均方差:

$$\begin{cases} \text{MS}A = \dfrac{\text{SS}A}{a-1} \\[2mm] \text{MS}B = \dfrac{\text{SS}B}{b-1} \\[2mm] \text{MS}AB = \dfrac{\text{SS}AB}{(a-1)(b-1)} \\[2mm] \text{MSE} = \dfrac{\text{SSE}}{ab(n-1)} \end{cases} \tag{3-28}$$

多因素方差分析采用的检验统计量仍为 F 统计量。如果有 A、B 两个控制变量,通常对应三个 F 检验统计量。由数理统计可知,F_A、F_B、F_{AB} 分别服从 $F[(a-1),ab(n-1)]$、$F[(b-1),ab(n-1)]$、$F[(a-1)(b-1),ab(n-1)]$ 分布。所以,在显著性水平 α 下,查 F 分布表可得相应的临界值。当 $F_A > F_\alpha[(a-1),ab(n-1)]$ 时,否定均值相等的假设,就至少有 $(1-\alpha)$ 的把握认为因素 A 各水平之间存在显著性差异;当 $F_B > F_\alpha[(b-1),ab(n-1)]$ 时,就至少有 $(1-\alpha)$ 的把握认为因素 B 各水平之间存在显著性差异;当 $F_{AB} > F_\alpha[(a-1)(b-1),ab(n-1)]$ 时,就至少有 $(1-\alpha)$ 的把握认为因素 $A\times B$ 各组合之间存在显著性差异,反之则不显著。进行统计判断时有以下规定:

①当 $F > F_{0.01}$ 时,该因素的影响为特别显著,记为"＊＊＊";

②当 $F_{0.01} > F > F_{0.05}$ 时,该因素的影响为显著,记为"＊＊";

③当 $F_{0.05} > F > F_{0.10}$ 时,该因素有一定影响,记为"＊";

④当 $F_{0.10} \geqslant F$ 时,该因素的影响不大或没有影响。

为了计算方便,可采用下面的简便计算公式进行计算:

$$\begin{cases} \text{SST} = \displaystyle\sum_{i=1}^{a}\sum_{j=1}^{b}\sum_{k=1}^{n} x_{ijk}^2 - \dfrac{x_{\cdots}^2}{abn} \\[3mm] \text{SS}A = \dfrac{1}{bn}\displaystyle\sum_{i=1}^{a} x_{i\cdots}^2 - \dfrac{x_{\cdots}^2}{abn} \\[3mm] \text{SS}B = \dfrac{1}{an}\displaystyle\sum_{j=1}^{b} x_{\cdot j\cdot}^2 - \dfrac{x_{\cdots}^2}{abn} \\[3mm] \text{SS}AB = \dfrac{1}{n}\displaystyle\sum_{i=1}^{a}\sum_{j=1}^{b} x_{ij\cdot}^2 - \dfrac{x_{\cdots}^2}{abn} - \text{SS}A - \text{SS}B \\[3mm] \text{SSE} = \text{SST} - \text{SS}A - \text{SS}B - \text{SS}AB \end{cases} \tag{3-29}$$

同样,为了给解决问题带来方便,将上述分析过程列成方差分析表,如表 3-8 所示。

表 3-8　方差分析表

方差来源	离差平方和 SS	自由度 f	均方差 MS	F 值
因素 A	SSA	$a-1$	MSA	$F_A = \mathrm{MS}A/\mathrm{MSE}$
因素 B	SSB	$b-1$	MSB	$F_B = \mathrm{MS}B/\mathrm{MSE}$
交互作用 $A{\times}B$	SSAB	$(a-1)(b-1)$	MSAB	$F_{AB} = \mathrm{MS}AB/\mathrm{MSE}$
误差 E	SSE	$ab(n-1)$	MSE	
总和 T	SST	$abn-1$		

【例 3-3】　根据例 3-2 中数据结果,计算所得的离差平方和 SS 值及相应的自由度,计算各自的均方差及其 F 值,并列出方差分析,如表 3-9 所示。

由表 3-9 可以看出,级配指数对孔隙率、马歇尔流值、马歇尔稳定度三个考核指标无较大影响,这是因为本试验中级配指数的水平取值均在优化区间且极差较小,对考核指标的影响幅度较小;沥青用量对马歇尔流值和劈裂抗拉强度影响特别显著;填料用量对孔隙率和马歇尔稳定度影响不显著;试验误差导致因素显著性检验中影响程度降低。在试验所取的因素水平范围内来看,仍有以下分析结果:

表 3-9　试验结果方差分析表

	方差来源	离差平方和 SS	自由度 f	均方差 MS	F 值	显著性	临界值
马歇尔流值	沥青用量	489.085	3	163.028 33	265.52	特别显著	$F_{0.01}(3,2) = 99.17$
	填料用量	39.170	2	19.585 00	31.90	显著	$F_{0.05}(2,2) = 19.00$
	级配指数	0.534	2	0.267 00	0.43	不显著	$F_{0.10}(2,2) = 9.00$
	误差	1.228	2	0.614 00			
	总和	530.017	9				
	试验误差 = 0.78×0.1 mm 试验结果的变异系数 = 1.41%						
马歇尔稳定度	沥青用量	6.909	3	2.303 00	15.10	有一定影响	$F_{0.01}(3,2) = 99.17$
	填料用量	0.249	2	0.124 50	0.82	不显著	$F_{0.05}(2,2) = 19.00$
	级配指数	0.459	2	0.229 50	1.50	不显著	$F_{0.10}(2,2) = 9.00$
	误差	0.305	2	0.152 50			
	总和	7.922	9				
	试验误差 = 0.39 kN 试验结果的变异系数 = 4.3%						

续表3-9

	方差来源	离差平方和 SS	自由度 f	均方差 MS	F 值	显著性	临界值
孔隙率	沥青用量	0.184	3	0.061 30	40.87	显著	$F_{0.01}(3,2)=99.17$
	填料用量	0.009	2	0.004 50	3.00	不显著	$F_{0.05}(2,2)=19.00$
	级配指数	0.001	2	0.000 50	0.33	不显著	$F_{0.10}(2,2)=9.00$
	误差	0.003	2	0.001 50			
	总和	0.197	9				
	试验误差=0.04%　　试验结果的变异系数=2.76%						
劈裂抗拉强度	方差来源	离差平方和 SS	自由度 f	均方差 MS	F 值	显著性	临界值
	沥青用量	0.222	3	0.074 00	2 114.29	特别显著	$F_{0.01}(3,2)=99.17$
	填料用量	0.003	2	0.001 50	42.86	显著	$F_{0.05}(2,2)=19.00$
	级配指数	0.002	2	0.001 00	28.57	显著	$F_{0.10}(2,2)=9.00$
	误差	0.000 07	2	0.000 035			
	总和	0.227 07	9				
	试验误差=0.01 MPa　　试验结果的变异系数=0.66%						

（1）矿料的级配指数对考核指标影响大小顺序是：劈裂抗拉强度→马歇尔稳定度→马歇尔流值→孔隙率；填料用量对考核指标影响大小顺序是：劈裂抗拉强度→马歇尔流值→孔隙率→马歇尔稳定度；沥青用量对考核指标影响大小顺序是：劈裂抗拉强度→马歇尔流值→孔隙率→马歇尔稳定度。

（2）各考核指标的试验误差列于表3-10中，从试验变异系数 C_v 值来看，孔隙率、马歇尔流值、马歇尔稳定度和劈裂抗拉强度的试验变异系数 C_v 分别为2.76%、1.41%、4.30%和0.66%，均小于5%，试验水平属优等。

上述计算过程可以用统计产品与服务解决方案 SPSS（Statistical Product Service Solutions）软件进行。SPSS 为 IBM 公司推出的一系列用于统计学分析运算、数据挖掘、预测分析和决策支持任务的软件产品及相关服务的总称。SPSS 是世界上最早采用图形菜单驱动界面的统计软件，它最突出的特点就是操作界面极为友好，输出结果美观漂亮。它将几乎所有的功能都以统一、规范的界面展现出来，使用 Windows 的窗口方式展示各种管理和分析数据方法的功能，对话框展示出各种功能选择项。用户只要掌握一定的

Windows 操作技能,精通统计分析原理,就可以使用该软件为特定的科学研究工作服务。SPSS 采用类似 Excel 表格的方式输入与管理数据,数据接口较为通用,能方便地从其他数据库中读入数据。其统计过程包括常用的、较为成熟的统计过程,完全可以满足非统计专业人士的工作需要。

表 3-10　试验误差表

考核指标	误差	变异系数 C_v/%
孔隙率	0.04%	2.76
马歇尔流值	0.78×0.1 mm	1.41
马歇尔稳定度	0.39 kN	4.30
劈裂抗拉强度	0.01 MPa	0.66

3.3　回归分析方法

回归分析(regression analysis)是研究变量之间作用关系的一种统计分析方法,其基本组成是一个(或一组)自变量与一个(或一组)因变量。回归分析研究的目的是通过收集到的样本数据用一定的统计方法探讨自变量对因变量的影响关系,即原因对结果的影响程度。回归分析是指对具有高度相关关系的现象,根据其相关的形态,建立一个适当的数学模型(函数式),来近似地反映变量之间关系的统计分析方法。利用这种方法建立的数学模型称为回归方程,它实际上是相关现象之间不确定、不规则的数量关系的一般化。

3.3.1　回归分析的种类

在研究 X 对 Y 的影响时,会区分出很多种情况,例如 Y 有的是定性数据,有的是定量数据,也有可能 Y 有多个或者一个,同时每种回归分析还有很多前提条件,如果不满足它的适用条件,则应选择其他回归方法进行解决。

(1)按涉及自变量的多少,可分为一元回归分析和多元回归分析。一元回归分析是对一个因变量和一个自变量建立回归方程,多元回归分析是对一个因变量和两个或两个以上的自变量建立回归方程。

(2)按回归方程的表现形式不同,可分为线性回归分析和非线性回归分析。若变量之间是线性相关关系,可通过建立直线方程来反映,这种分析叫线性回归分析。若变量之间是非线性相关关系,可通过建立非线性回归方程来反映,这种分析叫非线性回归分析。在线性回归分析中按照因变量的多少,又可分为简单回归分析和多重回归分析。简单回归分析是研究一个随机变量和另一个变量之间关系的统计分析方法,多重回归分析是研究一组随机变量和另一组变量之间的关系。

在选择回归分析方法时,还需要考虑以下几个因素:

(1)通常情况下,线性回归分析是回归分析方法中最基本的方法,当遇到非线性回归分析时,可以借助数学手段将其化为线性回归分析。因此,主要研究线性回归分析问题,线性回归分析问题得到解决,非线性回归分析也就迎刃而解了。例如,取对数使得乘法变成加法等。当然,有些非线性回归分析也可以直接进行,如多项式回归分析等。

(2)在社会经济现象中,很难确定因变量和自变量之间的关系,它们大多是随机性的,只有通过大量统计观察才能找出其中的规律。随机分析是利用统计学原理来描述随机变量相关关系的一种方法。

(3)由回归分析方法的定义可知,回归分析可以简单地理解为信息分析与预测。信息即统计数据,分析即对信息进行数学处理,预测就是加以外推,也就是适当扩大已有自变量取值范围,并承认该回归方程在该扩大的定义域内成立,然后就可以在该定义域上取值进行"未来预测"。当然,还可以对回归方程进行有效控制。

(4)相关关系可以分为确定关系和不确定关系。不论是确定关系或者是不确定关系,只要有相关关系,都可以选择一个适当的数学关系式,用以说明一个或几个变量变动时,另一个变量或几个变量平均变动的情况。

3.3.2　回归分析的内容

(1)建立相关关系的数学表达式。依据现象之间的相关形态,建立适当的数学模型,通过数学模型来反映现象之间的相关关系,从数量上近似地反映变量之间变动的一般规律。

(2)依据回归方程进行回归预测。由于回归方程反映了变量之间的一般性关系,因此当自变量发生变化时,可依据回归方程估计出因变量可能发生相应变化的数值。因变量的回归估计值,虽然不是一个必然的对应值(它可能和系统真值存在比较大的差距),但至少可以从一般性角度或平均意义角度反映因变量可能发生的数量变化。

(3)计算估计标准误差。通过估计标准误差这一指标,可以分析回归估计值与实际值之间的差异程度,以及估计值的准确性和代表性,还可利用估计标准误差对因变量估计值进行在一定把握程度条件下的区间估计。

3.3.3　一元线性回归分析

3.3.3.1　回归方程的特点

(1)两个变量不是对等关系,必须明确自变量和因变量。

(2)如果 x 和 y 两个变量无明显因果关系,则存在着两个回归方程:一个是以 x 为自变量、y 为因变量建立的回归方程;另一个是以 y 为自变量、x 为因变量建立的回归方程。若绘出图形,则是两条斜率不同的回归直线。

(3)直线回归方程中,回归系数 b 可以是正值,也可以是负值。若 $b>0$,表示直线上升,说明两个变量是同方向变动的;若 $b<0$,表示直线下降,说明两个变量是反方向变动的。

3.3.3.2　回归方程的建立条件

任何一种数学模型的运用都是有前提条件的,建立一元线性回归方程应具备以下两个条件:

（1）两个变量之间必须存在高度相关的关系。两个变量之间只有存在着高度相关的关系，回归方程才有实际意义。

（2）两个变量之间确实呈现直线相关关系。两个变量之间只有存在直线相关关系，才能拟合直线回归方程。

3.3.3.3　回归方程的建立

我们可以把观测结果 y 看成是由两部分叠加而成的，一部分是由 x 的线性函数引起的，记为 $\beta_0 + \beta_1 x$ ，β_0、β_1 还需要估计；另一部分是由随机因素引起的，记为 ε 。

$$y = \beta_0 + \beta_1 x + \varepsilon \tag{3-30}$$

由于我们把 ε 看成是随机误差，由中心极限定理知，假定 ε 服从 $N(0,\sigma^2)$ 是合理的，这也就意味着假定 $y \sim N(\beta_0 + \beta_1 x, \sigma^2)$ ，其中 $E(y) = \beta_0 + \beta_1 x$ 。在式（3-30）中，x 是一般变量，它可以精确测量或加以控制，y 是观测值，β_0、β_1 是未知参数，ε 是随机变量，假定 ε 服从 $N(0,\sigma^2)$ 。

综上所述，我们得到一般的数学模型。通过观测，获得了 n 组独立的观测数据（x_i，y_i），$i = 1,2,\cdots,n$ ，则一元线性回归模型为

$$\begin{cases} y_i = \beta_0 + \beta_1 x_i + \varepsilon_i, & i = 1,2,\cdots,n \\ \text{各 } \varepsilon_i \text{ 独立同分布，均服从 } N(0,\sigma^2) \end{cases} \tag{3-31}$$

也可记为 $y_1, y_2, \cdots, y_n$ 相互独立，且 $y_i \sim N(\beta_0 + \beta_1 x_i, \sigma^2)$，$i = 1,2,\cdots,n$ 。当由观测值获得未知参数 β_0、β_1 的估计 $\hat{\beta}_0$、$\hat{\beta}_1$ 后，得到的方程为

$$\hat{y} = \hat{\beta}_0 + \hat{\beta}_1 x \tag{3-32}$$

称为 y 关于 x 的一元线性回归方程。

1. 参数 β_0、β_1 的最小二乘估计

根据观测值（x_i, y_i）（$i = 1,2,\cdots,n$）去估计未知参数 β_0、β_1，从而建立 y 与 x 的数量关系式（称为回归方程）。所找的回归方程 $\hat{y} = \hat{\beta}_0 + \hat{\beta}_1 x$ 是要使观测值（x_i, y_i）（$i = 1,2,\cdots,n$）从整体上比较靠近它。用数学语言来说，就是要求观测值 y_i 与其拟合值 $\hat{y}_i = \hat{\beta}_0 + \hat{\beta}_1 x_i$ 之间的偏差平方和最小。

设给定 n 个点（x_i, y_i）（$i = 1,2,\cdots,n$），$y = \beta_0 + \beta_1 x$ 为一条直线。

$$Q(\beta_0, \beta_1) = \sum_{i=1}^{n} [y_i - (\beta_0 + \beta_1 x_i)]^2 \tag{3-33}$$

$Q(\beta_0, \beta_1)$ 就是偏差平方和，它反映全部的观测值与直线的偏离程度。因此，$Q(\beta_0, \beta_1)$ 越小，观测值与直线拟合得越好。所谓的最小二乘法，就是使 $Q(\beta_0, \beta_1)$ 达到最小的一种估计 β_0、β_1 的方法。

如果 $\hat{\beta}_0$、$\hat{\beta}_1$ 满足 $Q(\hat{\beta}_0, \hat{\beta}_1) = \min\limits_{-\infty < \beta_0, \beta_1 < \infty} Q(\beta_0, \beta_1)$ ，那么称 $\hat{\beta}_0$、$\hat{\beta}_1$ 分别是 β_0、β_1 的最小二乘估计，下面来求 β_0、β_1 的最小二乘估计。

由于 $Q(\beta_0, \beta_1)$ 是 β_0、β_1 的一个非负二元函数，因此其极小值一定存在，根据微积分的理论，只要使 $Q(\beta_0, \beta_1)$ 对 β_0、β_1 的一阶偏导数为 0 即可，则

$$\begin{cases} \dfrac{\partial}{\partial \beta_0} Q(\beta_0, \beta_1) \Big|_{\beta_0 = \hat{\beta}_0, \beta_1 = \hat{\beta}_1} = 0 \\[3mm] \dfrac{\partial}{\partial \beta_1} Q(\beta_0, \beta_1) \Big|_{\beta_0 = \hat{\beta}_0, \beta_1 = \hat{\beta}_1} = 0 \end{cases} \tag{3-34}$$

$Q(\beta_0, \beta_1)$ 分别对 β_0、β_1 求一阶偏导数后有

$$\begin{cases} -2 \sum_{i=1}^{n} (y_i - \hat{\beta}_0 - \hat{\beta}_1 x_i) = 0 \\[3mm] -2 \sum_{i=1}^{n} (y_i - \hat{\beta}_0 - \hat{\beta}_1 x_i) x_i = 0 \end{cases} \tag{3-35}$$

整理后得到方程组

$$\begin{cases} n\hat{\beta}_0 + \left(\sum_{i=1}^{n} x_i \right)\hat{\beta}_1 = \sum_{i=1}^{n} y_i \\[3mm] \left(\sum_{i=1}^{n} x_i \right)\hat{\beta}_0 + \left(\sum_{i=1}^{n} x_i^2 \right)\hat{\beta}_1 = \sum_{i=1}^{n} x_i y_i \end{cases} \tag{3-36}$$

通常称式(3-36)为正规方程组,由于 $\bar{x} = \dfrac{1}{n} \sum_{i=1}^{n} x_i$,$\bar{y} = \dfrac{1}{n} \sum_{i=1}^{n} y_i$,式(3-36)又可以简写成

$$\begin{cases} \hat{\beta}_0 + \bar{x}\hat{\beta}_1 = \bar{y} \\[3mm] n\bar{x}\hat{\beta}_0 + \left(\sum_{i=1}^{n} x_i^2 \right)\hat{\beta}_1 = \sum_{i=1}^{n} x_i y_i \end{cases} \tag{3-37}$$

由于 x_i 并不全相等,方程组的系数行列式不为 0,即 $\begin{vmatrix} 1 & \bar{x} \\ n\bar{x} & \sum_{i=1}^{n} x_i^2 \end{vmatrix} = \sum_{i=1}^{n} x_i^2 - n\bar{x}^2 \neq 0$,

所以式(3-37)有唯一解,即

$$\begin{cases} \hat{\beta}_0 = \bar{y} - \hat{\beta}\bar{x} \\[3mm] \hat{\beta}_1 = \dfrac{\sum_{i=1}^{n} (x_i - \bar{x})(y_i - \bar{y})}{\sum_{i=1}^{n} (x_i - \bar{x})^2} \end{cases} \tag{3-38}$$

在具体计算时,常记作

$$l_{xx} = \sum_{i=1}^{n} (x_i - \bar{x})^2 = \sum_{i=1}^{n} x_i^2 - n\bar{x}^2 = \sum_{i=1}^{n} (x_i - \bar{x}) x_i \tag{3-39}$$

$$l_{yy} = \sum_{i=1}^{n} (y_i - \bar{y})^2 = \sum_{i=1}^{n} y_i^2 - n\bar{y}^2 = \sum_{i=1}^{n} (y_i - \bar{y}) y_i \tag{3-40}$$

$$l_{xy} = \sum_{i=1}^{n} (x_i - \bar{x})(y_i - \bar{y}) = \sum_{i=1}^{n} x_i y_i - n\bar{x}\,\bar{y} = \sum_{i=1}^{n} (x_i - \bar{x}) y_i \tag{3-41}$$

这样，β_0、β_1 的最小二乘估计可以表示为

$$
\begin{cases}
\hat{\beta}_0 = \bar{y} - \hat{\beta}_1 \bar{x} \\
\hat{\beta}_1 = \dfrac{l_{xy}}{l_{xx}}
\end{cases}
\tag{3-42}
$$

因此，可得到回归方程为

$$
\hat{y} = \hat{\beta}_0 + \hat{\beta}_1 x = \bar{y} + \hat{\beta}_1(x - \bar{x})
\tag{3-43}
$$

此回归方程在平面直角坐标系中必过 $(0, \hat{\beta}_0)$ 与 $(\bar{x}, \bar{y})$ 两点。

2. 回归方程的显著性检验

从回归方程系数的最小二乘估计公式(3-42)可知，不管 y 与 x 之间是否有线性关系，只要给出了 n 对数据 $(x_i, y_i)(i = 1, 2, \cdots, n)$，总可由式(3-42)求出 $\hat{\beta}_0$、$\hat{\beta}_1$，从而写出回归方程 $\hat{y} = \hat{\beta}_0 + \hat{\beta}_1 x$，然而此方程不一定有意义。那么，什么是一个有意义的回归方程呢？我们研究回归方程的目的是寻找 y 与 x 之间的统计规律性，即要找出 $E(y)$ 随 x 变化的规律。在一元线性回归中，β_1 反映了 $E(y)$ 随 x 线性变化的变化率，若 $\beta_1 = 0$，说明 $E(y)$ 不随 x 呈线性变化，那么我们给出的一元线性回归方程就没有意义；若 $\beta_1 \neq 0$，那么回归方程才有意义。因此，而对回归方程做显著性检验就是要检验假设 $H_0: \beta_1 = 0$ 是否为真。

我们注意到引起随机变量 y 观测值 $y_1, y_2, \cdots, y_n$ 不同的原因不外有两个：一是由于 H_0 不真，从而在 x 变化时引起 $E(y)$ 的线性变化；二是其他一切因素[包括在 x 变化时引起 $E(y)$ 非线性变化的部分]造成的随机误差所致，可以写出统计量式(3-44)。

$$
\begin{cases}
\mathrm{SST} = \displaystyle\sum_{i=1}^{n} (y_i - \bar{y})^2 \\[2mm]
\mathrm{SSR} = \displaystyle\sum_{i=1}^{n} (\hat{y}_i - \bar{y})^2 \\[2mm]
\mathrm{SSE} = \displaystyle\sum_{i=1}^{n} (y_i - \hat{y}_i)^2
\end{cases}
\tag{3-44}
$$

其中，$\hat{y}_i = \hat{\beta}_0 + \hat{\beta}_1 x_i, i = 1, \cdots, n$。

$\hat{y}_i$ 是回归方程在 $x = x_i$ 处的值。直观上看，$\mathrm{SST} = \displaystyle\sum_{i=1}^{n} (y_i - \bar{y})^2$ 反映了数据中因变量 $y_1, y_2, \cdots, y_n$ 的波动；$\mathrm{SSE} = \displaystyle\sum_{i=1}^{n} (y_i - \hat{y}_i)^2 = Q(\hat{\beta}_0, \hat{\beta}_1)$，其中 $Q(\hat{\beta}_0, \hat{\beta}_1)$ 是当误差平方和 $Q(\beta_0, \beta_1)$ 达到最小时的值，从而 SSE 反映了随机误差引起数据中因变量的波动；又由 $\hat{y}_i - \bar{y} = \hat{\beta}_1(x_i - \bar{x})$ 知道

$$
\mathrm{SSR} = \hat{\beta}_1^2 \sum_{i=1}^{n} (x_i - \bar{x})^2 = \hat{\beta}_1^2 l_{xx}
\tag{3-45}
$$

反映了由于回归系数 $\hat{\beta}_1$ 的作用而引起数据中因变量的波动。称 SST 为总偏差平方和,称 SSE 为残差平方和,称 SSR 为回归平方和。

$$SST = \sum_{i=1}^{n} (y_i - \bar{y})^2 = \sum_{i=1}^{n} [(y_i - \hat{y}_i) + (\hat{y}_i - \bar{y})]^2$$

$$= \sum_{i=1}^{n} (y_i - \hat{y}_i)^2 + \sum_{i=1}^{n} (\hat{y}_i - \bar{y})^2 + 2\sum_{i=1}^{n} (y_i - \hat{y}_i)(\hat{y}_i - \bar{y})$$

$$= SSE + SSR + 2\sum_{i=1}^{n} (y_i - \hat{y}_i)(\hat{y}_i - \bar{y})$$

其中

$$\sum_{i=1}^{n} (y_i - \hat{y}_i)(\hat{y}_i - \bar{y}) = \sum_{i=1}^{n} [y_i - (\hat{\beta}_0 + \hat{\beta}_1 x_i)] \cdot [(\hat{\beta}_0 + \hat{\beta}_1 x_i) - \bar{y}]$$

$$= \sum_{i=1}^{n} [(y_i - \bar{y}) - \hat{\beta}_1(x_i - \bar{x})] \cdot [\hat{\beta}_1(x_i - \bar{x})]$$

$$= \hat{\beta}_1 \left[\sum_{i=1}^{n} (y_i - \bar{y})(x_i - \bar{x}) - \hat{\beta}_1 \sum_{i=1}^{n} (x_i - \bar{x})^2 \right]$$

$$= \hat{\beta}_1 (l_{xy} - \hat{\beta}_1 l_{xx})$$

$$= 0$$

所以,SST = SSE+SSR。

从平方和分解公式看出,数据中因变量 $y_1, y_2, \cdots, y_n$ 的波动可以分解为随机误差引起数据中因变量的波动和由于回归系数 $\hat{\beta}_1$ 的作用而引起数据中因变量的波动。从残差平方和 SSE 与回归平方和 SSR 的意义可知,回归效果的好坏取决于 SSE 与 SSR 的大小。在 SST 一定的条件下,SSR 越大,SSE 就越小,即线性部分起主要作用,则回归效果就越好。为更好地描述两个变量之间线性相关关系的强弱,可利用相关系数 r 来进行检验:

$$r = \sqrt{\frac{SSR}{SST}} = \frac{\sum_{i=1}^{n} (x_i - \bar{x})(y_i - \bar{y})}{\sqrt{\sum_{i=1}^{n} (x_i - \bar{x})^2 \sum_{i=1}^{n} (y_i - \bar{y})^2}} = \frac{l_{xy}}{\sqrt{l_{xx} \cdot l_{yy}}} \tag{3-46}$$

当 $r>0$ 时,表示 x 与 y 为正相关;当 $r<0$ 时,表示 x 与 y 为负相关。r 的绝对值越接近于 1,x 与 y 的线性关系越好;如果 r 接近于 0,可以认为 x 与 y 无线性关系,具体可以通过相关系数检验法进行判定。在显著性水平 α 下,按自由度 $f = n - 2$,根据相关系数检验临界值表(见附表 1)查出临界值 $r_{\alpha,f}$,再比较 $|r|$ 与 $r_{\alpha,f}$ 的大小,如果 $|r| \geqslant r_{\alpha,f}$,则认为 x 与 y 之间存在线性相关关系;如果 $|r| < r_{\alpha,f}$,则认为 x 与 y 之间不存在线性关系。r 检验法中的 $r_{\alpha,f}$ 可以查相关系数检验临界值表。

也可以用 F 检验来考察回归直线的显著性,在一元线性回归模型下,当 $H_0: \beta_1 = 0$ 为真时,则 $\dfrac{SSR}{\sigma^2} \sim \chi^2(1)$,$\dfrac{SSE}{\sigma^2} \sim \chi^2(n-2)$,且 SSR 分别与 SSE 相互独立,检验方法如下:

$$F = \frac{\text{SSR}/1}{\text{SSE}/(n-2)} \sim F(1, n-2) \tag{3-47}$$

若 F 取的值较大，表示 SSR 相对较大，而 SSE 相对较小，即 y 与 x 的线性关系起主导作用，可以认为 x 与 y 之间有线性关系；若 F 取的值较小，则 SSR 相对较小，而 SSE 相对较大，即随机误差起主导作用，说明 x 与 y 之间没有线性关系。

通过以上分析可知，当 H_0 成立，即 $\beta_1 = 0$ 时，$F \sim F(1, n-2)$。因此，在显著性水平 α 下，由 $F > F_\alpha(1, n-2)$，决定了一个假设检验的拒绝域。与前述一样，$F > F_{0.01}$ 时，可认为回归方程高度显著；$F_{0.01} > F > F_{0.05}$ 时，可认为回归方程显著；$F_{0.05} > F > F_{0.10}$ 时，可认为回归方程较显著；$F_{0.10} > F$ 时，不显著。在具体计算时，常用方差分析表（见表 3-11）进行分析。

表 3-11　方差分析表（一元正态线性模型）

方差来源	平方和	自由度 f	F 值
回归系数	$\text{SSR} = \sum\limits_{i=1}^{n} (\hat{y}_i - \bar{y})^2$	1	$F = \dfrac{\text{SSR}}{\text{SSE}/(n-2)}$
残差	$\text{SSE} = \sum\limits_{i=1}^{n} (y_i - \hat{y}_i)^2$	$n-2$	
总和	$\text{SST} = \sum\limits_{i=1}^{n} (y_i - \bar{y})^2$	$n-1$	

3. 对 y 的预测

对于任意给定的 x_0，x_0 不一定与 $x_1, \cdots, x_n$ 相等，由回归方程可得到回归值 $\hat{y}_0 = \hat{\beta}_0 + \hat{\beta}_1 x_0$，$\hat{y}_0$ 是 $E(y_0) = \beta_0 + \beta_1 x_0$ 的无偏估计，故 $\hat{y}_0$ 可作为 $E(y_0)$ 的估计值。所谓预测问题，就是在一定的显著性水平 α 下，寻找一个正数 δ，使得实际观测值 y_0 以置信度 $1 - \alpha$ 落在区间 $(\hat{y}_0 - \delta, \hat{y}_0 + \delta)$ 内，即 $P(|y_0 - \hat{y}_0| < \delta) = 1 - \alpha$。

设 y_0 与 $y_1, y_2, \cdots, y_n$ 相互独立，且 $y_0 = \beta_0 + \beta_1 x_0 + \varepsilon_0$，我们可以证明：

$$\frac{y_0 - \hat{y}_0}{\sqrt{\dfrac{\text{SSE}}{n-2}}\sqrt{1 + \dfrac{1}{n} + \dfrac{(x_0 - \bar{x})^2}{l_{xx}}}} \sim t(n-2) \tag{3-48}$$

对于给定的显著性水平 α，查自由度为 $n-2$ 的 t 分布得到 $t_{\frac{\alpha}{2}}(n-2)$，满足 $P\left[|T| \geqslant t_{\frac{\alpha}{2}}(n-2)\right] = \alpha$，使

$$P\left[\left|\frac{y_0 - \hat{y}_0}{\sqrt{\dfrac{\text{SSE}}{n-2}}\sqrt{1 + \dfrac{1}{n} + \dfrac{(x_0 - \bar{x})^2}{l_{xx}}}}\right| < t_{\frac{\alpha}{2}}(n-2)\right] = 1 - \alpha \tag{3-49}$$

所以,得到 y_0 置信度 $1 - \alpha$ 的预测区间为 $(\hat{y_0} - \delta, \hat{y_0} + \delta)$,其中: $\delta = t_{1-\frac{\alpha}{2}}(n-2)\sqrt{\dfrac{\text{SSE}}{n-2}} \times$

$\sqrt{1 + \dfrac{1}{n} + \dfrac{(x_0 - \bar{x})^2}{l_{xx}}}$,如果分别做出函数 $y = \hat{y} - \delta$ 和 $y = \hat{y} + \delta$ 的图形,那么它们把回归直线夹在中间,两头都呈喇叭形,x_0 在 $\bar{x}$ 附近时预测区间较短。

4. 可化为一元线性回归的曲线回归问题

在实际问题中,两个变量之间的回归关系大多是非线性的,这时选择恰当类型的曲线比配直线更符合实际情况。许多情况下,非线性回归可以通过简单的变量变换,转化为线性回归模型来解决。

例如,y 对时间 x 的回归模型是 $y_i = \beta_0 e^{\beta_1 x_i + \varepsilon_i}, i = 1, 2, \cdots, n$。为了确定参数 β_0, β_1,对回归模型两边取对数,得 $\ln y_i = \ln\beta_0 + \beta_1 x_i + \varepsilon_i, i = 1, 2, \cdots, n$。

令 $\ln y_i = y_i', \ln\beta_0 = \beta_0'$,于是它转化为线性回归模型:

$$y_i' = \beta_0' + \beta_1 x_i + \varepsilon_i, \quad i = 1, 2, \cdots, n \tag{3-50}$$

然后将数据 y_i 转换为 y_i',根据观测值 $(x_i, y_i')(i = 1, 2, \cdots, n)$,用一元线性回归分析方法计算出 $\hat{\beta}_0', \hat{\beta}_1$,检验回归方程是否有效。若有效,从而可以得到回归曲线为 $\hat{y} = \hat{\beta}_0 e^{\hat{\beta}_1 x}$,其中 $\hat{\beta}_0 = e^{\hat{\beta}_0'}$。

还有以下的几种类型的函数,可利用一元线性回归分析的方法求出两个变量的回归关系中未知参数的估计值。

(1) 双曲函数:$\dfrac{1}{y} = a + \dfrac{b}{x}$,令 $v = \dfrac{1}{y}, u = \dfrac{1}{x}$,则 $v = a + bu$。

(2) 幂函数:$y = ax^b$,令 $v = \ln y, a' = \ln a, u = \ln x$,则 $v = a' + bu$。

(3) 指数函数:$y = ae^{bx}$,令 $v = \ln y, a' = \ln a$,则 $v = a' + bx$。

(4) 对数函数:$y = a + b\log x$,令 $u = \log x$,则 $y = a + bu$。

(5) S 型曲线:$y = \dfrac{1}{a + be^{-x}}$,令 $v = \dfrac{1}{y}, u = e^{-x}$,则 $v = a + bu$。

【例 3-4】　试验证明混凝土 28 d 抗压强度 f_{28}(MPa)与混凝土的灰水比(C/W)之间的关系近似直线,但在混凝土试验中,习惯采用水灰比(W/C)作为参数,现有 8 组试验实测数据,C/W 与抗压强度之间的关系见表 3-12。计算时取 y_i 为抗压强度 f_{28},x_i 为灰水比(C/W),先将水灰比转化为灰水比,然后再进行线性回归分析。

由于

$$\bar{x} = \frac{1}{n}\sum_{i=1}^{n} x_i = \frac{14.507}{8} = 1.813, \quad \bar{y} = \frac{1}{n}\sum_{i=1}^{n} y_i = \frac{200.8}{8} = 25.10$$

$$l_{xy} = \sum_{i=1}^{n} x_i y_i - n\bar{x}\,\bar{y} = 385.53 - 8 \times 1.813 \times 25.10 = 21.48$$

$$l_{xx} = \sum_{i=1}^{n} x_i^2 - n\bar{x}^2 = 27.455 - 8 \times 1.813^2 = 1.16$$

表 3-12　试验结果与计算表

i	W/C	x_i (C/W)	y_i/MPa	x_i^2	y_i^2	$x_i y_i$
1	0.40	2.500	36.3	6.250	1 317.7	90.75
2	0.45	2.222	35.3	4.937	1 246.1	78.44
3	0.50	2.000	28.2	4.000	795.2	56.40
4	0.55	1.818	24.0	3.305	576.0	43.63
5	0.60	1.667	23.0	2.779	529.0	38.34
6	0.65	1.538	20.6	2.365	424.4	31.68
7	0.70	1.429	18.4	2.042	338.6	26.29
8	0.75	1.333	15.0	1.777	225.0	20.00
Σ		14.507	200.8	27.455	5 452.0	385.53

所以

$$\hat{\beta}_1 = \frac{l_{xy}}{l_{xx}} = \frac{21.48}{1.16} = 18.52 \qquad \hat{\beta}_0 = \bar{y} - \hat{\beta}_1 \bar{x} = 25.10 - 18.52 \times 1.813 = -8.48$$

回归方程为

$$\hat{y} = \hat{\beta}_0 + \hat{\beta}_1 x = -8.48 + 18.52x$$

即

$$f_{28} = -8.48 + 18.52(C/W)$$

$$l_{yy} = \sum_{i=1}^{n} y_i^2 - n\bar{y}^2 = 5\ 452.0 - 8 \times 25.10^2 = 411.92$$

相关系数为

$$r = \frac{l_{xy}}{\sqrt{l_{xx} \cdot l_{yy}}} = \frac{21.48}{\sqrt{1.16 \times 411.92}} = 0.983$$

通过查相关系数表(见附表 1),取可信度为 99%,此时 $r(n-2) = r(6) = 0.834$, $r > r_{0.01}(6)$,说明回归直线较为理想。

回归方程的 F 显著性检验:总平方和 SST $= l_{yy} = 411.92$,其自由度 $f = n-1 = 7$;回归平方和 SSR $= \hat{\beta}_1^2 l_{xx} = \hat{\beta}_1 l_{xy} = 18.52 \times 21.48 = 397.81$,其自由度 $f = 1$;残差平方和 SSE $=$ SST $-$ SSR $= 411.92 - 397.81 = 14.11$,其自由度 $f = n-2 = 6$,查附表 2,$F_{0.01}(1,6) = 13.75$;回归方程的显著性检验见表 3-13。

表 3-13　回归方程的显著性检验表

方差来源	平方和	自由度	均方差	F	临界值
回归 SSR	397.81	1	397.81	169.28 特别显著"＊＊＊"	$F_{0.01}(1,6) = 13.75$
残差 SSE	14.11	6	2.35		
总和 SST	411.92	7			

通过求得的线性关系,可以预测在此范围内的其他水灰比下的抗压强度值,水灰比为 0.42 时的混凝土 f_{28} 为:$f_{28} = -8.48 + 18.52/0.42 = 35.6(\mathrm{MPa})$,残差的标准差 $S = \sqrt{2.35} = 1.53(\mathrm{MPa})$,查附表 3 得 $t_{\frac{\alpha}{2}}(6) = 1.943$,因此有

$$\delta = t_{\frac{\alpha}{2}}(n-2)\sqrt{\frac{\mathrm{SSE}}{n-2}}\sqrt{1 + \frac{1}{n} + \frac{(x_0 - \bar{x})^2}{l_{xx}}}$$

$$= 1.943 \times 1.53 \times \sqrt{1 + \frac{1}{8} + \frac{(1/0.42 - 1.813)^2}{1.16}} = 3.52(\mathrm{MPa})$$

因此,可以预测出水灰比为 0.42 时混凝土 f_{28} 在 35.6 MPa±3.52 MPa 范围内的可信度为 95%。

3.3.4　多元线性回归分析

一般来讲,影响结果 y 的因素往往不止一个,设有 $x_1, x_2, \cdots, x_p$ 共 p 个因素,其中最简单的是假设它们之间有线性关系:

$$y = \beta_0 + \beta_1 x_1 + \cdots + \beta_p x_p + \varepsilon \tag{3-51}$$

式中:$x_1, x_2, \cdots, x_p$ 为可精确测量或可控制的一般变量;y 为可观测的随机变量;β_0,$\beta_1, \cdots, \beta_p$ 为未知参数;ε 为服从 $N(0, \sigma^2)$ 分布的随机误差。

如对式(3-51)获得 n 组独立观测值 $(y_i; x_{i1}, x_{i2}, \cdots, x_{ip})$,$i = 1, 2, \cdots, n$,$y_i$ 应具有数据结构式:

$$y_i = \beta_0 + \beta_1 x_{i1} + \cdots + \beta_p x_{ip} + \varepsilon_i, \qquad i = 1, 2, \cdots, n \tag{3-52}$$

其中,诸 $\varepsilon_1, \varepsilon_2, \cdots, \varepsilon_n$ 相互独立,且均服从 $N(0, \sigma^2)$,则称式(3-52)为 p 元线性回归模型。

设 $\beta_0, \beta_1, \cdots, \beta_p$ 的估计分别记为 $\hat{\beta}_0, \hat{\beta}_1, \cdots, \hat{\beta}_p$,那么我们就得到一个 p 元线性方程:

$$\hat{y} = \hat{\beta}_0 + \hat{\beta}_1 x_1 + \cdots + \hat{\beta}_p x_p \tag{3-53}$$

称式(3-53)为 p 元线性回归方程。为了简便起见,对于多元线性回归模型,我们将用矩阵、向量的形式来表达,记作

$$Y = \begin{pmatrix} y_1 \\ \vdots \\ y_n \end{pmatrix}_{n \times 1} ; \qquad \varepsilon = \begin{pmatrix} \varepsilon_1 \\ \vdots \\ \varepsilon_n \end{pmatrix}_{n \times 1} ;$$

$$X = \begin{pmatrix} 1 & x_{11} & \cdots & x_{1p} \\ \vdots & \vdots & & \vdots \\ 1 & x_{n1} & \cdots & x_{np} \end{pmatrix}_{n \times (p+1)} ; \qquad \beta = \begin{pmatrix} \beta_0 \\ \beta_1 \\ \vdots \\ \beta_p \end{pmatrix}_{(p+1) \times 1} ; \qquad \hat{\beta} = \begin{pmatrix} \hat{\beta}_0 \\ \hat{\beta}_1 \\ \vdots \\ \hat{\beta}_p \end{pmatrix}_{(p+1) \times 1}$$

假定 $n \times (p+1)$ 矩阵 X 的秩为 $\text{rank}(X) = p + 1$。于是，p 元线性回归模型式(3-52)可以表示成为

$$\begin{cases} Y = X\beta + \varepsilon \\ \varepsilon \sim N(0, \sigma^2 I_n) \end{cases} \tag{3-54}$$

式中：I_n 为 n 阶单位阵，记 $x_{10} = \cdots = x_{n0} = 1$。

令 $Q(\beta_0, \beta_1, \cdots, \beta_p) = \sum_{i=1}^{n} (y_i - \sum_{j=0}^{p} \beta_j x_{ij})^2$，由 $\left. \dfrac{\partial Q}{\partial \beta_j} \right|_{\beta_0 = \hat{\beta}_0, \cdots, \beta_p = \hat{\beta}_p} = 0$，$j = 0, 1, \cdots, p$，得

方程组：$-2 \sum_{i=1}^{n} (y_i - \sum_{l=0}^{p} \hat{\beta}_l x_{il}) x_{ij} = 0$，$j = 0, 1, \cdots, p$，整理得

$$\sum_{l=0}^{p} (\sum_{i=1}^{n} x_{il} x_{ij}) \hat{\beta}_l = \sum_{i=1}^{n} x_{ij} y_i, \qquad j = 0, 1, \cdots, p$$

用矩阵、向量来表示，这个方程组可以表示成

$$(X^{\mathrm{T}} X) \hat{\beta} = X^{\mathrm{T}} Y \tag{3-55}$$

式中：T 表示矩阵或向量的转置。

通常称方程组式(3-55)为正规方程组。由于 X 的秩为 $p + 1$，因此 $X^{\mathrm{T}} X$ 是 $(p + 1)$ 阶正定矩阵，从而 $(X^{\mathrm{T}} X)^{-1}$ 必定存在，由此得到正规方程组式(3-55)的唯一解为 $\hat{\beta} = (X^{\mathrm{T}} X)^{-1} X^{\mathrm{T}} Y$，称 $\hat{\beta}$ 为 β 的最小二乘估计。

考虑回归系数 $\beta_1, \cdots, \beta_p$ 的显著性检验，检验 $H_0 : \beta_1 = \cdots = \beta_p = 0$，仍然考虑总偏差平方和 $\text{SST} = \sum_{i=1}^{n} (Y_i - \overline{Y})^2$ 的平方和分解，仍记作

$$\begin{cases} \text{SSR} = \sum_{i=1}^{n} (\hat{Y}_i - \overline{Y})^2 \\ \text{SSE} = \sum_{i=1}^{n} (Y_i - \hat{Y}_i)^2 \end{cases}$$

因此有

$$\sum_{i=1}^{n} Y_i^2 = \boldsymbol{Y}^{\mathrm{T}} \boldsymbol{Y} = \left[(\boldsymbol{Y} - \hat{\boldsymbol{Y}}) + \hat{\boldsymbol{Y}} \right]^{\mathrm{T}} \left[(\boldsymbol{Y} - \hat{\boldsymbol{Y}}) + \hat{\boldsymbol{Y}} \right]$$

$$= (\boldsymbol{Y} - \hat{\boldsymbol{Y}})^{\mathrm{T}} (\boldsymbol{Y} - \hat{\boldsymbol{Y}}) + \hat{\boldsymbol{Y}}^{\mathrm{T}} \hat{\boldsymbol{Y}} - 2(\boldsymbol{Y} - \hat{\boldsymbol{Y}})^{\mathrm{T}} \hat{\boldsymbol{Y}}$$

$$= \mathrm{SSE} + \hat{\boldsymbol{Y}}^{\mathrm{T}} \hat{\boldsymbol{Y}}$$

其中：$\hat{Y}_i = \hat{\beta}_0 + \hat{\beta}_1 x_{i1} + \cdots + \hat{\beta}_p x_{ip}, i = 1, \cdots, n$，或者 $\hat{\boldsymbol{Y}} = \boldsymbol{X} \hat{\boldsymbol{\beta}}$。由正规方程组式(3-55)知

$$(\boldsymbol{Y} - \hat{\boldsymbol{Y}})^{\mathrm{T}} \hat{\boldsymbol{Y}} = (\boldsymbol{Y} - \boldsymbol{X} \hat{\boldsymbol{\beta}})^{\mathrm{T}} \boldsymbol{X} \hat{\boldsymbol{\beta}} = \boldsymbol{Y}^{\mathrm{T}} \boldsymbol{X} \hat{\boldsymbol{\beta}} - \hat{\boldsymbol{\beta}}^{\mathrm{T}} \boldsymbol{X}^{\mathrm{T}} \boldsymbol{X} \hat{\boldsymbol{\beta}} = \boldsymbol{Y}^{\mathrm{T}} \boldsymbol{X} \hat{\boldsymbol{\beta}} - \hat{\boldsymbol{\beta}}^{\mathrm{T}} \boldsymbol{X}^{\mathrm{T}} \boldsymbol{Y} = 0$$

所以

$$\hat{\boldsymbol{Y}}^{\mathrm{T}} \hat{\boldsymbol{Y}} = \sum_{i=1}^{n} \hat{Y}_i^2 = \sum_{i=1}^{n} \left[(\hat{Y}_i - \overline{Y}) + \overline{Y} \right]^2$$

$$= \sum_{i=1}^{n} \left(\hat{Y}_i - \overline{Y} \right)^2 + n \overline{Y}^2 + 2 \sum_{i=1}^{n} (\hat{Y}_i - \overline{Y}) \overline{Y}$$

$$= \mathrm{SSR} + n \overline{Y}^2$$

另外

$$\sum_{i=1}^{n} (\hat{Y}_i - \overline{Y}) \overline{Y} = \overline{Y} \sum_{i=1}^{n} \hat{Y}_i - n \overline{Y}^2$$

$$= \overline{Y} \left[\hat{\beta}_0 + (\sum_{i=1}^{n} x_{i1}) \hat{\beta}_1 + \cdots + (\sum_{i=1}^{n} x_{ip}) \hat{\beta}_p \right] - n \overline{Y}^2$$

$$= \overline{Y} \sum_{i=1}^{n} Y_i - n \overline{Y}^2 = 0$$

由上述可得，$\sum_{i=1}^{n} Y_i^2 = \mathrm{SSE} + \mathrm{SSR} + n \overline{Y}^2$，故有 $\mathrm{SST} = \sum_{i=1}^{n} Y_i^2 - n \overline{Y}^2 = \mathrm{SSR} + \mathrm{SSE}$。

还可以证明：在线性回归模型式(3-52)下，SSR 与 SSE 相互独立，且 $\dfrac{\mathrm{SSE}}{\sigma^2} \sim \chi^2 (n - p - 1)$；

当 H_0 成立，即 $\beta_1 = \cdots = \beta_p = 0$ 时，$\dfrac{\mathrm{SSR}}{\sigma^2} \sim \chi^2 (p)$。在线性回归模型式(3-52)下，对于假设检验问题：

$$\mathrm{H}_0 : \beta_1 = \cdots = \beta_p = 0 \tag{3-56}$$

引入检验统计量：

$$F = \frac{\mathrm{SSR}/p}{\mathrm{SSE}/(n - p - 1)} \tag{3-57}$$

当 H_0 成立，即 $\beta_1 = \cdots = \beta_p = 0$ 时，$F \sim F(p, n - p - 1)$，因此在显著性水平 α 下，由 $F > F_{1-\alpha}(p, n - p - 1)$，决定了一个检验的拒绝域。在具体计算时，常用下面的方差分析表（见表 3-14）。

表 3-14　方差分析表(p 元正态线性模型)

方差来源	平方和	自由度 f	F 值
回归系数	$SSR = \sum\limits_{i=1}^{n} (\hat{Y}_i - \bar{Y})^2$	p	$F = \dfrac{SSR/p}{SSE/(n-p-1)}$
残差	$SSE = \sum\limits_{i=1}^{n} (Y_i - \hat{Y}_i)^2$	$n-p-1$	
总和	$SST = \sum\limits_{i=1}^{n} (Y_i - \bar{Y})^2$	$n-1$	

如果经检验后拒绝 H_0,那么可以认为经验回归系数在一定程度上反映了 p 个自变量 $x_1,\cdots,x_p$ 与因变量 y 之间的相关关系,然而并不能排除单个自变量实际上对因变量无显著性的情形出现。另外,如果经检验后不能拒绝 H_0,那么不能武断地认为这些自变量 $x_1,\cdots,x_p$ 对因变量 y 都没有显著性作用,因为可能是这些自变量之间的相互影响而使回归效果不显著。所以,除检验形如式(3-56)那样的假设外,还需要对每个回归系数 $\beta_j (j = 1,\cdots,p)$ 分别检验:

$$H_{0j}:\beta_j = 0 \qquad\qquad (3\text{-}58)$$

可以证明:

$$F_j = \frac{SSR_j}{SSE/(n-p-1)} \sim F(1,n-p-1) \qquad (3\text{-}59)$$

确定了在显著性水平 α 下,由 $F_j > F_\alpha(1,n-p-1)$ 决定了假设检验问题式(3-59)的一个拒绝域。其中,回归平方和:

$$SSR_j = \frac{\hat{\beta}_j^2}{l^{(jj)}}, \qquad j = 1,\cdots,p \qquad (3\text{-}60)$$

这里 $l^{(jj)}$ 是 p 阶方阵 $\boldsymbol{L} = \begin{pmatrix} l_{11} & \cdots & l_{1p} \\ \vdots & & \vdots \\ l_{p1} & \cdots & l_{pp} \end{pmatrix}$ 的逆矩阵 $\boldsymbol{L}^{-1}$ 中对角线上的第 j 个元素, $j = 1,\cdots,p$ 。 p 阶方阵 $\boldsymbol{L}$ 中的元素 $l_{jl} = \sum\limits_{i=1}^{n} (x_{ij} - \bar{x}_j)(x_{il} - \bar{x}_l)$, $j,l = 1,\cdots,p$,其中 $\bar{x}_j = \dfrac{1}{n} \sum\limits_{i=1}^{n} x_{ij}, j = 1,\cdots,p$ 。

【例 3-5】　某单位试制高强混凝土,拟通过复合掺用矿渣粉、石膏和铁粉来提高混凝土的抗压强度。矿渣粉掺量为 10%、15%、20%,石膏掺量为 2.0%、3.5%、5.0%,铁粉掺量为 3%、6%、9%,选用了正交表 $L_9(3^4)$,将矿渣粉、石膏、铁粉顺序安排在表的第 1、2、3 列,按正交表的规定进行了 9 次抗压强度试验。试进行:①建立多元线性回归方程;②做回归方程的显著性检验;③预报当矿渣粉掺量 18%、石膏掺量 2.0%、铁粉掺量 5.0% 时,混凝土强度的置信区间。

解: 设混凝土抗压强度 y 与矿渣粉掺量 x_1 、石膏掺量 x_2 、铁粉掺量 x_3 近似地具有线性关系：$y = \beta_0 + \beta_1 x_1 + \beta_2 x_2 + \beta_3 x_3$，按正交试验得到的试验结果列于表 3-15。

表 3-15 $L_9(3^4)$ 正交试验结果表

试验号	矿渣粉掺量/%	石膏掺量/%	铁粉掺量/%	空列	抗压强度/MPa
1	10	2.0	3	1	76.5
2	10	3.5	6	2	81.0
3	10	5.0	9	3	75.8
4	15	2.0	6	3	85.7
5	15	3.5	9	1	89.0
6	15	5.0	3	2	76.5
7	20	2.0	9	2	90.7
8	20	3.5	3	3	86.7
9	20	5.0	6	1	86.0
平均	15	3.5	6		83.1

根据最小二乘法建立方程组，求回归系数 β_0、β_1、β_2、β_3 的解。

$$\begin{cases} l_{11}\beta_1 + l_{12}\beta_2 + l_{13}\beta_3 = l_{1y} \\ l_{21}\beta_1 + l_{22}\beta_2 + l_{23}\beta_3 = l_{2y} \\ l_{31}\beta_1 + l_{32}\beta_2 + l_{33}\beta_3 = l_{3y} \\ \beta_0 = \bar{y} - \beta_1\bar{x}_1 - \beta_2\bar{x}_2 - \beta_3\bar{x}_3 \end{cases} \quad (3-61)$$

根据正交试验的特点，对数据做简化处理，将自变量、因变量的数值分别减去各自的平均值，列表 3-16。

求解方程组：

$$\begin{cases} 150 \times \beta_1 + 0 \times \beta_2 + 0 \times \beta_3 = 150.5 \\ 0 \times \beta_1 + 13.5 \times \beta_2 + 0 \times \beta_3 = -21.9 \\ 0 \times \beta_1 + 0 \times \beta_2 + 54 \times \beta_3 = 47.4 \end{cases}$$

可得，$\beta_1 = 1.0$，$\beta_2 = -1.62$，$\beta_3 = 0.88$。

表 3-16 正交试验结果分析表

序号	x_1	x_2	x_3	y	x_1^2	x_2^2	x_3^2	y^2	$x_1 x_2$	$x_2 x_3$	$x_1 x_3$	$x_1 y$	$x_2 y$	$x_3 y$
1	-5	-1.5	-3	-6.6	25	2.25	9	43.56	7.5	4.5	15	33.0	9.9	19.8
2	-5	0	0	-2.1	25	0	0	4.41	0	0	0	10.5	0	0
3	-5	1.5	3	-7.3	25	2.25	9	53.29	-7.5	4.5	-15	36.5	-10.95	-21.9

序号	x_1	x_2	x_3	y	x_1^2	x_2^2	x_3^2	y^2	x_1x_2	x_2x_3	x_1x_3	x_1y	x_2y	x_3y
4	0	−1.5	0	2.6	0	2.25	0	6.76	0	0	0	0	−3.9	0
5	0	0	3	5.9	0	0	9	34.81	0	0	0	0	0	17.7
6	0	1.5	−3	−6.6	0	2.25	9	43.56	0	−4.5	0	0	−9.9	19.8
7	5	−1.5	3	7.6	25	2.25	9	57.76	−7.5	−4.5	15	38.0	−11.4	22.8
8	5	0	−3	3.6	25	0	9	12.96	0	0	−15	18.0	0	−10.8
9	5	1.5	0	2.9	25	2.25	0	8.41	7.5	0	0	14.5	4.35	0
$\sum$	0	0	0	0	150	13.5	54	265.52	0	0	0	150.5	−21.9	47.4

$$l_{ry} = \sum_{i=1}^{9} x_{ir}y_i - \frac{1}{n}\sum_{i=1}^{9} x_{ir}\sum_{i=1}^{9} y_i$$

$$l_{1y} = 150.5 - 0 = 150.5$$

$$l_{2y} = -21.9 - 0 = -21.9$$

$$l_{3y} = 47.4 - 0 = 47.4$$

$$l_{rr} = \sum_{i=1}^{9} x_{ir}^2 - \frac{1}{n}\Big(\sum_{i=1}^{9} x_{ir}\Big)^2$$

$$l_{11} = 150 - 0 = 150$$

$$l_{22} = 13.5 - 0 = 13.5$$

$$l_{33} = 54 - 0 = 54$$

$$l_{rs} = \sum_{i=1}^{9} x_{ir}x_{is} - \frac{1}{n}\sum_{i=1}^{9} x_{ir}\sum_{i=1}^{9} x_{is}$$

$$l_{12} = l_{21} = 0 - 0 = 0$$

$$l_{23} = l_{32} = 0 - 0 = 0$$

$$l_{13} = l_{31} = 0 - 0 = 0$$

$$l_{yy} = \sum_{i=1}^{9} y_i^2 - \frac{1}{n}\Big(\sum_{i=1}^{9} y_i\Big)^2 = 265.52 - 0 = 265.52$$

$$\beta_0 = 83.1 - 1.0 \times 15 + 1.62 \times 3.5 - 0.88 \times 6 = 68.49$$

从而得到回归方程：

$$y = 68.49 + x_1 - 1.62x_2 + 0.88x_3$$

进行回归方程的 F 显著性检验：

$$\text{SST} = l_{yy} = \sum_{i=1}^{n} (y_i - \bar{y})^2 = 265.52$$

自由度：

$$f_{\text{SST}} = n - 1 = 8$$

回归平方和：

$$\text{SSR} = l_{1y}\beta_1 + l_{2y}\beta_2 + l_{3y}\beta_3 = 150.5 \times 1.0 + 21.9 \times 1.62 + 47.4 \times 0.88 = 227.69$$

自由度：

$$f_{\text{SSR}} = p = 3$$

残差平方和：

$$\text{SSE} = \text{SST} - \text{SSR} = 265.52 - 227.69 = 37.83$$

自由度：

$$f_{\text{SSE}} = n - p - 1 = 5$$

回归方程的 F 显著性检验见表 3-17。

表 3-17　回归方程的 F 显著性检验表

方差来源	平方和	自由度	均方差	F	临界值	显著性
回归 SSR	227.69	3	75.90		$F_{0.05}(3,5) = 5.41$	显著
残差 SSE	37.83	5	7.57	10.03	$F_{0.01}(3,5) = 12.06$	"＊＊"
总和 SST	265.52	8				

由表 3-17 中可以看出:回归方程的线性是显著的。x_2 的回归系数为负值,即石膏掺量过多会使混凝土抗压强度下降。如果我们想知道矿渣粉掺量 18%、石膏掺量 2%、铁粉掺量 5% 时的抗压强度,只需将 $x_1 = 18$,$x_2 = 2$,$x_3 = 5$ 代入回归方程即可,$y = 68.49 + 18 - 1.62 \times 2 + 0.88 \times 5 = 87.65(\text{MPa})$,残差的标准差 $S = \sqrt{\dfrac{\text{SSE}}{f_{\text{SSE}}}} = \sqrt{\dfrac{37.83}{5}} = 2.75$,在保证率为 95% 时的 $t = 2.015$,数据波动值为:$t \times S = 2.015 \times 2.75 = 5.54(\text{MPa})$,抗压强度的变化区间应该为 87.65 MPa±5.54 MPa。

3.4　数据分析优化

试验数据是广义试验获取的数据,即通过试验因素相互独立的实物试验和非实物试验获取的数据。这些试验数据被认为是相互独立且包含有试验误差的数据。这里的试验误差是指无系统误差和过失误差的随机误差,它是相互独立且服从同一正态分布 $N(0, \sigma^2)$ 的随机变量。这是进行数据处理的基本前提。

试验数据间内在地存在着某些客观规律,反映着试验因素与试验指标间的某些关系。这些规律和关系是试验设计寻求的目标之一。数据处理即是运用种种处理技术或分析方法对试验数据进行计算分析,以指示数据间的客观规律。处理和分析数据的技术或方法有很多,不同的试验问题有不同的数据处理方法,即使是同一个试验问题,也会有多种数据处理方法。如试验数据处理常用的方法有直观分析方法、方差分析方法、回归分析方法等。而仅回归分析方法中,针对不同的试验问题还有多种方法,如多元线性回归(MLR)、非线性回归、逐步回归、主元素回归(PCR)、岭回归(ridge regression)、部分最小二乘回归(PLSR)、投影寻踪回归(PPR)等。对于多指标、缺失数据等试验的实际问题,也可采用多种方法去尝试妥善解决。正如试验方案设计需要全方位、全过程进行优化一样,处理试验数据也需要全方位、全过程地进行优化。试验优化分析主要包括以下三个方面内容:

(1)试验设计的最优化分析。

①增强设计适用性。

试验优化应用日益广泛,对于特殊的应用场合需要有特殊的、适用的试验优化设计。如大型动态试验设计、大型非线性整数规划试验设计等。

②强化设计优良性。

使设计同时具有多个优良性,是试验设计优化追求的重要目标。提高设计的 D-效率,也是旨在增强设计优良性。这方面的最新研究成果有均匀正交设计、D-最优正交设计等。

③减小设计容量。

试验点少是试验优化的主要特点,这是人们在试验优化中不懈追求的目标。例如,综合噪声因子、外表凸多面体等稳健设计可以大大减少外表的试验点,超饱和试验设计已突破了传统的饱和设计,是最小试验点设计的界线。

(2)发现和解决常规数据处理中的难题。

为了提高试验精度和优化成果的可靠性,人们一直在对常规的数据分析方法进行比较选优,改进完善。如对各种缺失数据弥补方法、不同的不等水平因素极差修正方法进行比较择优使用、对梯度干扰控制进行秩协方差分析等,都对试验数据的优化分析大有裨益。

试验优化常用的回归分析都是最小二乘回归,即无偏回归。而在实际使用中,试验数据常常偏离无偏回归的使用前提,即线性、独立、正态和方差齐性。这种"偏离"往往会给数据处理结果带来不利影响。为了保证无偏回归,保证数据分析结果的可靠性,人们一直在努力及时发现"偏离",并力求妥善解决。较有效的方法有残差图法、回归诊断法、数据变换法等。

当无偏回归解决不了上述"偏离"时,人们也提出了一些有偏回归的方法,如主元回归、部分最小二乘回归、岭回归等,对于解决"偏离"问题起到了较有效的作用。

(3)全新的数据处理方法分析。

与传统数据处理完全不同的全新的数学思维,事先不用对实际数据做任何人为假定、分割或变换处理,不论数据分布是正态还是偏态,也不论其是白色量、灰色量、模糊量还是黑色系统,都可以进行有效的处理与分析。这是近 20 多年来发展起来的全新数据处理方法,如 PPR 分析、探索性数据分析等。

试验优化分析是试验优化不可缺少的重要组成部分。再好的试验设计,如果没有好的数据分析方法,也很难达到试验优化的目标。因此,对试验优化分析也应给予足够的重视。

3.4.1　复杂系统数据分析难点

长期以来,在试验领域中,特别是多因素试验,传统的分析方法往往只能被动地处理试验数据,而对试验方案及试验过程的优化,常常显得无能为力。这不仅造成盲目地增加试验次数,而且往往不能提供充分可靠的信息,以致达不到预期的目的,造成人力、物力和时间的大量浪费。随着科技的发展,自然科学研究的问题越来越复杂,相比简单系统,近代科学所面对的复杂数据,更尖锐、突出和普遍。复杂数据分析广泛存在于水利、农业、工业、资源、环境、金融、医学、军事与社会科学等大部分近代科学研究领域中。复杂系统的研究是 1999 年 4 月由美国 *Science* 杂志出版的《复杂系统》专辑而兴起的,它的出现与复杂数据分析研究密不可分。近代科学所涉及的复杂系统有如下特征。

3.4.1.1　**数据的高维性**

物质世界和人类社会中存在着大量的复杂事物及现象,人们总是希望揭示隐藏在这些纷繁复杂表象下的事物、现象的客观规律。长久以来,为了能提供给观察对象更多方面的、完整的信息,人们不断地研制新的观察工具,发展新的观察技术。例如,对天气状况的研究,随着气象学的不断发展,可用来描述气象特征的指标越来越多,如温度、湿度、气压、风力、降雨量、辐射强度等,可以获得更多的关于每时每刻天气状况的更加完善的信息,从而对天气状况这一抽象的自然界现象,可通过上述变量组成的数据来进行细致的综合描述。显然,这种复杂系统是由于大量因素、组成部分等多变量数据相互作用的综合结果,这样的系统具有极高的维数,这些数据在统计处理中通常称为高维数据。这些描述显然随着数据维数的不断提高,数据将提供有关客观现象的更加丰富、细致的信息。但同时数据维数的大幅度提高又会给数据处理工作中的降维等问题带来前所未有的困难,复杂系统因子繁多,往往需要做"单目标–多因子"分析,甚至要做"多目标–多因子"分析。

3.4.1.2　信息的混杂性

现代科学的研究表明,不确定性、非正态、非线性、多样性(定性与定量、宏观与微观)、动态、非平衡是复杂系统的本质。

1. 不确定性

不确定性是与确定性相对的一个概念,不确定性是指没有足够的知识来描述当前的情况或估计将来的结果。关于不确定性的一个基本定义是指不确信、不确切知道的或不可知的。几乎所有的科学活动中都存在这种或那种形式的不确定性。开展科学研究除考虑确定性因素的影响外,也必须考虑不确定性的影响:一方面,实际复杂系统运行过程中因自然环境、人为环境、系统输入等因素影响而包含众多的不确定性;另一方面,在对复杂系统进行分析或建模的过程中也会引入不确定性,如对系统模型结构有不同的专家意见,用于建模的试验数据量不足甚至没有,模型参数取值只知道一个范围而不是具体值等。不确定性问题,常常比确定性问题更为"复杂",用概率统计方法对随机性问题进行研究已取得了相当的成就。然而,概率统计方法处理的主要是表面现象,而非复杂事物的本质机制。在随机性现象之下,常隐藏着尚不知道的复杂因素、结构、机制、规律等。

2. 非正态

正态分布是许多重要概率分布的极限分布,许多非正态的随机变量是正态随机变量的函数,正态分布的密度函数和分布函数有各种很好的性质和比较简单的数学形式,这些都使得正态分布在理论和实际中应用非常广泛。在强调正态分布地位的同时,必须指出许多现象不能用正态分布来描绘。如果决定随机现象的因素相互之间并不独立,有一定程度的相互依赖,就不能够符合正态分布的产生条件,不构成正态分布,所以不能用正态分布来描述。

3. 非线性

非线性是与线性相对的一个概念,宇宙间,真实的系统绝大多数都是非线性的,线性系统只是美妙的近似。非线性系统蕴涵着真正的复杂性,是任何线性系统(尽管变量极多)的复杂性不可比拟的。对于复杂系统,其输出特征相应于输入特征的响应不具备线性叠加性质。例如,相同强度的洪水,在经济发展水平相近的地域,其规模量级大小与损害数量程度方面具有一定的对应关系,但其由于不同地域的背景条件、人口密度、经济发展水平等方面有差异,因此自然事件的规模和造成的损失之间不可能构成线性函数关系,这表现出了洪水灾害系统的非线性特征。

4. 定性与定量

在大数据背景下,复杂系统的高维数据提出了新挑战:统计推断的新范式源自对复杂系统数据集性质的理解,而对于复杂系统数据集性质的理解又源自大型复杂数据集的形成建立最优模型的过程。然而,复杂系统往往具有病态定义的特征,即系统内既包含定性信息也包含定量信息,换句话来说就是,不是所有的数据都是数字的,有些数据是分类的,有些数据是定性的。例如,判别分析和聚类分析属于定性分析,而回归分析则属于定量分析。因此,如何利用数字和非数字的数据,以严格的数学形式对其进行定性定义和定量分析是对复杂系统数据集性质理解所要开展的基础性工作。

5. 宏观与微观

复杂性研究重要的一个研究内容是要揭示复杂系统宏观性质如何通过微观局部的相互作用涌现出来,阐释复杂系统各种宏观性质和现象的微观机制。由于非线性机制的作用,又不能将系统进行分解,因此必须将宏观与微观相统一。

6. 动态

系统的活动即系统的状态变化总是与组成系统的实体之间的能量、物质传递和变化有关,这种能量流和物质流的强度变化是不可能在瞬间完成的,而总是需要一定的时间和过程的。例如,洪水灾害系统随周围环境系统的变化而不断地发生变化,它随着时间而不断地发生变化,具有很强的时效性,引起了洪水灾害系统的输入输出强度与性质不断地变化,并进一步引起洪水灾害系统的结构与功能的变化,从而使洪水灾害系统呈现出显著的动态性。

7. 非平衡

复杂性理论认为,复杂系统具有开放性、适应性和动态性。它总是处于不断的发展与变化之中,始终与外界环境和其他系统保持着密切的联系,在与外界环境或其他系统的相互作用中完善自己,使自身的发展能更好地适应整个社会大系统的发展。同时,系统内部各组成要素之间也有着紧密的联系,每一组成要素的变化都会引起其他相应要素发生变化,并可能最终导致整个系统的改变。系统之所以会在与外界环境或其他系统的相互作用中获得发展,或在内部各组成要素的相互作用中得到完善,主要是因为系统与环境、系统与其他系统及系统内部各要素之间存在差异,处于非平衡状态,因而存在着物质、信息与能量的交换。

复杂系统混杂性就是指数据或信息的确定性与不确定性、正态与非正态、线性与非线性、定性与定量、宏观与微观、静态与动态、平衡与非平衡这 7 大特征的混杂。

3.4.2 证实性数据分析的局限性

现行试验数据分析方法较多,但有些方法效果欠佳,它们的弱点是没有摆脱"维数祸根"、人为假定及求解结果因人而异的不确定性。其重要原因恰恰在于:一是所用方法本身属于低维空间的分析方法,如硬将其拓广到影响因素较多复杂数据的高维空间,不仅充要条件严重缺乏,而且主观任意性增大,难免不失应用价值;二是这些方法共同点是采用"对数据结构或分布特征做某种假定—按照一定准则寻找最优模拟—对建立的模型进行证实"这样一条证实性数据分析(confirmatory data analysis,简称 CDA)方法。而用 CDA 方法建模的基本模式则是:首先对系统具有何种特征提出完全人为的某种"假定"或者"准则",并用以构造建立与之相应的某种参数模型;然后着重利用已获得的实测数据分析确定模型中的若干参数;最后根据数据还原拟合检验的精度,证明原假定的正确性和模型的合理性。

事实上,在低维(一~三维)直观可视空间中人们容易做到上述要求,因而 CDA 方法在低维数据分析领域仍有用武之地,然而一旦到了复杂系统高维超越可视空间中,CDA 方法就很难摆脱"维数祸根"的困扰,极易出现主观"假定"或"准则"与客观实际相背离的现象。另外,由于用 CDA 方法构造的模型有很大的局限性,在实际应用中,为了满足模型所要求的正态、线性等前提条件,往往不得不削足适履,在建模前先对原始数据进行诸如变换、分割、分级等数据预处理。这种做法严重扭曲了数据的真实结构,非但没有很好地利用确定性与不确定性、正态与非正态、线性与非线性、定性与定量、宏观与微观、静态与动态、平衡与非平衡这 7 大特征的混杂信息,反而会造成有用信息的无谓损失。

3.4.3　探索性数据分析的优势

CDA 方法成败的秘诀在于事先做出的那些主观"假定"或"准则"是否与客观实际情况相吻合,当数据的结构或特征与"假定"或"准则"不相符时,模型的拟合和预报的精度均较差,尤其对高维非正态、非线性数据分析,更难收到好的效果。其原因是 CDA 方法过于形式化、数学化,受束缚大,它不能充分利用复杂系统 7 大特征混杂信息,无法真正找到数据的内在规律,远不能满足复杂系统建模客观性的需要,难以实现同一模型跨学科通用。

针对上述困难,近年来,国际统计界出现了一类不做或少做假定、注重于审视分析原始观测数据本身内在结构的探索性数据分析(exploratory data analysis,简称 EDA)方法。该方法提出采用"直接从审视数据出发—通过计算机分析模拟数据—设计软件程序检验"这一数据分析模式,具体实施方法是:对已有的数据(特别是调查或试验观察得来的原始数据)在尽量少的先验假定下进行探索,通过作图、制表、方程拟合、计算特征量等手段探索数据的结构和规律。

显然,EDA 方法强调直观简单,采用降维的方式实现多维数据可视化;EDA 方法在分析思路上从数据本身出发,不强调对数据进行人为的某种"假定"或者"准则",深入探索数据的内在规律,可充分利用复杂系统 7 大特征混杂信息;EDA 方法处理数据的方式则灵活多样,看重的是方法的稳健性、耐抗性,而不刻意追求概率意义上的精确性;EDA 方法不是从某种假定出发,套用理论结论,拘泥于模型的假设,避免了出现主观"假定"或"准则"与客观实际相背离的现象,可满足复杂系统建模客观性的需要,从而实现同一模型跨学科通用。

3.5　投影寻踪回归分析方法

3.5.1　投影寻踪概述

世界著名的数理统计杂志 *The Annals of Statistics* 在 1985 年第 3 期刊登了哈佛大学

P. J. Huber 教授的文章 *Projection Pursuit*(投影寻踪,简称 PP),并刊登了相当数量的评论文章,对 PP 做了系统的介绍和推荐,这种规模在数理统计史上罕见,引起了统计学界的广泛关注和重视,它的应用展示了非常广阔的前景。PP 是一种新兴的统计方法,用来处理和分析高维观测数据(文献中常把高维数据形象地称作"点云"),尤其针对非正态总体的高维数据,是一种非参数、非线性的统计方法。其基本思想是把高维数据投影到低维(一~三维)子空间上,寻找出能反映高维数据结构或特征的投影,以达到研究分析高维数据的目的。

PP 的特点主要归纳为如下几点:

(1)PP 成功地克服了高维数据空间点云稀疏带来的"维数祸根"问题。PP 对数据的分析是在低维子空间上进行的,相当于把数据"浓缩"到低维子空间上,对一~三维的投影空间来说,数据点就很密了,足以挖掘数据在投影空间的结构或特征,核估计、邻近估计等方法也都可以使用。

(2)PP 可以排除与数据结构、特征无关的或关系很小的变量干扰。正如在 1981 年,Friedman 和 Stuetzle 指出的,当维数较高时,数据的结构一般不会只表现在一个投影方向上,也不会在所有投影方向上,而是表现在某几个投影方向上。而那些与结构无关的投影方向只起干扰和冲突数据结构的作用,PP 方法正是要找出能反映数据结构的投影方向,以排除无关方向的干扰。

(3)PP 为使用一维统计方法解决高维问题开辟了用武之地。因为多数 PP 考虑的是一维投影,其做法是:把数据投影到一维子空间上,再对投影后的一维数据进行分析,比较不同一维投影的分析结果以找到好的投影,使用的基本统计方法都是一维的 M 估计、核估计或近邻估计等。

(4)PP 与其他非参数方法一样,可以用来解决某些非线性问题。PP 虽是以数据的线性投影为基础,但它找的是线性投影中的非线性结构,因此它可以用来解决一定程度上的非线性问题,如多元非线性回归等。

(5)PP 还有一个学术上的显著特点,它把统计、数学和计算机科学紧密地联系在一起,既有深刻的理论背景,又有广泛的应用前景。因此,它不仅吸收了理论、应用和统计计算等多方面的统计工作者,也吸引了某些数学工作者和许多其他领域的数据分析工作者。

(6)PP 也有缺点。它的最大缺点是计算量大,但计算机发展和普及的速度很快,从发展的眼光看,这不是很大的问题。另一个缺点是,对于高度非线性问题,效果不够好,直观上说,因为它是以线性投影为基础的。实践表明,在 PP 密度估计中,对具有很凹的等值线的密度和等值线若干个同心球面的密度,效果不太好。

应该指出,不是说用 PP 取代传统的多元分析方法,而是说,PP 为我们分析数据增添了有力工具,实际上,传统方法与 EDA、PP 等的结合使用,往往能产生更好的效果。

PP 最早出现在 20 世纪 60 年代末 70 年代初。Kruskal(1969,1972)把高维数据投影到低维空间,通过数值计算极大化反映数据的凝聚程度的指标,得到最优投影,发现了数据的聚类结构。Switzer 等(1971)通过高维数据的投影和数值计算解决了化石分类的问题。Friedman 等(1974)提出了一种把整体上的散布程度和局部凝聚程度结合起来的新指标进行聚类分析,应用这个指标在计算机上对模拟数据和历史上经典案例成功地进行了分析,正式提出了投影寻踪概念,并于 1976 年编制了用于寻找数据的聚类和超曲面结构的计算机图像系统 PRIM-9。Friedman 等(1981)相继提出了 PP 回归、PP 分类和 PP 密度估计等理论,Donoho 等(1981)指出了时间序列分析中的最小熵褶积法与 PP 的联系,并提出用 Shannan 熵作投影指标,比标准化峰度更好,接着又利用 PP 的基本思想给出了多元位置和散布的一类仿射同变估计,并着重讨论了有限样本的崩溃点。此外,Diaconis(1984)讨论了与 PP 有关的其他理论问题。上述工作及研究成果在 1985 年 Huber 的长篇综述论文中做了概括和总结。至此,PP 在统计学中的独立体系初步建立,大大推动了此方法的深入研究和实际应用。

我国学者对 PP 的研究也做出了应有的贡献。李国英(1984)用 PP 方法给出了散布阵和主成分的一类稳健估计,并从理论和模拟两个方面讨论了它们的同变性、定性稳健性、相合性和崩溃点。成平等(1986)证明了 PP 密度估计的一个收敛性问题,并进行了关于 PP 密度逼近初始条件的研究。李国英(1986)介绍了 PP 指标、PP 参数估计、PP 回归、PP 密度及其他有关理论等方面的研究进展情况,对多元位置和散布的 PP 型估计性质进行了讨论。陈家骅(1986)证明了密度 PP 估计的一个极限定理。崔恒建等(1993)完成了协差阵的 PP 度量泛函为弱连续的充要条件及主成分的 PP 估计的收敛速度。宋立新等(1996)就 PP 回归逼近的均方收敛性回答了 Huber 在 1985 年的猜想;这些理论研究成果为 PP 方法的应用研究奠定了理论基础。

3.5.2　投影寻踪回归模型

由美国斯坦福大学 Friedman 教授组织编制的 SMART(Smooth Multiple Additive Regression Technique)多重平滑回归计算软件,是投影寻踪回归(PPR)的一种具体实现和推广。SMART 模型具有如下形式:

$$f(x) = E[y_i \mid (x_1, x_2, \cdots, x_p)] = \bar{y_i} + \sum_{m=1}^{MU} G_m \boldsymbol{\beta}_{im} \left(\sum_{j=1}^{P} \boldsymbol{\alpha}_{jm} x_j \right) \tag{3-62}$$

式中:$E(y_i) = \bar{y_i}, E(G_m) = 0, E(G_m^2) = 0, \sum_{j=1}^{P} \boldsymbol{\alpha}_{jm} = 1, \boldsymbol{\beta}_{im}、\boldsymbol{\alpha}_{jm}$ 及岭函数 G_m 为模型参数,模型中线性组合的项数 MU 亦为待定参数。

SMART 模型的核心是采用分层分组迭代交替优化的方法最终估计出岭函数的项次 MU、岭函数 G_m 以及系数 $\boldsymbol{\beta}_{im}、\boldsymbol{\alpha}_{jm}$ 等。

SMART 模型的判别准则是:选择适当的参数 $\boldsymbol{\beta}_{im}、\boldsymbol{\alpha}_{jm}$ 及函数值 G_m 和项数 MU 及因变量的权重 W_i($i=1,2,\cdots,Q;j=1,2,\cdots,P;m=1,2,\cdots,MU$),使式(3-63)为最小。

$$L_2 = \sum_{i=1}^{Q} W_i \cdot E \left[y_i - \bar{y_i} - \sum_{m=1}^{MU} G_m \boldsymbol{\beta}_{im} \left(\sum_{j=1}^{P} \boldsymbol{\alpha}_{jm} \cdot x_j \right) \right]^2 = \min \tag{3-63}$$

根据此准则确定最终模型的过程一般可分为两步进行。

3.5.2.1　局部优化过程

用逐步交替优化的方法,确定模型的最高线性组合项数 MU 及对参数 $\boldsymbol{\beta}_{im}、\boldsymbol{\alpha}_{jm}$、岭函

数 G_m 寻优。

（1）求初始方向 $\boldsymbol{\alpha}_0$，其方法如下：

①设模型线性组合的项数 $m = 1$。

②对参数 $\boldsymbol{\beta}_{im}$ 给定初值：$\boldsymbol{\beta}_{im} = 1$。

③对因变量的第 i 个分量的观测值求偏差：

$$R_{ikm} = y_{ik} - \bar{y}_i, \qquad (i = 1, \cdots, Q; k = 1, \cdots, N)$$

④将 Q 维响应量按如下方式进行综合，使其成为一维响应量：

$$Y_k = \sum_{i=1}^{Q} W_i \cdot \boldsymbol{\beta}_{im} \cdot R_{ikm} \Big/ \sum_{i=1}^{Q} W_i \cdot \boldsymbol{\beta}_{im}^2$$

⑤初始方向 $\boldsymbol{\alpha}_0$ 由下列方程组求得：

$$\boldsymbol{X}_{N \times P}^{\mathrm{T}} \cdot Y = \boldsymbol{X}_{N \times P}^{\mathrm{T}} \cdot \boldsymbol{X}_{N \times P} \cdot \boldsymbol{\alpha}_0$$

式中：$\boldsymbol{X}$ 为自变量观测数据矩阵；$\boldsymbol{Y}_k$ 为一维综合响应量列矩阵。

⑥将 $\boldsymbol{\alpha}_0$ 进行标准化处理：

$$\boldsymbol{\alpha}_m = \frac{\boldsymbol{\alpha}_0}{|\boldsymbol{\alpha}_0|}$$

（2）沿求得的初始方向 $\boldsymbol{\alpha}_m$ 求岭函数 $G_m(\boldsymbol{\alpha}_m \cdot x)$ 的值。

①将 P 维自变量进行一维化降维处理：

$$T_k = \sum_{j=1}^{P} \boldsymbol{\alpha}_{jm} \cdot x_{jk}, \qquad (k = 1, \cdots, N)$$

②将 T 进行排序，响应量的第 i 个分量的值相应进行排列，且用取中值的方法对第 i 个分量 y_i 进行平滑处理。

③运用局部线性回归方法，将线性回归在 T 处的预报值作为岭函数值 $G_m^{※}(T_k)$。

④将 G_m 进行标准化处理：

$$G_m(T_k) = \frac{G_m^{※}(T_k) - \bar{G}_m^{※}(T_k)}{\sqrt{D \cdot [G_m^{※}(T_k)]}}$$

（3）更新 $\boldsymbol{\beta}_{im}$ 的值，计算判别式值 $L_2(m)$。当 $L_2(m)$ 未满足要求时，进行下步计算；否则结束本过程转后续 3.5.2.2 部分继续寻优。

$$\boldsymbol{\beta}_{im} = \frac{\displaystyle\sum_{k=1}^{N} \mathrm{WW}_k \cdot R_{imk} \cdot G_m(T_k)}{\displaystyle\sum_{k=1}^{N} \mathrm{WW}_k \cdot G_m^2(T_k)}$$

式中：WW_k 为第 k 次观测权重。

（4）对 $\boldsymbol{\alpha}_m$ 寻优，$\boldsymbol{\alpha}_m$ 的增量 Δ_m 满足下面方程：

$$X^{\mathrm{T}} \cdot X \cdot \Delta_m = X^{\mathrm{T}} \cdot (Y - G_m)$$

其中

$$
\begin{array}{ccc}
G_m'(T_1) \cdot x_{11} & \cdots & G_m'(T_1) \cdot x_{1N} \\
\cdots & & \cdots \\
G_m'(T_1) \cdot x_{P1} & \cdots & G_m'(T_1) \cdot x_{PN}
\end{array}
$$

式中：$G'_m(T_1)$ 为 G_m 在 T_k 处的导数,计算时可用差分代替。

（5）更新方向 $\boldsymbol{\alpha}_m = \boldsymbol{\alpha}_m + \boldsymbol{\Delta}_m$,返回（2）进行循环计算。若更新方向后不能使残差平方和减小,则将增量方向的步幅变为 $\boldsymbol{\Delta}_m/2$ 或 $\boldsymbol{\Delta}_m/4,\cdots$,这种循环迭代直到 L_2 不再减少为止。

（6）当 L_2 未能满足精度时,逐一增加模型的项数,重新计算 R：

$$R_{ikm+1} = R_{ikm} - \boldsymbol{\beta}_{im} \cdot G_m(T_k)$$

返回（1）中②进行循环迭代,直到 L_2 满足精度为止。

（7）得到模型线性组合的最高项数 MU 及参数值和岭函数值。

3.5.2.2　全局优化过程

为寻求较优模型,对线性组合项数 MU 及参数重新寻优。

逐一剔除模型中的不重要项,其重要性是由 $I_m = \sum\limits_{i=1}^{Q} W_i |\boldsymbol{\beta}_{im}|$ （$1<m<$MU）度量的。将模型的项数依次降为 MU、MU−1、MU−2、$\cdots$、1,对确定的项数 m 求使 L_2 最小的解。开始的参数值,对每一个 m 项模型来说,是前一个模型（$m+1$ 项模型）中 m 个重要项的解值,对最大的模型（$m=$MU）,其初始值是由 3.5.2.1 部分中逐步优化模型给出的。比较各模型的 L_2 值,其中 L_2 值最小的模型即为最终模型。

3.5.3　投影寻踪回归的无假定建模

新疆农业大学（原新疆八一农学院）投影寻踪研究小组于 1990 年完成了投影寻踪回归（简称 PPR）无假定建模技术的理论研究与软件开发,得到新疆维吾尔自治区科学技术委员会资助,1992 年 12 月 29 日该项课题通过了新疆维吾尔自治区科学技术委员会的鉴定,当时的鉴定会由中国科学院系统科学研究所李国英老师担任鉴定组组长,鉴定书认为该项成果达到了国内领先水平。

首先,他们采用当时较为严谨的 PASCAL 语言,设计和编制出无假定建模的投影寻踪回归软件包（PPR,1990）,以及可用于时序分析的投影寻踪自回归或混合回归双重功能软件包（PPTS,1991）,之后进一步把两个软件的功能合二为一。

其次,在设计和编制投影寻踪回归软件的全过程中,坚持采用"无假定"建模,即按照李国英老师指出的思路:对于 PP 得到的低维投影结果,我们也可以不用经验分布,而直接用数据来描述具体形式的 PP。受这句话的启发,他们采用了数值函数（数据表）来描述 PPR 的低维投影岭函数,从而摆脱了经验分布函数的"正态性假定"束缚,成功开发出了 PPR 无假定建模软件。因此可以说,数值函数是通向 PPR 无假定建模的金桥。

在 PPR 软件编制中,没有假定岭函数为任何形式的核函数,也没有假定为任何形式的多项式;没有采用遗传算法,也没有采用神经网络算法。所以,该 PPR 软件与传统的数据处理软件完全不同,是一种全新的数学思维。即事先不选择任何一种经验分布函数形式用以描述投影寻踪岭函数,而是直接采用数值函数来描述投影得到的岭函数;同时,也不选择或者规定任何特定的投影寻踪算法,更不用对实际观测数据进行任何人为假定、分割或变换等预处理,不论原始数据的分布是正态还是偏态,也不论其系统是白色、灰色、模糊还是黑色,也不论其是多元高维数据还是时间序列数据,统统都可以进行有效的处理和分析。这是近 30 多年来发展起来的一种全新的数据处理思路和分析方法。

　　由于任何复杂系统的原始数据,都可以用数值进行观测、表达,数据分类、分型也可进行定性编码,因此无论是实测定量数据还是定性编码数据,都可以利用 $Y \sim X$ 数据表的形式来表达,作为 PPR 软件的输入数据,直接建模加以处理分析。也就是说,对于各类原始数据,均无须做任何预处理,可以直接用于 PPR 建模计算。所以,该 PPR 软件具有广泛的适用性。

　　大量实例证明:PPR 无假定建模软件,除用于回归预测外,还可以涵盖其他统计推断领域,如聚类、判别、模式识别、因子影响力贡献分析、人工智能、专家系统、试验设计仿真、时序分析及预测等。一句话,对上述诸问题,该 PPR 软件可以通用,是探索未知世界客观规律的利剑。最典型的实例是利用 PPR 软件,通过分析经典的水泥凝固热的例子,科学合理地解答了方开泰教授提出的回归方程建模过程中,自变量的选择强烈地依赖于它所在的模型,即存在着变量选择与模型选择究竟是"先有蛋还是先有鸡"的难题。该实例也充分显示了 PPR 无假定建模软件在探索未知世界客观规律过程中的强大功能。对任何定性、定量数据,PPR 无假定建模软件没有模型选择的过程,自然也就不存在"先有蛋还是先有鸡"的难题。

　　该 PPR 软件操作极其简单,对上述任何问题都省略掉了烦琐的数据预处理、人工假定建模过程和参数优化过程,不用进行任何假定,只要选择表示模型灵敏度的光滑系数 S、初始岭函数个数 M 和最终岭函数个数 MU 这三个投影寻踪操作指标,就可以完成数据的处理分析工作,同时得到 MU 个数值函数图像、误差图像、预测图像及用于预测、仿真的数值函数,还可以得到各个自变量因子 x_i 对因变量 Y 的相对贡献权重信息。

　　从有假定建模到 PPR 无假定非参数建模,可以说是人类认识客观事物方法论上的一次突破。由于 PPR 在对任何学科中的复杂系统建模时,人为调控的只有 S、MU 和 M 三个投影指标,因此形象地比喻为:PPR 是研究高维空间的一架照相机,S 类似于调焦,M 类似于选择不同角度拍照的张数,MU 是从 M 中挑选出的最优拍照张数。当然,照相机本身也有好坏之别,但其拍摄的照片无论好坏总是客观的,是一种无假定非参数的建模。

第 4 章　PPR 建模的优势分析

4.1　不确定性量化

4.1.1　不确定性问题

不确定性问题,是人类认知的最关键的、无可回避的核心问题之一。生活中有很多不确定的事情,如何用一个有效的模型和有效的算法来量化这些不确定性,便是我们要考虑的问题。大体上来说,可以将不确定性分为两种:第一种是偶然不确定性(aleatory uncertainty),又称为统计不确定性,指的是自然界中的某些随机性,比方说 $x \sim U(0,1)$ 是一个随机变量,每次取值都不一样。在给定模型的情况下,在模拟的过程中出现的不确定性有多大,虽不能给出准确的结果,但是能给出一个准确的概率。第二种是认知不确定性(epistemic uncertainty),指的是模型的不确定性,比方说假设 $x \sim U(0,1)$,但事实上 $x \sim G(0,1)$,意思是说这个模型可能不对,因为知识不确定性而预测不准。

4.1.2　不确定性量化的方法

数学建模和计算机科学取得了巨大的进步,并将进一步快速发展。然而,除非数学模型能够准确表达和模拟真实的过程,否则这种数值模拟的作用是有限的,甚至会带来错误的结果。为了能更好地解决这些问题,《2025 年的数学科学》提出了“不确定性量化”的新领域,它可以实现通过计算模拟解决真正复杂过程的精确建模和预测的目的。

大量的数学工具用来分析量化这两种不确定性。对于偶然不确定性,常用的数学工具有随机配置方法、广义多项式插值方法、随机 Galerkin 方法、摄动方法、稀疏插值方法、Beyesian 估计等;对于认知不确定性,有 D-S 证据理论、区间分析、模糊集理论等。

在工程、科学和社会的许多领域,要利用数学模型描述复杂信息的过程。一方面,我们在选择模型的时候,都希望模型能包含一切重要变量的信息,然而变量的重要性又强烈地依赖于所选择的模型,这就带来了数学建模中的“先有鸡还是先有蛋”的难题。产生此问题的根源在于常规的回归建模方法都属于有假定建模方法,其最重要的前提条件,都是在正态性假定下建立起来的模型。但是客观试验数据绝大部分都是非正态性的,即使采用正交试验和均匀试验设计,自变量都是正态性的,但试验结果(因变量)却往往是非正态性的。这就导致了建模时的假定前提与客观实际并不相符,经常会出现某个变量在一个模型中非常重要,而在另一个模型中却突然变得不重要,甚至可以删去,即模型中变量选择存在不确定性问题。另一方面,数学模型中的有些信息是确定的,有些信息是不确定的或是未知的,数值模拟输入的初始条件往往也是不完美的。如天气和气候预测必须要以当前状态的数据为依据,而对当前状态数据并不知道或不能准确知道,即模型中变量信息也存在不确定性问题。先从下面实例分析来看 PPR 无假定建模技术在解决不确定性量化方面的优势。

4.1.3　数学建模中"鸡和蛋"的问题

方开泰、马长兴通过一个经典例子详细介绍了回归拟合中"先有蛋还是先有鸡"的难题。A. Hald 的著作"*Statistical Theory with Engineering Applications*"中有一个这样的经典例子,即水泥凝固放热数据,常被国内外文献和各种教科书所引用。因为,该实例很容易表达筛选变量的方法和统计量,同时也揭示了变量选择对回归方程的作用强烈地依赖于它所在的模型。

水泥凝固放热试验,凝固时水化学放出的总热量 Y(cal/g,1 cal=4.186 8 J)与 4 种化学成分有关,试验数据见表 4-1,各变量的数据剖析见表 4-2。

X_1:C_3A(%),发热量 254 cal/g,平均含量 7.462%,变幅达 21.0 倍;

X_2:C_3S(%),发热量 160 cal/g,平均含量 48.154%,变幅 2.7 倍,含量与 X_4 成近似反比;

X_3:C_4AF(%),发热量 136 cal/g,平均含量 11.769%,变幅 5.8 倍;

X_4:C_2S(%),发热量 84 cal/g,平均含量 30.000%,变幅 10.0 倍,含量与 X_2 成近似反比。

表 4-1　水泥凝固放热试验数据

序号	X_1/%	X_2/%	X_3/%	X_4/%	Y/(cal/g)
1	7	26	6	60	78.5
2	1	29	15	52	74.3
3	11	56	8	20	104.3
4	11	31	8	47	87.6
5	7	52	6	33	95.9
6	11	55	9	22	109.2
7	3	71	17	6	102.7
8	1	31	22	44	72.5
9	2	54	18	22	93.1
10	21	47	4	26	115.9
11	1	40	23	34	83.8
12	11	66	9	12	113.3
13	10	68	8	12	109.4

表 4-2　变量数据剖析

项目	$X_1/\%$	$X_2/\%$	$X_3/\%$	$X_4/\%$	$Y/(\text{cal/g})$
均值	7.462	48.154	11.769	30.000	95.423
变异系数	0.788	0.323	0.544	0.558	0.158
偏态系数	0.781	−0.054	0.693	0.374	−0.221
相关系数	0.731	0.816	−0.535	−0.821	—
变幅(倍)	21/1 = 21.0	71/26 = 2.7	23/4 = 5.8	60/6 = 10.0	115.9/72.5 = 1.6

根据文献[1]中回归分析变量筛选技术可知,如果只选择一个变量,X_4 是最重要的变量,被筛选通过进入模型;如果选择两个变量,X_4 和 X_1 最重要,X_4 和 X_1 分别被筛选通过进入模型;当再把 X_2 加入模型后,X_4 的贡献却变得可以忽略,从而被从模型中剔除,变量 X_4 从最重要的变量(只含一个变量的回归方程)变为可以忽略并被剔除的变量(若模型中含有 X_1、X_2、X_4)。

上述逐步回归过程,出现了同一个变量 X_4 在一个模型中非常重要,而在另一个模型中却可以完全被忽略,这一事实充分说明:变量对回归方程的贡献强烈地依赖于它所在的模型。因此,我们面临着"先有蛋还是先有鸡"的难题困扰,给试验数据回归拟合带来了极大的不确定性和人为任意性。

类似地产生"鸡和蛋"难题的例子,在自然科学试验数据回归拟合分析中是很容易发现的,并非个别特例。在非试验性数据的社会科学领域,例如计量经济学中存在着更多的"鸡和蛋"难题的例子。

4.1.4　筛选变量简化模型方法

有些研究者认为造成"鸡和蛋"难题的根本原因是自变量之间的相关性(或者说自变量的共线性),于是提出了采用筛选变量的方法,从有共线性的所有变量中筛选出对因变量影响显著的代表性变量,淘汰其他次要影响的变量,建立一个简化的回归模型,由此来避免"先有蛋还是先有鸡"难题的困扰。这种方法是从数理统计角度出发考虑,找出的一种简化替代处理方法。

逐步回归对上述试验数据筛选变量,简化建模的结果是:最终筛选出 X_1、X_2 两个变量,其简化模型为

$$Y = 52.5773 + 1.4683X_1 + 0.6623X_2 \tag{4-1}$$

该模型的残差的总计(绝对值和)为 24.82,比用全部 4 个变量的残差绝对值和 20.63 增大了 20.3%,说明逐步回归简化建模方法,出现了明显的残差增大的倒退现象。但其残差的均方根误差为 2.406,比用全部 4 个变量的 2.446 还稍小一点,却没有表现出误差增大的倒退现象。为什么总计的残差变大后,残差的均方根误差还会小一点,这是因为在计算残差的均方根误差时,分母中从减去 4 个自由度变成减去 2 个自由度,分母的增大就

微妙地掩盖了残差绝对值和增大的事实。

　　残差是评价建模好坏的主要工具。但是,残差有正负性,人们为了消除残差的正负性,先计算残差平方再求和,然后求平均,最后开方求出均方根误差,其计算过程复杂,还容易出现掩盖真实的残差绝对值增大的现象。残差平方虽然可以消除正负性,但是,绝对值大于 1 的残差平方后就变得越来越大。例如,残差为 -2 的平方值是 4,绝对值增大 2 倍;相反,绝对值小于 1 的残差平方后却变得越来越小,残差为 -0.2 的平方值是 0.04,绝对值为原来的 1/5。实质上,在对每个残差进行各自独立变化权重的加权平均时,这一大一小的反向加权平均值变化,突出了少数绝对值很大的残差在残差评价中的作用,而扭曲了残差的本来面目。其实,若用残差的绝对值和替代平方和,可以直接消除残差的正负性,可以真实地评价回归建模误差的增大或者减小;而且,正负残差还可以点绘残差图,直接判断残差究竟是增大了还是变小了;还可以从喇叭形残差图判断数据的非正态性,不仅直观而且更加简便。

　　从物理化学角度看,简化回归模型必然要舍弃部分变量数据的许多有益信息。如上述例子中,水泥凝固时释放的总热量 Y 值,是 4 种矿物发热量的总和,4 种矿物因为其化学成分不同,其发热量水平也完全不同,可以相差 2~3 倍,而且具有不可替代性。况且 13 种水泥中同一个化学成分含量的百分数并非常数,而是变化量,同一种矿物在不同水泥之间可以相差 2.7~21 倍。所以,试验数据中隐含了大量宝贵的信息,通过逐步回归方法筛选变量必然要舍弃其中的大量宝贵信息,用这种办法来解决回归建模中"鸡和蛋"难题,信息量损失太多,建模效率就必然不高,残差必然会增大。

4.1.5　PPR 无假定建模方法

　　如果对表 4-1 中水泥凝固热试验的 13 组数据进行 PPR 建模方法分析,反映投影灵敏度指标的光滑系数 $S = 0.1$,投影方向初始值 $M = 5$,最终投影方向 MU $= 4$。凝固热计算值的自变量权重系数 $\boldsymbol{\beta} = (1.026\,2, 0.143\,0, 0.100\,4, 0.049\,2)$。

　　投影方向

$$\boldsymbol{\alpha}_1 = (0.943\,9, 0.313\,1, 0.037\,7, -0.098\,0)$$
$$\boldsymbol{\alpha}_2 = (0.595\,5, 0.316\,9, 0.607\,8, 0.418\,9)$$
$$\boldsymbol{\alpha}_3 = (0.446\,2, 0.518\,4, 0.556\,1, 0.472\,1)$$
$$\boldsymbol{\alpha}_4 = (-0.484\,6, -0.505\,2, -0.515\,0, -0.494\,7)$$

　　各个自变量的相对贡献权重(按从大到小排序)为:

　　$X_4 : 1.000\,0$(发热量第四;含量第二,但是含量与 X_2 成近似反比;C_v 第二;C_s 第三)。

　　$X_2 : 0.908\,9$(发热量第二;含量第一,但是含量与 X_4 成近似反比;C_v 第四;C_s 第四)。

　　$X_3 : 0.453\,3$(发热量第三;含量第三;C_v 第三;C_s 第二)。

　　$X_1 : 0.441\,5$(发热量第一;含量第四;C_v 第一;C_s 第一)。

　　结果表明:矿物含量越大的自变量发热量越大,贡献自然就越大;变量上下边界变幅越大,贡献越大(13 种水泥各个矿物含量的变幅达 2.7~21 倍,其中 X_4 为 10 倍,X_2 为 2.7 倍,X_3 为 5.7 倍,X_1 为 21 倍)。虽然 X_4 含量第二,但是含量的变幅是 X_2 的 3 倍多,所以相对贡献权重排在第一;当含量接近(X_4 占 30%,X_2 占 48%)时,C_v 和 C_s 越大,贡献越大,

X_2 的含量虽然达到 48%，但是 C_8 接近于零，贡献就小，所以相对贡献权重比 X_4 稍小一点。矿物发热量（X_4 为 84 cal/g，X_2 为 160 cal/g，X_3 为 136 cal/g，X_1 为 254 cal/g），变幅较小（2~3 倍），影响不大。各自变量相对贡献权重的物理意义清晰明确。PPR 模拟残差的绝对值和为 3.443，残差大幅度下降，各种模型残差对比见表 4-3。

表 4-3　残差对比

建模方法	线性回归	逐步回归	PPR
自变量	X_1、X_2、X_3、X_4	X_1、X_2	X_1、X_2、X_3、X_4
残差绝对值和	20.632 8	24.812 3	3.443

从 3 种不同类型模型的残差绝对值和对比可以看出：逐步回归残差绝对值和比线性回归的增大了 20.3%；PPR 残差绝对值和比线性回归的下降了 83.3%，比逐步回归的下降了 86.1%。PPR 模型全面充分地利用了所有自变量各自提供的信息，客观地概括了水泥凝固放热现象的物理化学规律，克服了回归拟合中"鸡和蛋"难题的困扰。

研究对象的日益复杂使得很多问题难以精确化，致使许多科技工作者从实践中总结出一条所谓的"不相容原理"，或者说是复杂性与精确性的"互克性"，即当一个系统复杂性增加时，人们使它精确化的能力将减少。在达到一定阈值（限度）之上时，复杂性与精确性将互相排斥。模糊数学家认为，复杂性越高，有意义的精确化能力就越低，人们无法全部、仔细地去考察众多因素，只有抓住其中主要的、忽略次要的，引用描述定性变量的模糊数学作为工具，作为架设在形式化思维和复杂系统之间的桥梁。这样不但会把许多本身确定的物理概念模糊化，同时也会把这些物理概念和观测数据的变量模糊化了。

总之，只有 PPR 无假定非参数建模技术才可能克服"鸡和蛋"难题，能客观地分析观测数据的内在规律。

4.2　数据结构深度挖掘

4.2.1　数据挖掘技术

20 世纪 90 年代，随着数据库系统的广泛应用和网络技术的高速发展，数据库技术也进入了一个全新的阶段，即从过去仅管理一些简单数据发展到管理由各种计算机所产生的图形、图像、音频、视频、电子档案、Web 页面等多种类型的复杂数据，并且数据量也越来越大。数据库在给我们提供丰富信息的同时，也体现出明显的海量信息特征。信息爆炸时代，海量信息给人们带来许多负面影响，最主要的就是有效信息难以提炼，过多无用的信息必然会产生信息距离（信息状态转移距离，是对一个事物信息状态转移所遇到障碍的测度，简称 DIST 或 DIT）和有用知识的丢失。这也就是约翰·内斯伯特（John Nalsbert）称谓的"信息丰富而知识贫乏"窘境。因此，人们迫切希望能对海量数据进行深入分析，发现并提取隐藏在其中的信息，以更好地利用这些数据。但仅以数据库系统的录入、查询、统计等功能，无法发现数据中存在的关系和规则，无法根据现有的数据预测未来的发展趋势,更缺乏挖掘数据背后隐藏知识的手段。正是在这样的条件下,数据挖掘技术应运而生。

数据挖掘就是指从大量的数据中通过算法搜索隐藏于其中信息的过程。数据挖掘通常与计算机科学有关,并通过统计、在线分析处理、情报检索、机器学习、专家系统(依靠过去的经验法则)和模式识别等诸多方法来实现上述目标。数据挖掘是通过分析每个数据,从大量数据中寻找其规律的技术,主要有数据准备、规律寻找和规律表示三个步骤。数据准备是从相关的数据源中选取所需的数据并整合成用于数据挖掘的数据集;规律寻找是用某种方法将数据集所含的规律找出来;规律表示是尽可能以用户可理解的方式(如可视化)将找出的规律表示出来。数据挖掘的任务有关联分析、聚类分析、分类分析、异常分析、特异群组分析和演变分析等。

近年来,数据挖掘引起了信息产业界的极大关注,其主要原因是存在大量数据,可以广泛使用,并且迫切需要将这些数据转换成有用的信息和知识。获取的信息和知识可以广泛用于各种应用,包括商务管理、生产控制、市场分析、工程设计和科学探索等。数据挖掘利用了来自如下一些领域的思想:①统计学的抽样、估计和假设检验;②人工智能、模式识别和机器学习的搜索算法、建模技术和学习理论。数据挖掘也迅速地接纳了来自其他领域的思想,这些领域包括最优化、进化计算、信息论、信号处理、可视化和信息检索。一些其他领域也起到重要的支撑作用。特别地,需要数据库系统提供有效的存储、索引和查询处理支持。源于高性能(并行)计算的技术在处理海量数据集方面常常是重要的。分布式技术也能帮助处理海量数据,并且当数据不能集中到一起处理时更是至关重要。

数据挖掘的对象可以是任何类型的数据源;可以是关系数据库,包含结构化数据的数据源;也可以是数据仓库、文本、多媒体数据、空间数据、时序数据、Web 数据,包含半结构化数据甚至异构性数据的数据源。发现知识的方法可以是数字的、非数字的,也可以是归纳的。最终被发现的知识可以用于信息管理、查询优化、决策支持及数据自身的维护等。

4.2.2　数据挖掘分析方法

数据挖掘分为有指导的数据挖掘和无指导的数据挖掘。有指导的数据挖掘是利用可用的数据建立一个模型,这个模型是对一个特定属性的描述。无指导的数据挖掘是在所有的属性中寻找某种关系。具体而言,分类、估值和预测属于有指导的数据挖掘;相关性分组或关联规则和聚类属于无指导的数据挖掘。

(1)分类。首先从数据中选出已经分好类的训练集,在该训练集上运用数据挖掘技术,建立一个分类模型,再用该模型对没有分类的数据进行分类。

(2)估值。与分类类似,但估值最终的输出结果是连续型的数值,估值的量并非预先确定。估值可以作为分类的准备工作。

(3)预测。是通过分类或估值来进行的,通过分类或估值的训练得出一个模型,如果对于检验样本组而言,该模型具有较高的准确率,可用该模型对新样本的未知变量进行预测。

（4）相关性分组或关联规则。其目的是发现哪些事情总是一起发生。

（5）聚类。是自动寻找并建立分组规则的方法，它通过判断样本之间的相似性，把相似样本划分在一个簇中。

数据挖掘主要包括以下方法：统计分析方法、投影寻踪分析方法、神经网络方法、遗传算法、决策树方法、粗糙集方法、覆盖正例排斥反例方法、模糊集方法。传统的统计方法（如方差分析方法和极差分析方法）都基于变量服从正态分布假定的前提条件。但在客观世界里，大多数变量都是非正态变量，正态的只是少数，这就造成了传统统计方法的局限性，勉强使用后，往往会带来不必要的失误和损失。由于 PPR 方法无正态假定，可兼顾正态与非正态变量，因而在影响因素贡献大小的显著性分析中，PPR 方法能得到最客观的结论，是一种较好的信息挖掘技术。

4.2.3　数据信息深度挖掘 PPR 方法

下面是一个在材料学科中充分利用失败数据进行信息深度挖掘的成功典范，并得到了令人满意的结果。某水泥制品厂在制作自应力钢丝网水泥管时，需要使用由普通水泥、高铝水泥及石膏配制成的硅酸盐自应力水泥。为进一步提高其抗侵蚀性能，拟将原组分中一部分普通水泥替换为硅粉等掺合材料，因此需要研究内掺硅粉的硅酸盐自应力水泥的最优配方，其三项考核指标分别为：①自由膨胀率$\approx 1\%$；②自应力>3.0 MPa；③抗压强度>30.0 MPa。

根据经验先选择硅粉替代量、高铝水泥掺量、石膏掺量为主要因素进行三因子三水平的正交试验。从表 4-4 中序号为 1~9 所列试验结果可明显看出：这批硅酸盐自应力水泥的第一项指标（自由膨胀率）均不满足要求，第二项指标（自应力）有 6 次不满足要求，第三项指标（抗压强度）全部满足要求。因此，从总体上说，这 9 次试验是全部失败的，还须做多次试验探索。

表 4-4　正交试验结果

序号	内掺材料				考核指标		
	粉煤灰 $x_1/\%$	硅粉 $x_2/\%$	高铝水泥 $x_3/\%$	石膏 $x_4/\%$	自由膨胀率 $y_1/\%$	自应力 $y_2/$MPa	抗压强度 $y_3/$MPa
1	0	5	12	18	0.37	3.98	46.2
2	0	5	14	16	0.47	4.26	45.9
3	0	5	16	14	0.20	3.45	44.8
4	0	10	12	16	0.08	1.18	45.6
5	0	10	14	14	0.08	1.49	51.1
6	0	10	16	18	0.12	2.13	44.4
7	0	15	12	14	0.05	-0.01	46.5

续表 4-4

序号	内掺材料				考核指标		
	粉煤灰 $x_1/\%$	硅粉 $x_2/\%$	高铝水泥 $x_3/\%$	石膏 $x_4/\%$	自由膨胀率 $y_1/\%$	自应力 y_2/MPa	抗压强度 y_3/MPa
8	0	15	14	18	0.06	1.06	48.2
9	0	15	16	16	0.06	1.29	40.2
10	15	0	12	18	2.89	3.76	11.9
11	15	0	14	16	1.68	3.34	22.5
12	15	0	16	14	1.09	3.37	29.3
13	20	0	12	16	2.50	4.17	13.9
14	20	0	14	14	1.03	3.23	29.6
15	20	0	16	18	2.74	4.54	13.4
16	25	0	12	14	1.87	3.89	15.7
17	25	0	14	18	3.78	4.25	3.7
18	25	0	16	16	2.14	3.83	15.6

　　那么再次试验之前,能否先从这批失败试验中找出一些成功的信息呢?从第一项考核指标来看,这批硅酸盐自应力水泥的自由膨胀率均远小于 1%,也就是说,在试验区内根本就没有达标点,即使存在优化区也应在试验区以外。但优化区的确切位置在哪里呢?仅凭这批试验回答这个问题,信息量颇感不足。为了增加信息量,又对另一批看似与内掺硅粉无关的三因子三水平 9 次内掺粉煤灰的正交试验数据进行了分析。由表 4-4 中序号为 10~18 所列试验结果可知,这批未掺硅粉的硅酸盐自应力水泥,其自由膨胀率均大于 1%,自应力值也能满足要求。由此想到,在这批数据中很可能蕴藏着对寻找成功方向十分有用的信息,可以设想将这两批试验数据合并,并定义未掺某种因素(硅粉或粉煤灰)时相应变量赋值为零,这样就可使试验点扩大一倍,有效地增加数据的结构信息。

　　采用 PPR 分析这 18 组数据,模型参数为:$S=0.5,M=5,MU=3$。三项指标的计算值与实测值的误差如表 4-5 所示。从表 4-5 中可以看出,所有指标的 PPR 模型计算值与实测值拟合较好,自由膨胀率的绝对误差 $<\pm0.29\%$,自应力的绝对误差 $<\pm0.44$ MPa,抗压强度的绝对误差 $<\pm2.2$ MPa。这说明 PPR 模型基本能反映各内掺因子的交互作用,以及对硅酸盐自应力水泥性能影响的内在规律。

　　由于在试验区内没有最优点,因此还需借助 PPR 模型寻找出的数据内在结构,利用计算机进行模拟外延试验。为了直观地绘出优化平面等值线图或立体曲面图,在模拟时要先分析各种掺合材料对硅酸盐自应力水泥性能的影响情况。变化某一因子,而将其余诸因素固定在某个定值上，即可得到这一因子的最优值。以此类推，逐一变化各因子，最后就可得到一个最优点。但实用上还要考虑可操作性，因此最好能定出一个优化区域。

表 4-5　PPR 模型计算结果分析表

序号	自由膨胀率/%			自应力/MPa			抗压强度/MPa		
	实测值	计算值	绝对误差	实测值	计算值	绝对误差	实测值	计算值	绝对误差
1	0.37	0.64	0.27	3.98	4.01	0.03	46.2	45.2	−1.0
2	0.47	0.18	−0.29	4.26	3.82	−0.44	45.9	47.5	1.6
3	0.20	0.36	0.16	3.45	3.63	0.18	44.8	44.4	−0.4
4	0.08	0	−0.08	1.18	1.43	0.25	45.6	46.3	0.7
5	0.08	0.12	0.04	1.49	1.20	−0.29	51.1	48.9	−2.2
6	0.12	0.18	0.06	2.13	2.49	0.36	44.4	45.0	0.6
7	0.05	−0.11	−0.16	−0.01	0.05	0.06	46.5	47.4	0.9
8	0.06	0.05	−0.01	1.06	1.21	0.15	48.2	47.0	−1.2
9	0.06	0.07	0.01	1.29	0.92	−0.37	40.2	41.1	0.9
10	2.89	2.86	−0.03	3.76	3.82	0.06	11.9	12.5	0.6
11	1.68	1.53	−0.15	3.34	3.67	0.33	22.5	23.6	1.1
12	1.09	0.98	−0.11	3.37	3.42	0.05	29.3	30.0	0.7
13	2.50	2.39	−0.11	4.17	3.78	−0.39	13.9	11.8	−2.1
14	1.03	1.25	0.22	3.23	3.39	0.16	29.6	27.9	−1.7
15	2.74	2.75	0.01	4.54	4.19	−0.35	13.4	13.2	−0.2
16	1.87	1.97	0.10	3.89	3.98	0.09	15.7	17.7	2.0
17	3.78	3.68	−0.10	4.25	4.27	0.02	3.7	3.9	0.2
18	2.14	2.30	0.16	3.83	3.93	0.10	15.6	15.1	−0.5

从实际观测到的内掺硅粉试验数据来看，当硅粉替代量>10%时，自由膨胀率显示出低值；而当硅粉替代量<5%时，则水泥的抗侵蚀能力又受到影响，权衡考虑可将硅粉替代量 x_2 定为7%。由于内掺硅粉的水泥中没有粉煤灰，可令 $x_1 = 0$。因此，具体优化时只需变化高铝水泥的掺量 x_3 和石膏的掺量 x_4。根据 $(y_1, y_2, y_3) = f(0, 7, x_3, x_4)$ 可做出三个等值线图，进而对三张图做重合分析，可直观定出三项指标都能满足的优化区，详见图 4-1、

图 4-2。

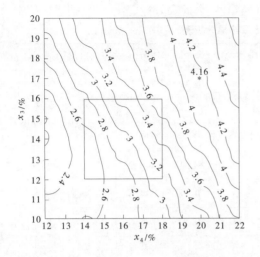 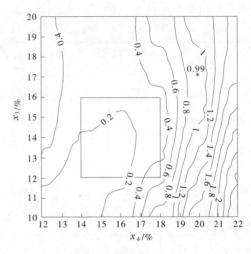

图 4-1　自应力(MPa)等值线图　　　　　图 4-2　自由膨胀率(%)等值线图

　　从图 4-1 中可发现模拟的优化区在试验区之外的右边,为一狭窄带状区。为验证该优化区的存在,必须进行必要的补点试验。取$(x_1,x_2,x_3,x_4) = (0,7,17,20)$,补试结果为$(y_1,y_2,y_3) = (0.99,4.16,44.7)$,确实落在模拟优化区内,这就证实了 PPR 找出的优化区确实是存在的,而且补点试验值还可随时加入到原数据文件中再做 PPR 分析,为下一步试验提供更确切的参考依据。

　　PPR 可以从失败的试验数据中分析出失败规律、指明成功的方向和优化区的位置。事实上,欲从失败的、看似无关的数据中发掘蕴藏的成功信息并不是一件易事。首先是"维数祸根"的困扰,由于每增加一维因子,数据点需要以几何级数的速度增长才能保持原有的空间密度,否则将会造成空间点云愈加稀疏,其结果不仅无法利用增加的信息,而且会冲淡原有的信息浓度;其次是非正态问题,由于实际数据大多属偏态分布,若采用源于正态分布推导的常规统计分析方法,从根本上说,不仅无法利用数据的偏态信息,而且会歪曲数据的固有结构;再次是数据分析的方法问题,由于传统的证实性数据分析方法过于形式化、数学化,往往只注重于单纯证明某种假设是否成立,而对直接从客观现实中得到的观测数据本身注意不够。实际上,最本质的应该是后者,而不是"假定"和"准则","假定"和"准则"都应该服务于实际数据。

　　再一次看出 PPR 是一种崭新的多元统计分析技术,它属于新兴的一类探索性数据分析方法,能充分利用试验数据中非正态、非线性信息,客观分析原始数据中各种有用信息和真实规律,通过探索数据内在结构解决寻优问题。这种技术,假定较少,也无须对数据做任何变换、分割等预处理,能成功地克服"维数祸根",尤其适用于分析处理来自非正态总体、非线性因子的高维数据,其获取信息的能力强,是一种行之有效的试验数据分析方法。

4.3　全局仿真寻优

4.3.1　全局寻优

全局最优标准是指从决策目标的总体战略或纵观长远、全局出发,综合评价和权衡某一方案的最佳效果。一项决策往往有多种目标,涉及各个领域和许多部门,其产生的效果和社会影响也是多面性和长期性的。一个决策方案,从一个目标或部门的角度看无疑是最佳方案,从另一个目标或部门的角度看却未必理想;从近期观点看,方案可行,效益颇佳,但从长远观点看,问题不少,无综合效益。因此,无论什么决策,都应该用全局价值观念来衡量,坚持全局最优标准。假如一个方案对局部有利,是合理的,而对全局来说是不利的或不合理的,那么这个方案就不是"最满意"方案或"最优化"方案。

常规的启发式算法、贪婪算法或局部算法都很容易产生局部最优,或者说根本无法查证产生的最优解是不是全局的,或者只是局部的。这是因为对于大型系统或复杂的问题,一般的算法都着眼于从局部展开求解,以减少计算量和算法复杂度。对于优化问题,尤其是最优化问题,总是希望找到全局最优的解或策略,但是当问题的复杂度过于高,要考虑的因素和处理的信息量过多的时候,我们往往会倾向于接受局部最优解,因为局部最优解的质量不一定都是差的。尤其是当我们有确定的评判标准表明得出的解是可以接受的,通常会接受局部最优的结果。这样,从成本、效率等多方面考虑,也可能是实际工程中会采取的策略。对于部分工程领域,受限于时间和成本,对局部最优和全局最优可能不会进行严格的检查,但是有的情况下是要求得到全局最优的,这时就需要避免产生仅仅是局部最优的结果。

最优化问题就是在给定条件下寻找最佳方案的问题。最佳的含义有各种各样:成本最小、收益最大、利润最多、距离最短、时间最少、空间最小等,即在资源给定时寻找最好的目标,或在目标确定下使用最少的资源。生产、经营和管理中几乎所有问题都可以认为是最优化问题,比如产品原材料组合问题、人员安排问题、运输问题、选址问题、资金管理问题、最优定价问题、经济订货量问题、预测模型中的最佳参数确定问题等。下面通过实例说明 PPR 投影寻踪回归具有全局仿真寻优功能。

考察指标多于两个的正交试验设计,称为多指标正交试验。多指标正交试验中各指标之间可能存在一定的矛盾,通常采用综合平衡法或综合评分法来兼顾协调各项指标,找出使各项指标都尽可能好的生产条件。但这些方法都比较粗略,只能提供参考性意见。如果采用 PPR 仿真技术,则可以绘制等值线图,从等值线图上可以直接查出定量配方或工艺优化区。

4.3.2　PPR 全局仿真寻优技术

为提高某一种橡胶配方的质量,选定三个性能考察指标,分别为 y_1 伸长率(%)、y_2 变形(%)和 y_3 屈曲(万次)。经专业知识分析制订因素水平和配方试验计划,试验结果列入表 4-6。

表 4-6　橡胶配方试验结果

试验号	促进剂用量 x_1	氧化锌总量 x_2	促进剂 D 所占比例 x_3/%	促进剂 M 所占比例 x_4/%	伸长率 y_1/%	变形 y_2/%	屈曲 y_3/万次
1	2.9	1	25	34.7	545	40	5.0
2	2.9	3	30	39.7	490	46	3.9
3	2.9	5	35	44.7	515	45	4.4
4	2.9	7	40	49.7	505	45	4.7
5	3.1	1	30	44.7	492	46	3.2
6	3.1	3	25	49.7	485	45	2.5
7	3.1	5	40	34.7	499	49	1.7
8	3.1	7	35	39.7	480	45	2.0
9	3.3	1	35	49.7	566	49	3.6
10	3.3	3	40	44.7	539	49	2.7
11	3.3	5	25	39.7	511	42	2.7
12	3.3	7	30	34.7	515	45	2.9
13	3.5	1	40	39.7	533	49	2.7
14	3.5	3	35	34.7	488	49	2.3
15	3.5	5	30	49.7	495	49	2.3
16	3.5	7	25	44.7	476	42	3.3

　　文献[2]通过综合平衡和综合分析得出的最优组合结论为：x_1、x_2、x_3 均选定在水平 1（2.9,1,25%），x_4 选定在水平 3 或水平 4，经工艺验证调整后，就可以转化为适宜的生产条件，用于生产过程。但从文献[2]的趋势图看，则认为 x_1、x_2、x_3 应该在水平 1 附近取新水平，x_4 应该在水平 1 或水平 4 附近取新水平，制订新的因素水平表，重新设计正交试验。上述分析只能提供定性分析结论或趋势。

　　若采用 PPR 技术对上述数据进行建模（$S=0.5$、$M=4$、$MU=3$）后，得到的无假定非参数模型则可以用于仿真试验，仿真范围既可适当超出上述正交试验区范围，也可以参考文献[2]综合分析和趋势分析的建议性结论。再用均匀试验法在计算机上进行仿真试验，绘出定量的综合等值线图，并从中选取三个指标均合格的优化区间。图 4-3 是从中提取的综合等值线图优化区的一小部分，若以 $y_1 \geqslant 530\%$、$y_2 \leqslant 40\%$、$y_3 \geqslant 4.5$ 万次为择优指标，则图中有小圆圈标记的区域即为三个指标均合格的优化区间，为提高橡胶配方的质量提供了可靠的定量依据。影响橡胶配方质量的主要因素分析见表 4-7。

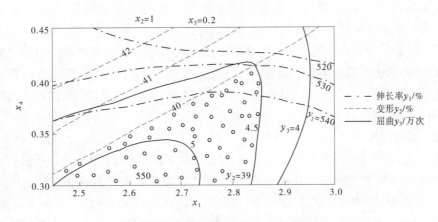

图 4-3　橡胶三个指标综合等值线图

表 4-7　影响橡胶配方质量的主要因素分析

因变量 y_i	伸长率 y_1		变形 y_2		屈曲 y_3	
C_s	0.862		−0.510		0.630	
分析方法	极差 R	PPR 分析权重	极差 R	PPR 分析权重	极差 R	PPR 分析权重
促进剂用量 x_1	175	0.322	13	0.398	8.6	1.000
氧化锌总量 x_2	160	0.495	12	0.357	3.4	0.772
促进剂 D 所占比例 x_3	84	0.779	23	1.000	1.7	0.310
促进剂 M 所占比例 x_4	37	1.000	6	0.229	2.3	0.266

从表 4-7 中可以看到,当 C_s 较小时,PPR 分析的自变量贡献权重与极差大小基本同步;但当 C_s 较大时,则出现了相反趋势(如伸长率)。这说明在接近正态条件下,极差分析是可靠和可信的;相反,在非正态条件下,可能会出现偏离。而 PPR 无假定建模无论变量是正态的还是非正态的均能得到全局最优解。

4.4　因素权重分析

4.4.1　权重的确定方法

权重是指某一因素或指标相对于某一事物的重要程度,其不同于一般的比重,体现的不仅仅是某一因素或指标所占的百分比,强调的更是因素或指标的相对重要程度,倾向于贡献度或重要性。关于权重的确定方法很多,根据计算权重时原始数据的来源不同,可以将这些方法分为三类:主观赋权法、客观赋权法、主客观综合赋权法。

4.4.1.1　主观赋权法

主观赋权法是根据决策者(专家)主观上对各属性的重视程度来确定属性权重的方

法,其原始数据由专家根据经验主观判断而得到。常用的主观赋权法有专家调查法(Delphi 法)、层次分析法(AHP)、二项系数法、环比评分法、最小平方法等。主观赋权法是人们研究较早、较为成熟的方法。主观赋权法的优点是专家可以根据实际的决策问题和专家自身的知识经验合理地确定各属性权重的排序,不至于出现属性权重与属性实际重要程度相悖的情况。但决策或评价结果具有较强的主观随意性,客观性较差,同时增加了对决策分析者的负担,应用中有很大局限性。

4.4.1.2　客观赋权法

鉴于主观赋权法的各种不足之处,人们又提出了客观赋权法,其原始数据由各属性在决策方案中的实际数据形成。其基本思想是:属性权重应当是各属性在属性集中的变异程度和对其他属性的影响程度的度量,赋权的原始信息应当直接来源于客观环境,处理信息的过程应当是深入探讨各属性间的相互联系及影响,再根据各属性的联系程度或各属性所提供的信息量大小来决定属性权重。如果某属性对所有决策方案而言均无差异(各决策方案的该属性值相同),则该属性对方案的鉴别及排序不起作用,其权重应为 0;若某属性对所有决策方案的属性值有较大差异,这样的属性对方案的鉴别及排序将起重要作用,应给予较大权重。总之,各属性权重的大小应根据该属性下各方案属性值差异的大小来确定,差异越大,则该属性的权重越大,反之则越小。

常用的客观赋权法有主成分分析法、熵值法、离差及均方差法、多目标规划法等。其中,熵值法用得较多,这种赋权法所使用的数据是决策矩阵,所确定的属性权重反映了属性值的离散程度。

客观赋权法主要是根据原始数据之间的关系来确定权重,因此权重的客观性强,且不增加决策者的负担,方法具有较强的数学理论依据。但是这种赋权法没有考虑决策者的主观意向,因此确定的权重可能与人们的主观愿望或实际情况不一致,使人感到困惑。因为从理论上讲,在多属性决策中,最重要的属性不一定使所有决策方案的属性值具有最大差异,而最不重要的属性却有可能使所有决策方案的属性值具有较大差异。因此,按客观赋权法确定权重时,最不重要的属性可能具有最大的权重,而最重要的属性却不一定具有最大的权重。而且这种赋权方法依赖于实际的问题域,因而通用性和决策人的可参与性较差,没有考虑决策人的主观意向,且计算方法大都比较烦琐。

4.4.1.3　主客观综合赋权法

从上述讨论可以看出,主观赋权法在根据属性本身含义确定权重方面具有优势,但客观性较差;而客观赋权法在不考虑属性实际含义的情况下,确定权重具有优势,但不能体现决策者对不同属性的重视程度,有时会出现确定的权重与属性的实际重要程度相悖的情况。针对主、客观赋权法各自的优缺点,为兼顾到决策者对属性的偏好,同时又力争减少赋权的主观随意性,使属性的赋权达到主观与客观的统一,进而使决策结果真实、可靠,提出了主客观综合赋权法(或称组合赋权法)。该方法是基于指标数据之间的内在规律和专家经验对决策指标进行赋权。

主客观综合赋权法的两种常用方法是"乘法"集成法、"加法"集成法,其表达式分别为

$$W_i = A_i B_i / \sum_{i=1}^{m} A_i B_i \qquad (4-2)$$

$$W_i = \alpha A_i + (1 - \alpha) B_i \qquad (4-3)$$

式中：W_i 为第 i 个指标的组合权重；A_i、B_i 分别为第 i 个属性的客观权重值和主观权重值。

前者的组合实质上是乘法合成的归一化处理，该方法适用于指标个数较多、权重分配比较均匀的情况。后者实质上是线性加权，称为线性加权组合赋权方法。当决策者对不同赋权方法存在偏好时，α 能够根据决策者的偏好信息确定。

4.4.2　权重的 PPR 分析

在碾压式沥青混凝土配合比设计中需要合理地确定粗骨料、细骨料、填料及油石比，而矿料的级配组成相对于油石比而言是更为关键的。矿料级配又分为连续级配和间断级配两种，目前在心墙沥青混凝土防渗结构中一般使用连续级配，它是一条平滑的曲线且具有连续不间断的性质。然而在实际工程中往往因为骨料的超逊径问题及拌和楼自身等问题，使得施工矿料级配曲线与设计矿料级配曲线有偏差。通过将各粒级的级配偏差设定为±5%，进行沥青混凝土马歇尔稳定度、马歇尔流值试验及劈裂抗拉强度试验，并通过投影寻踪回归分析研究各粒级的级配偏差对心墙沥青混凝土性能的影响规律，为沥青混凝土施工质量控制提供参考依据。

4.4.2.1　矿料级配的确定

连续级配的沥青混凝土是由每种粒级的骨料依次充分填充混合料的空隙，形成密实的沥青混凝土。在《水工碾压式沥青混凝土施工规范》（DL/T 5363—2016）中规定，碾压式沥青混凝土心墙坝中粗骨料级配偏差不得大于±5%，细骨料级配偏差不得大于±3%。本次试验将各粒级的骨料偏差均设定为±5%，设计了 9 组试验，试验配合比列于表 4-8，矿料级配曲线见图 4-4。

表 4-8　试验配合比

级配编号	各材料质量百分率/%					
	9.5~19 mm	4.75~9.5 mm	2.36~4.75 mm	0.075~2.36 mm	填料用量	沥青用量
JP-1	24	17	17	29	13	6.8
JP-2	26.5	19.5	12	29	13	6.8
JP-3	26.5	12	19.5	29	13	6.8
JP-4	19	19.5	19.5	29	13	6.8
JP-5	26	18.5	18.5	24	13	6.8
JP-6	22	15.5	15.5	34	13	6.8
JP-7	21.5	14.5	22	29	13	6.8
JP-8	21.5	22	14.5	29	13	6.8
JP-9	29	14.5	14.5	29	13	6.8

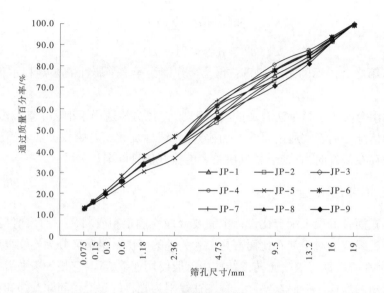

图 4-4　矿料级配曲线

4.4.2.2　试验结果与 PPR 分析

进一步研究级配偏差对心墙沥青混凝土物理、力学性能的影响,对上述 9 组级配进行了马歇尔稳定度、马歇尔流值和劈裂抗拉强度试验,试验结果列于表 4-9。

表 4-9　马歇尔稳定度、马歇尔流值和劈裂抗拉强度试验结果

级配 编号	密度/ (g/cm³)	孔隙率/ %	马歇尔 稳定度/kN	马歇尔流值/ (0.1 mm)	劈裂抗拉 强度/MPa
JP-1	2.41	0.9	6.440	78.000	0.310
JP-2	2.40	1.2	6.570	98.470	0.267
JP-3	2.39	1.4	6.930	101.030	0.277
JP-4	2.40	1.3	6.760	86.700	0.263
JP-5	2.40	1.3	6.970	91.430	0.253
JP-6	2.40	1.2	7.590	79.830	0.260
JP-7	2.39	1.4	7.070	72.330	0.257
JP-8	2.40	1.2	6.770	88.370	0.223
JP-9	2.39	1.3	6.830	112.770	0.200

通过投影寻踪回归分析的方法研究骨料级配偏差对沥青混凝土马歇尔稳定度、马歇尔流值及劈裂抗拉强度的影响,试验结果列于表 4-10。

表 4-10　投影寻踪回归分析结果

级配编号	马歇尔稳定度			马歇尔流值			劈裂抗拉强度		
	实测值/kN	仿真值/kN	相对差值/%	实测值/(0.1 mm)	仿真值/(0.1 mm)	相对差值/%	实测值/MPa	仿真值/MPa	相对差值/%
JP-1	6.440	6.549	1.7	78.000	80.255	2.9	0.310	0.296	-4.5
JP-2	6.570	6.581	0.2	98.470	96.840	-1.7	0.267	0.251	-6.0
JP-3	6.930	6.962	0.5	101.030	99.063	-1.9	0.277	0.260	-6.1
JP-4	6.760	6.859	1.5	86.700	85.272	-1.6	0.263	0.253	-3.8
JP-5	6.970	6.961	-0.1	91.430	91.657	0.2	0.253	0.257	1.6
JP-6	7.590	7.554	-0.5	79.830	78.478	-1.7	0.260	0.261	0.4
JP-7	7.070	6.984	-1.2	72.330	74.588	3.1	0.257	0.278	8.2
JP-8	6.770	6.679	-1.3	88.370	88.041	-0.4	0.223	0.236	7.3
JP-9	6.830	6.800	-0.4	112.770	114.736	1.7	0.200	0.218	9.0

回归模型参数:光滑系数 $S=0.5$,投影方向初始值 $M=5$,最终投影方向取值 $MU=3$,试验组数 $N=9$,自变量 $P=4$,因变量 $Q=1$。

对于马歇尔稳定度:

$$\boldsymbol{\beta} = (0.916\,2, 0.311\,9, 0.128\,4)$$

$$\boldsymbol{\alpha} = \begin{pmatrix} -0.415\,1 & -0.568\,8 & 0.024\,5 & 0.709\,6 \\ 0.773\,6 & -0.267\,8 & -0.012\,5 & -0.574\,2 \\ -0.336\,3 & 0.736\,4 & 0.586\,9 & 0.015\,3 \end{pmatrix}$$

对于马歇尔流值:

$$\boldsymbol{\beta} = (0.917\,6, 0.337\,2, 0.158\,7)$$

$$\boldsymbol{\alpha} = \begin{pmatrix} 0.828\,4 & -0.388\,9 & -0.301\,8 & -0.267\,0 \\ -0.728\,7 & 0.359\,6 & -0.573\,8 & -0.101\,8 \\ 0.814\,0 & -0.013\,0 & -0.021\,4 & -0.580\,3 \end{pmatrix}$$

对于劈裂抗拉强度:

$$\boldsymbol{\beta} = (0.880\,2, 0.811\,7, 0.510\,9)$$

$$\boldsymbol{\alpha} = \begin{pmatrix} -0.549\,1 & -0.425\,7 & 0.619\,6 & 0.365\,2 \\ 0.795\,9 & -0.399\,4 & 0.115\,9 & -0.440\,1 \\ -0.185\,2 & 0.905\,7 & -0.360\,7 & -0.127\,3 \end{pmatrix}$$

由表 4-10 可知:每组级配下的马歇尔稳定度、马歇尔流值及劈裂抗拉强度的仿真值与实测值均拟合较好,马歇尔稳定度的最大相对差值为 1.7%,马歇尔流值的最大相对差值为 3.1%,劈裂抗拉强度的最大相对差值为 9.0%,均小于 10%,故 9 组试验的合格率为 100%。由此证明,投影寻踪回归分析可以很好地反映各因素的交互作用,以及对心墙沥青混凝土马歇尔稳定度、马歇尔流值及劈裂抗拉强度的影响规律。

通过自变量的相对权值大小来判定该因素对力学性能的影响程度,相对权值越大,对力学性能的影响程度越高。各粒级的相对权值列于表 4-11。

由表 4-11 可以看出,4.75~9.5 mm 粒级对马歇尔稳定度和劈裂抗拉强度的影响最大,说明它对沥青混凝土的抗压和抗拉性能都有较大影响;2.36~4.75 mm 粒级和 4.75~9.5 mm 粒级对劈裂抗拉强度影响程度相当,说明这两种粒级在沥青混凝土受拉过程中起着重要的作用;2.36~4.75 mm 粒级和 9.5~19 mm 粒级对马歇尔流值的影响程度相当,说明这两种粒级对沥青混凝土的适应变形能力有较大影响。因此,在工程施工过程中要求现场的检测人员严格控制 4.75~9.5 mm 粒级,确保施工质量。

表 4-11　各粒级的相对权值

马歇尔稳定度		马歇尔流值		劈裂抗拉强度	
粒级/mm	相对权值	粒级/mm	相对权值	粒级/mm	相对权值
4.75~9.5	1.000	9.5~19	1.000	4.75~9.5	1.000
0.075~2.36	0.561	2.36~4.75	0.906	2.36~4.75	0.937
9.5~19	0.347	0.075~2.36	0.542	9.5~19	0.582
2.36~4.75	0.158	4.75~9.5	0.344	0.075~2.36	0.212

为进一步地研究每种粒级对心墙沥青混凝土马歇尔稳定度、马歇尔流值及劈裂抗拉强度的影响,对每种粒级进行了单因素分析。由图 4-5 可知,随着 9.5~19 mm 粒级的增加,马歇尔稳定度、马歇尔流值先减小后增大,而劈裂抗拉强度先增大后减小。由图 4-6 可以看出,随着 4.75~9.5 mm 粒级的增加,马歇尔稳定度先减小后增大,马歇尔流值先迅速减小后缓慢减小,劈裂抗拉强度先增大后减小。由图 4-7 可看出,随着 2.36~4.75 mm 粒级的增加,马歇尔稳定度先减小后增大,马歇尔流值逐渐减小,劈裂抗拉强度先增大后减小。由图 4-8 可以看出,随着 0.075~2.36 mm 粒级的增加,马歇尔稳定度先减小后增大,马歇尔流值逐渐减小,劈裂抗拉强度先增大后减小。

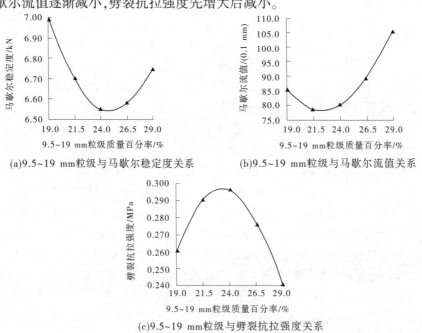

(a)9.5~19 mm粒级与马歇尔稳定度关系　　(b)9.5~19 mm粒级与马歇尔流值关系

(c)9.5~19 mm粒级与劈裂抗拉强度关系

图 4-5　马歇尔稳定度、马歇尔流值及劈裂抗拉强度随 9.5~19 mm 粒级的变化规律

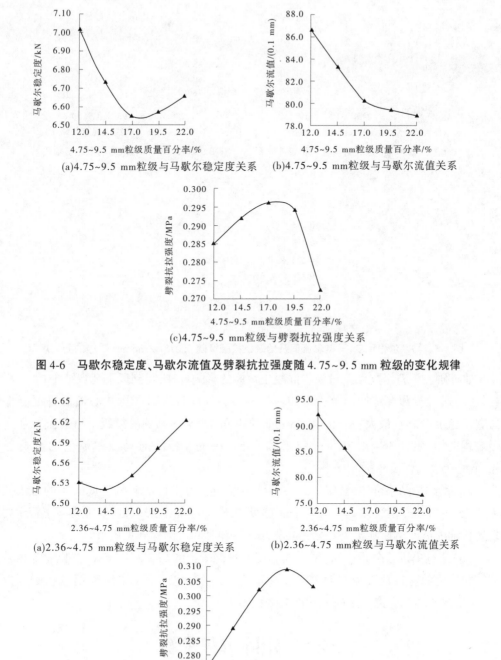

(a)4.75~9.5 mm粒级与马歇尔稳定度关系　　(b)4.75~9.5 mm粒级与马歇尔流值关系

(c)4.75~9.5 mm粒级与劈裂抗拉强度关系

图 4-6　马歇尔稳定度、马歇尔流值及劈裂抗拉强度随 4.75~9.5 mm 粒级的变化规律

(a)2.36~4.75 mm粒级与马歇尔稳定度关系　　(b)2.36~4.75 mm粒级与马歇尔流值关系

(c)2.36~4.75 mm粒级与劈裂抗拉强度关系

图 4-7　马歇尔稳定度、马歇尔流值及劈裂抗拉强度随 2.36~4.75 mm 粒级的变化规律

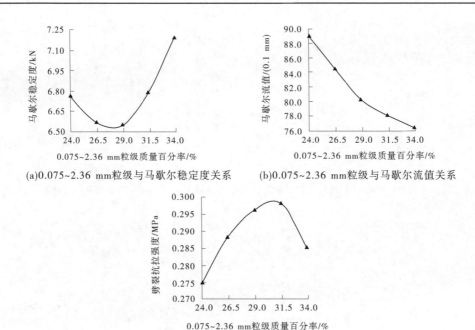

(a)0.075~2.36 mm粒级与马歇尔稳定度关系　　(b)0.075~2.36 mm粒级与马歇尔流值关系

(c)0.075~2.36 mm粒级与劈裂抗拉强度关系

图 4-8　马歇尔稳定度、马歇尔流值及劈裂抗拉强度随 0.075~2.36 mm 粒级的变化规律

通过研究骨料级配偏差对沥青混凝土性能的影响规律,得到以下几点结论:

(1)通过投影寻踪回归分析可知:4.75~9.5 mm 粒级对碾压式心墙沥青混凝土的马歇尔稳定度影响最大;2.36~4.75 mm 粒级和 4.75~9.5 mm 粒级对劈裂抗拉强度的影响程度相当;2.36~4.75 mm 粒级和 9.5~19 mm 粒级对马歇尔流值的影响程度相当。

(2)由试验结果可知,对碾压式心墙沥青混凝土力学性能影响程度大小的粒级依次为 4.75~9.5 mm 粒级、2.36~4.75 mm 粒级、9.5~19 mm 粒级。因此,在实际工程中要求现场检测人员严格控制 4.75~9.5 mm 粒级的级配偏差,确保施工质量。

(3)通过单因素分析可知:碾压式心墙沥青混凝土的马歇尔稳定度、马歇尔流值及劈裂抗拉强度随着各粒级级配偏差的变化而变化,但变化不大。当级配偏差在±5%以内时,碾压式心墙沥青混凝土的力学性能变化不大。

4.5　矩阵方程求解

4.5.1　PPR 求解矩阵方程简介

PPR 的 Y 和 X 原始数据输入表,本来就是表格式,和矩阵输入是一样的,仅仅是把因变量 Y 安排在了第 1 列,把 X_i 安排在了第 2、第 3 列、…、第 $j+1$ 列,方程的个数按照序号安排为第 1 行、第 2 行、…、第 i 行。用高斯法解矩阵方程的求逆矩阵方法来解非病态矩

阵方程,在 PPR 软件中极其简便。过程如下:

(1)数据准备。当方程数(行数)小于 9 时,一是可以通过把矩阵复制若干次使其大于 9,也可以用矩阵加法产生新的行,也可以用矩阵乘法扩大因变量上下限边界条件(将有利于求得正确的真实解),再增加新的行,使其总行数大于 9。

(2)逆矩阵表。在数据准备总行数大于或等于 9 之后,把逆矩阵格式写在数据表下方,因变量第 1 列下方均写 1,自变量各对角线上均写 1,其余空白处全写 0。例如,6 个自变量需要填写相应的 6 行逆矩阵表,PPR 软件运行后,在预测值项目专栏里可自动显示各个 X_i 的解。

```
1   1   0   0   0   0   0
1   0   1   0   0   0   0
1   0   0   1   0   0   0
1   0   0   0   1   0   0
1   0   0   0   0   1   0
1   0   0   0   0   0   1
```

4.5.2　算例分析

例如:利用文献[76]中例 4-31,已知矩阵 $A = [1,2,3;1,4,9;1,8,27]$,$B = [12,16,8]$,把 3 个线性方程,复制 3 次,得到 9 个方程,缺乏下边界条件,利用公式 1 减去公式 2,得出公式 10 作为下边界条件,写入 PPR 数据表,接着写入求逆矩阵表如下:

```
12    1    2    3
16    1    4    9
 8    1    8   27
12    1    2    3
16    1    4    9
 8    1    8   27
12    1    2    3
16    1    4    9
 8    1    8   27
-4    0   -2   -6
 1    1    0    0
 1    0    1    0
 1    0    0    1
```

运行 PPR 软件:取 $S = 0.5$,$N = 10$,$M = 5$,$MU = 3$。运行结果:10 项拟合误差均为零。求逆矩阵预测结果显示:$-0.000\ 0$;$10.000\ 0$;$-2.666\ 7$;即 $X = (-0.000\ 0, 10.000\ 0, -2.666\ 7)$,与文献[76]显示的结果完全相同。

第 5 章　材料配合比设计中的 PPR 建模与优选

5.1　胶凝砂砾石材料配合比优选分析

胶凝砂砾石材料是一种复杂的胶结体,其材料的抗压强度受胶凝材料用量(简称为胶材用量)、细料含量、水胶比等多因素的影响。以胶材用量、细料含量、水胶比为正交试验设计中的影响因素进行配合比优选研究,采用投影寻踪回归分析法分析试验结果,得到各因素对胶凝砂砾石材料抗压强度的影响权重和不同水平下的变化规律,并通过试验分析其他因素对胶凝砂砾石材料抗压强度的影响规律。

5.1.1　原材料

原材料的组成包括天然砂砾石料、水泥、粉煤灰和水,经过试验检测各项技术要求均达到标准。

5.1.1.1　砂砾石料

砂砾石料为新疆某地区天然砂砾石混合料,砂砾石料中砂石比例变化不大,试验前剔除大于 80 mm 的粒径,混合料的含泥量为 1.6%,其中细料含量(粒径小于 5 mm)的含泥量为 6.4%,砾石中含泥量为 0.7%。为减小砂砾石料颗粒粗细不均匀对抗压强度波动的影响,将砂砾石混合料筛分后重新配制试样,以减小配合比设计中胶凝砂砾石材料抗压强度的试验误差,混合料筛分结果见表 5-1。

表 5-1　砂砾石混合料筛分结果

粒径/mm	<5	5~10	10~20	20~40	40~60	60~80	>80
含量/%	40.4	11.3	14.9	17	8.3	4.5	3.6

5.1.1.2　水泥

水泥为新疆青松建化生产的 42.5R 普通硅酸盐水泥,对水泥的物理力学性能和化学成分的测定结果见表 5-2、表 5-3。

表 5-2　水泥各项物理力学性能指标

密度/ (g/cm³)	比表面积/ (m²/kg)	标准稠度用水量/%	安定性	凝结时间/ min		抗折强度/MPa		抗压强度/MPa	
				初凝	终凝	3 d	28 d	3 d	28 d
3.1	393	28	合格	161	240	5.4	8.6	26.3	48.5
质量要求	≥300	—		≥45	≤600	≥3.5	≥6.5	≥17.0	≥42.5

表 5-3　水泥化学成分

水泥品种	化学成分/%									
	烧矢量	SiO_2	Al_2O_3	Fe_2O_3	CaO	MgO	SO_3	Na_2O	K_2O	R_2O
青松 42.5R 普通硅酸盐水泥	0.1	22.5	4.9	3.5	65.0	1.8	0.9	0.4	0.8	0.9

5.1.1.3　粉煤灰

粉煤灰为新疆奎屯生产的锦江牌Ⅱ级粉煤灰,各项技术指标见表 5-4。

表 5-4　粉煤灰技术指标

检测指标	细度/%	比表面积/(m^2/kg)	需水量比/%	烧失量/%	SO_3 含量/%	含水率/%	$f(CaO)$/%
Ⅱ级粉煤灰	22.7	429	105	1.2	2.9	0.3	2.0
质量要求	≤25.0	—	≤105	≤8.0	≤3.0	≤1.0	≤4.0

5.1.2　试验设计

根据胶凝砂砾石筑坝材料的特点及碾压混凝土配合比设计经验,在砂砾石混合料容重与细料含量关系试验的基础上,用正交设计安排试验,选用 $L_{25}(5^3)$ 正交表,其因素水平见表 5-5,根据正交表设计结果,配合比确定见表 5-6。

表 5-5　配合比试验设计因素水平

水平	胶材用量/(kg/m^3)	细料含量/%	水胶比
1	45	20	0.6
2	52.5	25	0.8
3	60	30	1.0
4	67.5	35	1.2
5	75	40	1.4

表 5-6　胶凝砂砾石材料配合比

试验号	胶材用量/(kg/m^3)		细料含量/%	水胶比	试验号	胶材用量/(kg/m^3)		细料含量/%	水胶比
	水泥	粉煤灰				水泥	粉煤灰		
1	30	15	20	0.6	14	40	20	35	0.6
2	30	15	25	0.8	15	40	20	40	0.8

续表 5-6

试验号	胶材用量/(kg/m³)		细料含量/%	水胶比	试验号	胶材用量/(kg/m³)		细料含量/%	水胶比
	水泥	粉煤灰				水泥	粉煤灰		
3	30	15	30	1	16	45	22.5	20	1.2
4	30	15	35	1.2	17	45	22.5	25	1.4
5	30	15	40	1.4	18	45	22.5	30	0.6
6	35	17.5	20	0.8	19	45	22.5	35	0.8
7	35	17.5	25	1	20	45	22.5	40	1.0
8	35	17.5	30	1.2	21	50	25	20	1.4
9	35	17.5	35	1.4	22	50	25	25	0.6
10	35	17.5	40	0.6	23	50	25	30	0.8
11	40	20	20	1	24	50	25	35	1.0
12	40	20	25	1.2	25	50	25	40	1.2
13	40	20	30	1.4					

5.1.3　试验结果与分析

根据胶凝砂砾石材料配合比,共成型 25 组试件,试件养护 28 d 后测定抗压强度。考虑到胶凝砂砾石材料的离散性较大,三个试件强度的最大值或最小值与中间值之差控制在 20%,试验结果见表 5-7。

表 5-7　正交试验结果汇总表

编号	1	2	3	4	5	6	7	8	9	10	11	12	13
抗压强度/MPa	0.91	1.56	1.93	2.01	1.85	2.19	2.08	2.21	2.50	1.75	2.77	3.16	2.98

编号	14	15	16	17	18	19	20	21	22	23	24	25	
抗压强度/MPa	1.83	1.35	3.86	4.63	2.93	3.16	3.08	4.50	4.11	5.34	5.56	6.70	

先对表 5-7 中的 25 组数据进行 PPR 回归分析,反映投影灵敏度指标的光滑系数 $S = 0.60$,投影方向初始值 $M = 6$,最终投影方向 $MU = 2$,PPR 模型回归分析结果见表 5-8。

对于胶凝砂砾石抗压强度:

$$\boldsymbol{\beta} = (1.027\ 1, 0.278\ 9)$$

$$\boldsymbol{\alpha} = \begin{pmatrix} 0.064\ 0 & -0.005\ 1 & 0.997\ 9 \\ -0.003\ 2 & 0.026\ 2 & -0.999\ 6 \end{pmatrix}$$

表 5-8　PPR 模型回归分析结果

试验号	抗压强度			
	实测值/MPa	拟合值/MPa	绝对误差/MPa	相对误差/%
1	0.910	0.950	0.040	4.4
2	1.560	1.304	−0.256	−16.4
3	1.930	1.597	−0.333	−17.3
4	2.010	1.844	−0.166	−8.3
5	1.850	2.038	0.188	10.2
6	2.190	2.080	−0.110	−5.0
7	2.080	2.275	0.195	9.4
8	2.210	2.407	0.197	8.9
9	2.500	2.575	0.075	3.0
10	1.750	0.841	−0.909	−51.9
11	2.770	2.840	0.070	2.5
12	3.160	3.048	−0.112	−3.5
13	2.980	3.280	0.300	10.1
14	1.830	1.874	0.044	2.4
15	1.350	2.270	0.920	68.1
16	3.860	3.860	0	0
17	4.630	4.112	−0.518	−11.2
18	2.920	3.025	0.105	3.6
19	3.160	3.486	0.326	10.3
20	3.080	3.982	0.902	29.3
21	4.500	4.945	0.445	9.9
22	4.110	4.374	0.264	6.4
23	5.340	4.881	−0.459	−8.6
24	5.560	5.322	−0.238	−4.3
25	6.700	5.729	−0.971	−14.5

　　由表 5-8 可以看到,胶凝砂砾石抗压强度的实测值和拟合值吻合较好,多数试验的相对误差小于 20%,个别试验的相对误差大于 20%。原因是胶凝砂砾石材料不同于混凝土

材料,其原材料为不考虑级配的天然砂砾石,抗压强度变异系数一般较大,同时受到人为因素、养护环境的影响,会出现个别试验的相对误差较大。对于抗压强度,自变量的相对权值关系为:胶材用量 1.000 0、水胶比 0.417 4、细料含量 0.214 4,说明胶材用量对抗压强度的影响最大,其次是水胶比,这与极差分析结果相同。

为进一步研究各因素在不同水平下对胶凝砂砾石材料的抗压强度的影响规律,又进行了 PPR 单因素仿真分析,结果见表 5-9。通过极差分析与 PPR 单因素仿真分析对比,并绘制各因素在不同水平统计方法下的关系曲线图,见图 5-1~图 5-3。

表 5-9　PPR 单因素仿真分析结果

胶材用量($X=30,S=1.0$)		细料含量($J=60,S=1.0$)		水胶比($J=60,X=30$)	
水平值	抗压强度/MPa	水平值	抗压强度/MPa	水平值	抗压强度/MPa
45	1.60	20	2.84	0.6	2.10
52.5	2.36	25	3.09	0.8	2.74
60	3.21	30	3.21	1.0	3.21
67.5	4.23	35	3.15	1.2	3.37
75	5.33	40	2.93	1.4	3.21

注:J 为胶材用量,kg/m³;X 为细料含量(%);S 为水胶比。

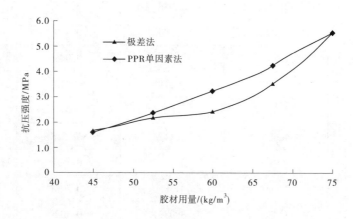

图 5-1　胶材用量与抗压强度关系曲线

由图 5-1 可以看出,两条曲线变化趋势相同,当胶材用量在 45~67.5 kg/m³ 时,胶凝砂砾石材料的抗压强度随着胶材用量的增加而增大,但增幅较平缓;当胶材用量大于 67.5 kg/m³ 时,曲线斜率变大,抗压强度明显增大,此时胶凝材料不仅仅起填充作用,更重要的是发挥胶结功效,使胶凝砂砾石材料力学性能更接近混凝土,其抗压强度突然增大。胶材用量越少时,砂砾石表面形成的胶凝产物越少,摩阻力越大;反之,摩阻力则越小。当胶材用量很少时,不能形成足够的胶凝产物胶结砂砾料;随着胶材用量的增加,胶凝产物可以充分地胶结砂砾石,此时材料抗压强度较高。

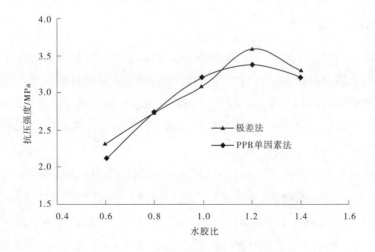

图 5-2　水胶比与抗压强度关系曲线

由图 5-2 可以看出,胶凝砂砾石材料的抗压强度随水胶比的增大出现先增大后减小的趋势,当水胶比达到 1.2 时,抗压强度最大;当水胶比大于 1.2 时,抗压强度开始减小。这个规律说明,水胶比过大,振捣击实后拌和物容易泌水,试件内部空隙率增加,导致抗压强度降低。水胶比太小,拌和料过于干涩,近似散粒状,颗粒之间的摩擦阻力很大,振捣击实困难,达不到较高的密实度,抗压强度偏低。

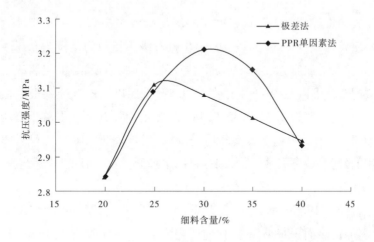

图 5-3　细料含量与抗压强度关系曲线

由图 5-3 可以看出,当细料含量在 25%～30% 时,胶凝砂砾石材料的抗压强度达到最大,表明此时胶凝砂砾石材料的振实密度较大,试件比较密实。当细料含量小于 25% 时,胶凝砂砾石材料内部的粗骨料较多,细料不足以填充粗骨料间的空隙,骨架疏松;当细料含量大于 30% 时,细料承担了部分骨架作用,且骨料总比表面积增大,胶凝砂砾石材料形成的浆体不能完全裹覆骨料,抗压强度降低较多。

5.1.4　配合比优选

胶凝砂砾石材料是一种多成分的材料,典型的胶凝砂砾石材料具有弹性、黏性和塑性的特征。胶凝砂砾石材料的弹性、黏性和塑性主要取决于胶凝材料的性质、胶凝层的厚度及胶凝材料与砂砾石料相互作用的特性。胶凝砂砾石材料的强度由堆石料的强度和胶凝材料与砂砾石之间的黏聚力两部分组成,胶凝材料的配合比中各个因素水平值的变化,都将引起胶凝砂砾石材料强度的变化。

胶凝砂砾石材料配合比优选的目的就是希望胶凝砂砾石材料既能满足实际工程的需要,又能体现出优选的配合比具有代表性,突出其材料安全性和经济性的特点。百米高级大坝的自重应力仅为 2 MPa 左右,考虑 50% 的材料的安全储备,材料的抗压强度只需 3 MPa。从 25 组配合比中发现多组配合比都满足 3 MPa 的要求,材料在满足安全的前提下,成本越低越经济,因此最终优选配合比为:水泥用量 40 kg/m³、粉煤灰用量 20 kg/m³、细料含量 30%、水胶比 1.2。

5.2　大粒径水工沥青混凝土材料配合比优选方法

5.2.1　试验方案

国内碾压式沥青混凝土心墙材料的矿料级配指数多在 0.38~0.42,《土石坝沥青混凝土面板和心墙设计规范》(SL 501—2010)中推荐级配指数的范围为 0.35~0.44。根据工程实际,最大粒径增加后,大于 2.36 mm 粒径的颗粒将有所增加,可将级配指数的下限值控制在常规配合比上限值中,下限选择为 0.42,按照以往的规律向上取值,以 0.03 为梯度,初步选择级配指数为 0.42、0.45、0.48。推荐的碾压式沥青混凝土心墙材料的填料用量范围为 10%~16%。根据工程实际情况,借鉴近年来新疆多个工程碾压式沥青混凝土配合比使用的经验,级配指数增加,细骨料用量降低,填料用量也应适当降低,填料用量初定为 8%、10%、12%。

骨料最大粒径由 19 mm 增大到 37.5 mm 后,随着骨料粒径的增大,级配指数应适当增加,随着骨料的比表面积减小,油石比应适当降低,在水工沥青混凝土适宜的填料浓度下,填料用量亦适当降低。因此,以常规配合比的油石比为上限值,分别以 0.3% 的油石比为梯度向下降低,初步选择油石比为 5.2%、5.5%、5.8%、6.1%、6.4%。

试验采用均匀设计试验方案,根据选择的沥青混凝土配合比的三个参数,即矿料级配指数、填料用量和油石比为影响因素,每个因素取 3~5 个水平。参考任露泉编著的《试验优化设计与分析》(第 2 版),按 $U_{15}(15^8)$ 均匀表安排试验方案。15 组试验的沥青混凝土配合比参数详列于表 5-10 中。

表 5-10　15 组配合比试验参数

编号	最大粒径/mm	油石比/%	填料用量/%	级配指数	空列
1	42	5.8	8	0.42	3
2	42	6.4	10	0.42	5
3	42	5.5	12	0.42	2
4	42	6.4	8	0.42	5
5	42	5.5	8	0.42	2
6	42	6.1	10	0.45	4
7	42	5.5	12	0.45	2
8	42	6.1	8	0.45	4
9	42	5.2	10	0.45	1
10	42	6.1	10	0.45	4
11	42	5.2	12	0.48	1
12	42	5.8	8	0.48	3
13	42	5.2	10	0.48	1
14	42	5.8	12	0.48	3
15	42	6.4	12	0.48	5

5.2.2　试验结果

在沥青混凝土初步配合比选定试验中,以试件孔隙率、劈裂抗拉强度、马歇尔稳定度和马歇尔流值为考核指标,试验结果见表 5-11。

5.2.3　优选标准

参考近几年新疆已建的 8 座典型工程,统计它们的心墙沥青混凝土配合比设计参数,见表 5-12,骨料最大粒径均为 19 mm、平均级配指数为 0.38、平均填料用量为 12.6%、平均油石比为 6.8%,作为该次试验使用的配合比。

按上述典型配合比分别成型大型和常规马歇尔试件各 9 个,其中:两组各 6 个试件进行马歇尔试验,浸水温度为 40 ℃;两组各 3 个试件进行劈裂抗拉强度试验,试验温度为15 ℃。试验结果见表 5-13。

表 5-11　15 组配合比试验结果

试件组编号	级配指数	填料用量/%	油石比/%	实测密度值/(g/cm³)	最大理论密度值/(g/cm³)	孔隙率/%	马歇尔流值/(0.1 mm)	马歇尔稳定度/kN	劈裂抗拉强度/MPa	沥青薄膜厚度/μm
1	0.42	8.0	5.8	2.45	2.47	1.13	7.44	16.71	0.89	9.527
2	0.42	10.0	6.4	2.42	2.46	1.53	11.53	14.04	0.77	9.038
3	0.42	12.0	5.5	2.46	2.49	1.31	8.29	15.41	0.98	6.674
4	0.42	8.0	6.4	2.43	2.45	1.09	10.95	13.01	0.76	10.607
5	0.42	8.0	5.5	2.45	2.48	1.42	7.32	18.62	1.04	8.992
6	0.45	10.0	6.1	2.43	2.47	1.36	11.52	14.48	0.87	8.688
7	0.45	12.0	5.5	2.45	2.49	1.64	13.95	15.16	0.93	6.748
8	0.45	8.0	6.1	2.43	2.46	1.49	11.28	14.01	0.89	10.224
9	0.45	10.0	5.2	2.46	2.50	1.59	9.13	17.49	1.15	7.303
10	0.45	10.0	6.1	2.44	2.47	1.19	10.99	15.27	0.93	8.688
11	0.48	12.0	5.2	2.47	2.50	1.38	10.13	15.27	1.12	6.417
12	0.48	8.0	5.8	2.45	2.48	1.16	11.05	14.41	1.06	9.829
13	0.48	10.0	5.2	2.47	2.50	1.07	9.84	15.94	1.19	7.394
14	0.48	12.0	5.8	2.45	2.48	1.30	13.00	12.19	0.97	7.226
15	0.48	12.0	6.4	2.43	2.46	1.11	15.15	11.65	0.77	8.045

表 5-12　新疆建设的典型工程配合比设计参数统计

序号	工程名称	骨料最大粒径/mm	级配指数	填料用量/%	油石比/%
1	五一水库	19	0.36	12	6.7
		19	0.36	12	6.4
2	大石门水库	19	0.42	11	6.7
		19	0.39	13	7.0
3	吉尔格勒德水库	19	0.36	13	6.9
4	尼雅水库	19	0.39	13	6.6
		19	0.36	13	6.9
5	阿拉沟水库	19	0.38	14	6.6
6	奴尔水库	19	0.39	12	6.7
7	阿克肖水库	19	0.40	11	6.5
8	库什塔依水电站	19	0.38	14.4	8.0
	平均值	19	0.38	12.6	6.8

表 5-13　两种试件试验结果及统计分析

试验组号	常规马歇尔试验			大型马歇尔试验		
	稳定度/kN	流值/(0.1 mm)	劈裂抗拉强度/MPa	稳定度/kN	流值/(0.1 mm)	劈裂抗拉强度/MPa
1	7.50	52.6	1.03	14.09	118.7	0.73
2	7.53	52.9	1.08	14.82	135.9	0.78
3	7.78	54.9	1.05	15.53	137.1	0.75
4	7.91	54.0	—	15.30	137.7	—
5	7.64	53.3	—	14.73	116.7	—
6	7.15	50.7	—	15.37	119.8	—
平均值 $\bar{x}$	7.58	53.1	1.05	14.97	127.6	0.75
标准差 S	0.263	1.424	0.025	0.536	10.198	0.025
$\bar{x}-2S$	7.054	50.252	1.000	13.898	107.204	0.700
$\bar{x}-3S$	6.791	48.828	0.975	13.362	97.006	0.675

　　通过对比两种试验的马歇尔稳定度、马歇尔流值和劈裂抗拉强度的试验结果,并进行统计分析。根据质量控制图的要求,以下警告线($\bar{x}-2S$)为控制标准,初步确定 37.5 mm 骨料的心墙沥青混凝土配合比优选标准如下:马歇尔稳定度宜大于 13.90 kN,劈裂抗拉强度宜大于 0.70 MPa,考虑材料要有较强的适应变形能力,马歇尔流值宜大于 107.3×0.1 mm,满足上述要求的有 2 号、6(10)号、7 号、8 号、12 号配合比。

　　综合考虑配制的沥青混凝土沥青薄膜厚度,对初选的配合比进一步优选,沥青薄膜厚度计算如表 5-14 所示。

表 5-14　15 组配合比沥青混合料沥青薄膜厚度计算

筛孔尺寸/mm	表观密度/(g/cm³)	表面积系数	各配合比矿料级配/%							
			1号	2号	3号	4号	5号	6号	7号	8号
42			100.00	100.00	100.00	100.00	100.00	100.00	100.00	100.00
31.5	2.71	0.004 1	96.80	96.87	96.94	96.80	96.80	96.71	96.78	96.64
26.5		0.004 1	85.54	85.85	86.16	85.54	85.54	85.11	85.45	84.78
19	2.71	0.004 1	75.60	76.13	76.66	75.60	75.60	75.01	75.57	74.46
16		0.004 1	70.69	71.32	71.96	70.69	70.69	70.02	70.69	69.36
13.2	2.70	0.004 1	63.31	64.11	64.91	63.31	63.31	62.64	63.47	61.81
9.5		0.004 1	57.23	58.16	59.09	57.23	57.23	56.57	57.53	55.60
4.75	2.70	0.004 1	42.39	43.65	44.90	42.39	42.39	41.98	43.27	40.69
2.36	2.70	0.008 2	31.68	33.17	34.65	31.68	31.68	31.49	33.02	29.97
1.18		0.016 4	24.14	25.79	27.44	24.14	24.14	24.65	26.33	22.98
0.6	2.68	0.028 7	18.87	20.63	22.39	18.87	18.87	19.86	21.64	18.08
0.3		0.061 4	11.97	13.88	15.80	11.97	11.97	13.60	15.52	11.68
0.15		0.122 9	9.22	11.20	13.17	9.22	9.22	11.11	13.09	9.13
0.075	2.85	0.327 7	8.33	10.33	12.32	8.33	8.33	10.30	12.30	8.31
理论最大密度/(g/cm³)			2.474	2.456	2.490	2.453	2.485	2.466	2.490	2.464
实测密度/(g/cm³)			2.446	2.418	2.457	2.427	2.450	2.433	2.449	2.427
沥青用量/%			5.8	6.4	5.5	6.4	5.5	6.1	5.5	6.1
有效沥青用量/%			5.7	6.3	5.4	6.3	5.4	6.0	5.4	6.0
比表面积/(m²/kg)			6.381	7.489	8.597	6.381	6.381	7.392	8.502	6.281
沥青薄膜厚度/μm			9.527	9.038	6.674	10.607	8.992	8.688	6.748	10.224

续表 5-14

筛孔尺寸/mm	表面积系数	表观密度/(g/cm³)	各配合比矿料级配/%						
			9 号	10 号	11 号	12 号	13 号	14 号	15 号
42	0.004 1	2.71	100.00	100.00	100.00	100.00	100.00	100.00	100.00
31.5	0.004 1		96.71	96.71	96.62	96.47	96.55	96.62	96.62
26.5	0.004 1		85.11	85.11	84.72	84.03	84.37	84.72	84.72
19	0.004 1	2.71	75.01	75.01	74.47	73.31	73.89	74.47	74.47
16	0.004 1		70.02	70.02	69.42	68.03	68.73	69.42	69.42
13.2	0.004 1	2.70	62.64	62.64	62.05	60.33	61.19	62.05	62.05
9.5	0.004 1	2.70	56.57	56.57	56.00	54.00	55.00	56.00	56.00
4.75	0.004 1	2.70	41.98	41.98	41.69	39.04	40.36	41.69	41.69
2.36	0.008 2		31.49	31.49	31.47	28.36	29.92	31.47	31.47
1.18	0.016 4		24.65	24.65	25.27	21.88	23.58	25.27	25.27
0.6	0.028 7	2.68	19.86	19.86	20.93	17.34	19.14	20.93	20.93
0.3	0.061 4		13.60	13.60	15.26	11.41	13.34	15.26	15.26
0.15	0.122 9		11.11	11.11	13.01	9.05	11.03	13.01	13.01
0.075	0.327 7	2.85	10.30	10.30	12.27	8.29	10.28	12.27	12.27
理论最大密度/(g/cm³)			2.498	2.466	2.501	2.475	2.500	2.479	2.458
实测密度/(g/cm³)			2.459	2.433	2.466	2.446	2.473	2.447	2.431
沥青用量/%			5.2	6.1	5.2	5.8	5.2	5.8	6.4
有效沥青用量/%			5.1	6.0	5.1	5.7	5.1	5.7	6.3
比表面积/(m²/kg)			7.392	7.392	8.412	6.188	7.300	8.412	8.412
沥青薄膜厚度/μm			7.303	8.688	6.417	9.823	7.394	7.226	8.045

　　由表 5-14 可以看出：2 号配合比（沥青用量为 6.4%，级配指数为 0.42，填料用量为 10%）、8 号配合比（沥青用量为 6.1%，级配指数为 0.45，填料用量为 8%）和 12 号配合比（沥青用量为 5.8%，级配指数为 0.48，填料用量为 8%）的沥青薄膜厚度分别为 9.038 μm、10.224 μm 和 9.823 μm，形成了过多的自由沥青。因此，上述 15 组配合比（其中配合比 6 和配合比 10 相同，实际只有 14 组配合比）中可选择 6 号（沥青用量为 6.1%，级配指数为 0.45，填料用量为 10%）和 7 号（沥青用量为 5.5%，级配指数为 0.45，填料用量为 12%）为基础配合比。

　　为了更进一步探寻大粒径沥青混凝土级配指数、沥青用量和填料用量对马歇尔稳定度、马歇尔流值及劈裂抗拉强度的影响规律，基于上述 15 组配合比的试验结果，采用投影寻踪回归（PPR）无假定建模技术进行建模分析。对该次试验中得到的 15 组数据进行 PPR 分析，反映投影灵敏度指标的光滑系数取 0.50，投影方向初始值 $M=5$，最终投影方向取 $MU=3$。模型参数 N、P、Q、M、MU 分别为 15、3、1、4、3。

　　对于马歇尔稳定度的岭函数权重系数 $\beta=(1.029\ 0,0.355\ 7,0.339\ 0)$，各个自变量的相对贡献权重（按从大到小排序）为沥青用量、级配指数、填料用量；投影方向 α_i 为

$$\begin{pmatrix}\alpha_1\\\alpha_2\\\alpha_3\end{pmatrix}=\begin{pmatrix}-0.058\ 7 & -0.128\ 9 & -0.989\ 9\\-0.092\ 6 & -0.220\ 3 & 0.971\ 0\\-0.038\ 3 & 0.741\ 3 & -0.670\ 1\end{pmatrix}$$

　　对于马歇尔流值的岭函数权重系数 $\beta=(0.974\ 9,0.274\ 9,0.550\ 5)$，各个自变量的相对贡献权重（按从大到小排序）为沥青用量、级配指数、填料用量；投影方向 α_i 为

$$\begin{pmatrix}\alpha_1\\\alpha_2\\\alpha_3\end{pmatrix}=\begin{pmatrix}0.048\ 3 & 0.126\ 0 & 0.990\ 9\\-0.269\ 0 & 0.698\ 5 & 0.663\ 2\\0.177\ 8 & -0.206\ 9 & -0.962\ 1\end{pmatrix}$$

　　对于劈裂抗拉强度的岭函数权重系数 $\beta=(0.950\ 3,0.192\ 7,0.191\ 4)$，各个自变量的相对贡献权重（按从大到小排序）为沥青用量、级配指数、填料用量；投影方向 α_i 为

$$\begin{pmatrix}\alpha_1\\\alpha_2\\\alpha_3\end{pmatrix}=\begin{pmatrix}0.066\ 0 & -0.066\ 8 & -0.995\ 6\\-0.188\ 4 & 0.211\ 6 & 0.959\ 0\\0.075\ 8 & -0.198\ 2 & -0.977\ 2\end{pmatrix}$$

　　投影寻踪回归分析结果与试验数据对照见表 5-15。

　　由表 5-15 可以看出，均匀试验数据进行 PPR 无假定非参数建模（$S=0.5$，$M=5$，$MU=3$）得出的仿真值误差 δ 的最大值小于 20%，说明仿真所选参数较为合理，能准确地反映出试验数据的客观规律。采用投影寻踪回归模型对其余 31 组数据进行仿真计算，仿真结果如表 5-16 所示。

表 5-15　沥青混合料考核指标仿真结果（一）

试验序号	级配指数	填料用量/%	沥青用量/%	马歇尔流值			马歇尔稳定度			劈裂抗拉强度		
				y/mm	$\hat{y}$/(0.1 mm)	δ/%	y/kN	$\hat{y}$/kN	δ/%	y/MPa	$\hat{y}$/MPa	δ/%
1	0.42	8	5.8	7.44	8.23	10.6	16.71	16.64	-0.4	0.89	0.93	4.5
2	0.42	10	6.4	11.53	11.10	-3.7	14.04	14.00	-0.3	0.77	0.76	-1.3
3	0.42	12	5.5	8.29	9.87	19.1	15.41	15.97	3.6	0.98	0.96	-2.0
4	0.42	8	6.4	10.95	9.97	-9.0	13.01	13.74	5.6	0.76	0.78	2.6
5	0.42	8	5.8	7.32	7.31	-0.1	18.62	18.17	-2.4	1.04	1.01	-2.9
6	0.45	10	6.1	11.52	11.52	0	14.48	14.30	-1.2	0.87	0.87	0
7	0.45	12	5.5	13.95	11.22	-19.6	15.16	14.83	-2.2	0.93	0.98	5.4
8	0.45	8	6.1	11.28	10.90	-3.4	14.01	14.23	1.6	0.89	0.9	1.1
9	0.45	10	5.2	9.13	8.46	-7.3	17.49	17.54	0.3	1.15	1.13	-1.7
10	0.45	10	6.1	10.99	11.52	4.8	15.27	14.30	-6.4	0.93	0.86	-7.5
11	0.48	12	5.2	10.13	10.91	7.7	15.27	14.61	-4.3	1.12	1.13	0.9
12	0.48	8	5.8	11.05	11.19	1.3	14.41	14.63	1.5	1.06	1.06	0
13	0.48	10	5.2	9.84	9.81	-0.3	15.94	16.25	1.9	1.19	1.2	0.8
14	0.48	12	5.8	13.00	13.17	1.3	12.19	12.98	6.5	0.97	0.95	-2.1
15	0.48	12	6.4	15.15	14.90	-1.7	11.65	11.44	-1.8	0.77	0.79	2.6

注：y 为实测值，$\hat{y}$ 为仿真值。

表 5-16　沥青混合料考核指标仿真结果（二）

试验序号	级配指数	填料用量/%	沥青用量/%	马歇尔稳定度/kN	马歇尔流值/(0.1 mm)	劈裂抗拉强度/MPa	沥青薄膜厚度/μm
16	0.42	8	5.2	18.15	7.69	1.12	8.460
17	0.42	8	6.1	15.14	9.11	0.86	10.065
18	0.42	10	5.2	18.54	7.55	1.07	7.208
19	0.42	10	5.5	17.58	8.34	0.99	7.661
20	0.42	10	5.8	16.35	9.33	0.91	8.117
21	0.42	10	6.1	15.12	10.32	0.84	8.576
22	0.42	12	5.2	16.97	8.88	1.03	6.279
23	0.42	12	5.8	15.06	10.69	0.89	7.071
24	0.42	12	6.1	14.19	11.62	0.81	7.471
25	0.42	12	6.4	13.24	12.95	0.77	7.873

续表 5-16

试验序号	级配指数	填料用量/%	沥青用量/%	马歇尔稳定度/kN	马歇尔流值/(0.1 mm)	劈裂抗拉强度/MPa	沥青薄膜厚度/μm
26	0.45	8	5.2	17.79	8.33	1.17	8.593
27	0.45	8	5.5	17.07	8.68	1.09	9.133
28	0.45	8	5.8	15.68	9.79	0.99	9.677
29	0.45	8	6.4	13.04	11.68	0.81	10.775
30	0.45	10	5.5	16.40	9.63	1.03	7.762
31	0.45	10	5.8	15.32	10.74	0.94	8.224
32	0.45	10	6.4	13.19	12.32	0.79	9.156
33	0.45	12	5.2	15.78	10.08	1.07	6.349
34	0.45	12	5.8	14.03	12.08	0.91	7.150
35	0.45	12	6.1	13.25	12.87	0.84	7.554
36	0.45	12	6.4	12.38	13.70	0.78	7.961
37	0.48	8	5.2	17.09	8.45	1.19	8.723
38	0.48	8	5.5	15.88	9.90	1.14	9.272
39	0.48	8	6.1	13.43	12.29	0.96	10.379
40	0.48	8	6.4	12.33	13.19	0.87	10.938
41	0.48	10	5.5	15.20	10.94	1.09	7.859
42	0.48	10	5.8	14.26	12.06	1.00	8.327
43	0.48	10	6.1	13.41	12.97	0.91	8.797
44	0.48	10	6.4	12.31	13.81	0.82	9.271
45	0.48	12	5.5	13.74	12.16	1.04	6.820
46	0.48	12	6.1	12.23	14.10	0.87	7.634

　　利用实测的 14 组配合比和 PPR 投影寻踪仿真的 31 组配合比数据,绘制不同沥青用量、级配指数和填料用量条件下的马歇尔流值、劈裂抗拉强度、马歇尔稳定度的等值线图,如图 5-4~图 5-6 所示。

　　由图 5-4 可以看出:随着级配指数的增大,马歇尔流值有增大的趋势;级配指数一定,填料用量和沥青用量增加时,马歇尔流值随之增大。其原因是级配指数增大,矿料的比表面积减小,沥青混合料中的沥青胶浆所占比例增大,沥青混凝土的流动性增大,柔性增强。

　　由图 5-5 可以看出:随着级配指数的增大,沥青混凝土的劈裂抗拉强度随之增大;级配指数一定时,随着填料用量和沥青用量的增加,劈裂抗拉强度均出现减小的趋势。级配指数越大,粗骨料越多,骨料间的咬合力增强,导致劈裂抗拉强度增加;填料用量和沥青用量越大,沥青混合料中的沥青胶浆比例增大,使劈裂抗拉强度减小。

　　由图 5-6 可以看出:随着级配指数的增大,沥青混凝土的马歇尔稳定度呈现减小的趋势;级配指数一定时,随着填料用量和沥青用量的增加,马歇尔稳定度随之减小。说明级配指数的增大,矿料的比表面积减小,沥青混合料中的沥青胶浆所占比例增大,沥青混凝土的马歇尔稳定度减小。综合投影寻踪回归分析结果及计算的沥青薄膜厚度,可增加 23 号、41 号配合比为初选配合比。

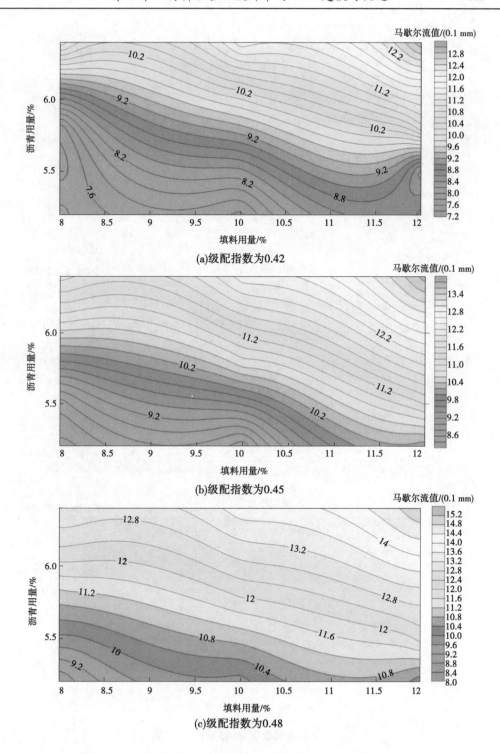

图 5-4　不同级配指数、填料用量与沥青用量对马歇尔流值的影响

综合对比试验结果,在满足心墙沥青混凝土强度和变形的前提下,初步优选出了 4 组配合比,分别为 6 号配合比(级配指数 0.45、填料用量 10%、沥青用量 6.1%)、7 号配合比

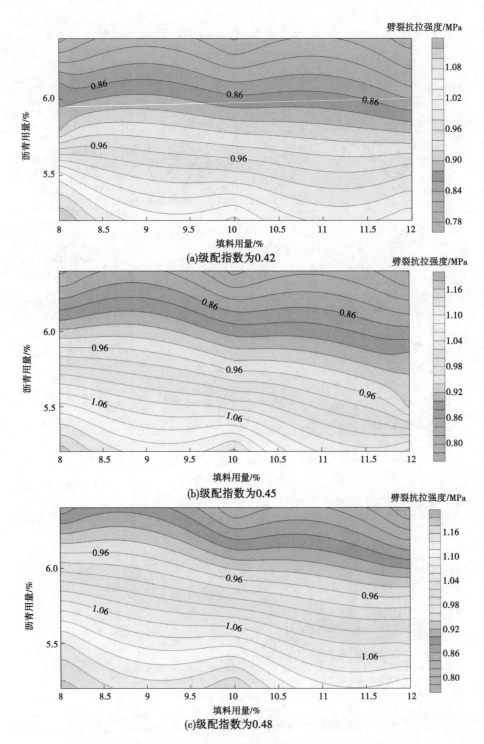

图 5-5　不同级配指数、填料用量与沥青用量对劈裂抗拉强度的影响

（级配指数 0.45、填料用量 12%、沥青用量 5.5%），以及 PPR 回归分析得出的 23 号配合比（级配指数 0.42、填料用量 12%、沥青用量 5.8%）、41 号配合比（级配指数 0.48、填料用

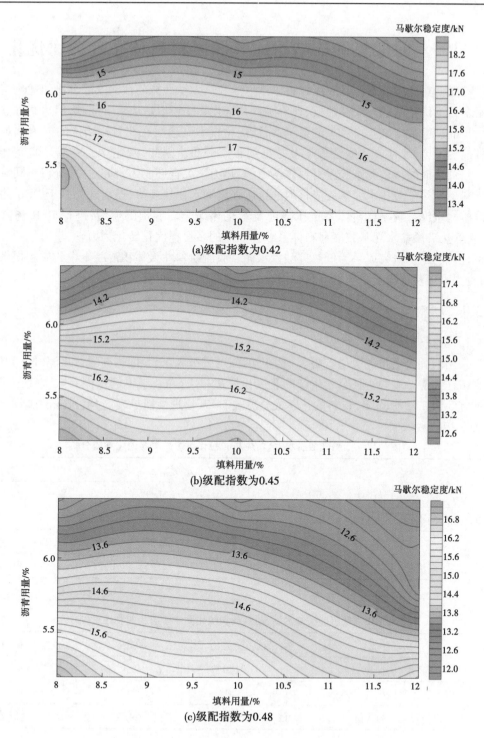

(a)级配指数为0.42

(b)级配指数为0.45

(c)级配指数为0.48

图 5-6　不同级配指数、填料用量与沥青用量对马歇尔稳定度的影响
量 10%、沥青用量 5.5%）。

5.3　三元低热硅酸盐水泥基胶凝材料体系配合比优化

　　三元低热硅酸盐水泥基胶凝材料体系力学和热力学性能的预测及配合比的优化实际上是多目标优化问题。线性加权、评价函数和进化算法可以解决这一问题，但这些方法需要大量的试验数据来获得可靠的系统，而且优化模型是建立在非目标给定的人为主观假设的前提下，如线性或非线性假设及数据的正态分布。因此，所建立的模型并非完全客观。以低热硅酸盐水泥基胶凝材料体系力学、热力学综合性能为研究对象，分析不同矿物掺合料下低热硅酸盐水泥基胶凝材料的抗压强度和水化热规律，提出建立基于 PPR 的低热硅酸盐水泥基胶凝材料体系抗压强度及水化热综合性能预测模型，进行 PPR 仿真计算，将低热硅酸盐水泥基胶凝材料体系综合性能的多目标优化转化为力学、热力学两个单目标优化问题。研究成果为低热硅酸盐水泥基胶凝材料在大体积混凝土中的应用提供指导，也为水泥基混凝土材料的多目标综合性能优化问题提供参考。

5.3.1　材料与方法

5.3.1.1　材料

　　采用新疆天山水泥股份有限公司生产的强度等级为 42.5 低热硅酸盐水泥(P·LH)、哈密市仁和矿业有限责任公司生产的Ⅱ级粉煤灰(FA)和新疆屯河水泥有限责任公司生产的 S75 级矿渣粉(SL)，材料的化学成分见表 5-17，物理性能见表 5-18，水泥的矿物组成见表 5-19。

表 5-17　低热硅酸盐水泥、粉煤灰和粒化高炉矿渣粉的化学成分

材料	质量分数/%							
	CaO	SiO_2	Fe_2O_3	Al_2O_3	MgO	SO_3	R_2O *	烧失量
低热硅酸盐水泥	61.62	22.86	5.47	4.00	1.29	2.20	0.45	1.32
粉煤灰	7.70	52.43	7.11	20.92	2.94	0.95	2.90	3.00
粒化高炉矿渣粉	41.00	34.35	1.19	11.21	5.75	0.71	1.53	0.84

注：* $R_2O = Na_2O + 0.658K_2O$。

表 5-18　低热硅酸盐水泥、粉煤灰和粒化高炉矿渣粉的物理性能

物理性能	低热硅酸盐水泥	粉煤灰	粒化高炉矿渣粉
密度/(g/cm^3)	3.20	2.36	2.88
BET 法比表面积/(m^2/kg)	320	383	439
细度(45 μm 的残留)/%	9.1	24.3	—
正常一致性/%	26.6	—	—
初始设定时间/min	187	—	—
最后设定时间/min	241	—	—

续表 5-18

物理性能		低热硅酸盐水泥	粉煤灰	粒化高炉矿渣粉
活性指数/%	7 d	—	69[a]	57[b]
	28 d	—	83[a]	91[b]

注:[a] 根据《用于水泥和混凝土中的粉煤灰》(GB/T 1596—2017)测定砂浆(40 mm×40 mm×160 mm)粉煤灰活性指数。
　　[b] 根据《用于水泥和混凝土中的粉煤灰》(GB/T 1596—2017)测定砂浆(40 mm×40 mm×160 mm)粒化高炉矿渣粉活性指数。

表 5-19　水泥矿物成分

低热硅酸盐水泥	C_3S	C_2S	C_4AF	C_3A	石膏
质量分数/%	32.2	40.0	15.0	4.3	4.1

5.3.1.2　三元低热硅酸盐水泥基胶凝材料体系的配合比设计

通过 21 组配合比,研究了不同水泥基胶凝材料体系(粉煤灰或粒化高炉矿渣粉)取代低热硅酸盐水泥对力学性能和热力学性能的影响。100% 低热硅酸盐水泥或单掺水泥基胶凝材料体系形成的混合料称为对照混合料,其中粉煤灰或粒化高炉矿渣粉按质量分别占胶凝体系的 0、15%、25%、35% 和 45%。由两种水泥基胶凝材料体系组成的混合料(粉煤灰和粒化高炉矿渣粉)命名为三元混合物,其中粉煤灰和粒化高炉矿渣粉分别占胶凝体系的 15%、25%、35% 和 45%,按质量比分别为 1:1、1:2 和 2:1。表 5-20 列出了三元混合物的砂浆混合物设计。

胶凝材料力学强度按照《水泥胶砂强度检验方法(ISO 法)》(GB/T 17671—2021)要求,分别制作各组胶凝材料在 3 d、7 d、28 d 和 90 d 龄期下的 40 mm×40 mm×160 mm 胶砂试件各 3 条,经标准养护至特定龄期后按照规范方法测取平均值。表 5-20 给出了对照组和三元混合物组的抗折强度 R_b 和抗压强度 R_c,下标表示龄期。

胶凝材料水化热按照《水泥水化热测定方法》(GB/T 12959—2008)中的直接法,由实时测温系统监测各组胶凝材料水化过程中的 168 h 胶砂温度变化,并设置平行试验组,计算水化放热量。当两次测得水化热误差≤12 J/g 时,数据有效,取两组算术平均值。

表 5-20 列出了对照组和三元混合物组的水化热,其中 H 表示水化热,下标表示测试时间(天数)。

5.3.2　试验结果与分析

5.3.2.1　水泥基胶凝材料体系对力学性能的影响

分别测试了对照组和三元混合物组在第 3 天、第 7 天、第 28 天和第 90 天的抗压强度和抗折强度,结果见表 5-20。

由图 5-7 和图 5-8 可知,低热硅酸盐水泥基胶凝体系抗压强度随矿物掺合料掺量的增加而降低。相同掺合料掺量下,胶凝体系的抗压强度随掺合料比例不同而有明显差异,单掺粒化高炉矿渣粉的胶凝体系不同龄期抗压强度最高,单掺粉煤灰的胶凝体系抗压强度最低,复掺粉煤灰、粒化高炉矿渣粉的胶凝体系抗压强度随粒化高炉矿渣粉比例提高而增加,但增长幅度不与掺量成正比。

表 5-20　配合比的力学及热力学性能

组号	配合比			力学性能								热力学性能						
	L	F	G	抗折强度/MPa				抗压强度/MPa				水化热/（J/g）						
				R_{b3}	R_{b7}	R_{b28}	R_{b90}	R_{c3}	R_{c7}	R_{c28}	R_{c90}	H_1	H_2	H_3	H_4	H_5	H_6	H_7
对照组 L(100)	100	0	0	4	5.1	8.0	10.4	15.4	22.5	52.1	76.2	167	199	218	231	242	251	257
L(85)-F(15)	85	15	0	3.3	4.2	7.0	9.3	11.9	17.0	37.2	68.0	147	177	194	207	217	225	228
L(85)-G(15)	85	0	15	3.5	4.7	7.9	10.1	13.6	19.3	45.2	72.8	148	173	195	212	224	236	243
L(75)-F(25)	75	25	0	2.6	3.5	6.0	8.9	9.0	13.5	30.4	62.1	135	165	181	194	202	208	211
L(75)-G(25)	75	0	25	3.0	4.1	7.4	9.6	11.3	16.2	40.7	72.0	134	163	182	199	212	222	226
L(65)-F(35)	65	35	0	1.6	3.0	5.3	7.9	7.4	10.8	24.6	58.1	116	147	163	172	181	187	193
L(65)-G(35)	65	0	35	2.6	3.5	7.2	9.0	8.6	13.5	37.4	69.8	126	151	167	181	192	201	204
L(55)-F(45)	55	45	0	1.2	2.4	3.6	6.6	5.4	7.6	16.4	44.5	101	131	147	159	168	173	176
L(55)-G(45)	55	0	45	2.3	3.4	6.5	8.9	6.8	11.4	33.8	66.4	110	141	160	170	175	179	182
三元混合物组 L(85)-F(7.5)-G(7.5)	85	7.5	7.5	3.4	4.4	7.4	9.1	12.2	17.6	41.9	70.6	138	170	190	204	216	225	232
L(85)-F(5)-G(10)	85	5	10	3.5	4.8	7.5	10.0	12.9	18.8	43.3	71.6	146	182	197	208	218	227	230
L(85)-F(10)-G(5)	85	10	5	3.4	4.5	7.1	9.6	12.1	17.5	40.1	72.5	139	170	189	201	211	218	226
L(75)-F(12.5)-G(12.5)	75	12.5	12.5	2.6	3.7	6.6	9.0	10.4	15.2	29.9	70.1	126	158	175	188	198	207	213
L(75)-F(8.3)-G(16.7)	75	8.3	16.7	2.9	4.2	7.4	9.1	10.3	15.2	39.2	68.6	131	156	173	185	198	208	217
L(75)-F(16.7)-G(8.3)	75	16.7	8.3	2.9	3.6	6.4	9.3	11.1	17.1	34.2	71.0	125	157	173	184	191	198	202
L(65)-F(17.5)-G(17.5)	65	17.5	17.5	1.9	3.2	6.4	7.9	9.4	14.4	30.6	67.0	113	139	157	169	181	189	196
L(65)-F(11.7)-G(23.3)	65	11.7	23.3	2.0	3.0	6.2	8.7	7.9	12.1	30.8	63.3	122	144	161	176	187	196	199
L(65)-F(23.3)-G(11.7)	65	23.3	11.7	2.5	3.7	5.1	8.3	8.0	11.3	28.0	62.7	111	138	156	168	177	184	189
L(55)-F(22.5)-G(22.5)	55	22.5	22.5	1.4	3.1	5.7	8.6	6.5	11.5	27.6	61.9	104	131	146	159	169	175	180
L(55)-F(15)-G(30)	55	15	30	1.6	3.1	6.0	8.1	6.4	10.7	29.9	66.6	104	128	139	149	160	170	178
L(55)-F(30)-G(15)	55	30	15	1.1	2.4	5.1	7.1	5.3	9.5	21.7	56.8	97	125	140	150	155	160	164

注：L 代表低热硅酸盐水泥；F 代表粉煤灰；G 代表粒化高炉矿渣粉；括号内数字代表组成在胶凝体系中的百分比。

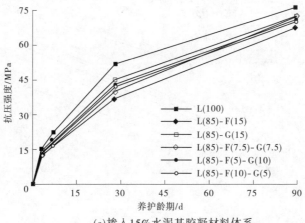

(a)掺入15%水泥基胶凝材料体系

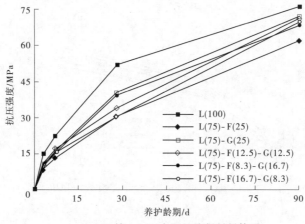

(b)掺入25%水泥基胶凝材料体系

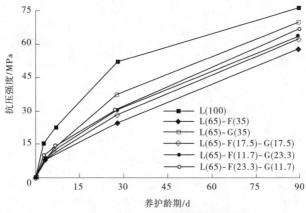

(c)掺入35%水泥基胶凝材料体系

图 5-7　胶凝体系的抗压强度

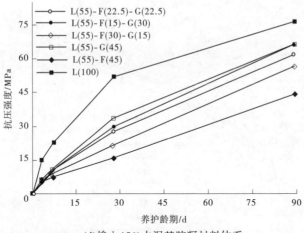

(d)掺入45%水泥基胶凝材料体系

续图 5-7

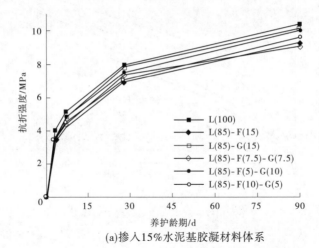

(a)掺入15%水泥基胶凝材料体系

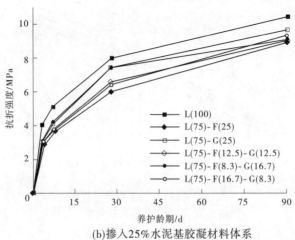

(b)掺入25%水泥基胶凝材料体系

图 5-8　胶凝体系的抗折强度

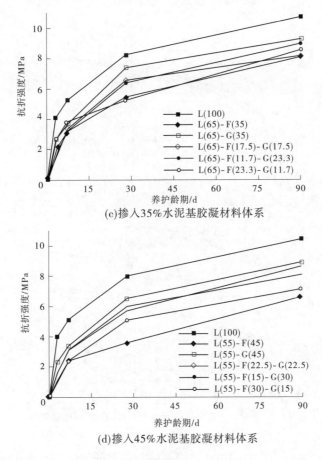

(c)掺入35%水泥基胶凝材料体系

(d)掺入45%水泥基胶凝材料体系

续图 5-8

5.3.2.2　水泥基胶凝材料体系对水化热的影响

试验测定表 5-20 所示各组胶凝材料水化热过程中的 168 h 胶砂温度并计算水化放热量,分别绘制 15%、25%、35%、45%矿物掺合料掺量下低热水泥基胶凝材料体系水化热曲线图,见图 5-9。

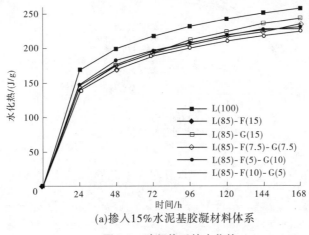

(a)掺入15%水泥基胶凝材料体系

图 5-9　胶凝体系的水化热

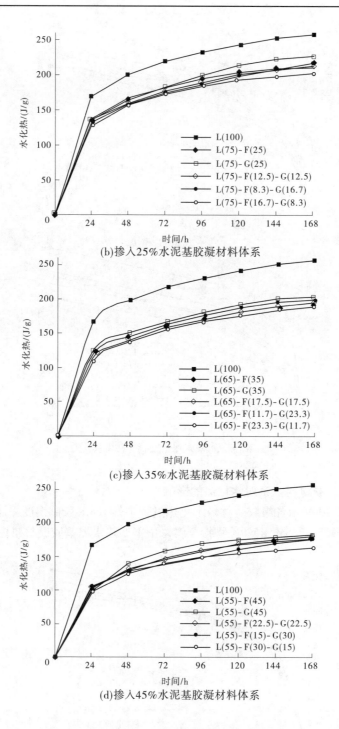

(b)掺入25%水泥基胶凝材料体系

(c)掺入35%水泥基胶凝材料体系

(d)掺入45%水泥基胶凝材料体系

续图 5-9

　　由图 5-9 可知,低热硅酸盐水泥基胶凝体系水化热随矿物掺合料掺量的增加而明显下降。相同掺量下,单掺粉煤灰的胶凝体系在不同龄期的水化热最低,单掺粒化高炉矿渣粉的胶凝体系水化热最高,复掺粉煤灰、粒化高炉矿渣粉的胶凝体系水化热介于两个单掺之间,且随粉煤灰、粒化高炉矿渣粉的掺比不同无明显差异。

5.3.2.3　基于 PPR 的力学和热力学性能计算模型

　　低热硅酸盐水泥基胶凝体系的三元混合物包括粉煤灰 (x_1)、粒化高炉矿渣粉(x_2)和低热硅酸盐水泥 (x_3)。相应的函数约束条件是

$$\begin{cases} x_1 + x_2 + x_3 = 1 \\ 0 \leqslant x_1 \leqslant 0.45 \\ 0 \leqslant x_2 \leqslant 0.45 \\ 0.55 \leqslant x_3 \leqslant 1 \end{cases} \tag{5-1}$$

　　因此,该问题实际上是带有上下界约束的非线性问题。三个组成部分的总和等于1.0;确定 x_1 和 x_2 后,即可确定 x_3。原问题可转化为一个有限制 x_1 和 x_2 的问题。

　　抗压强度和水化热分别是力学性能和热力学性能的代表性指标,因此在本书中被作为例子。用 PPR 法确定力学性能(第 7 天和第 28 天)、热力学性能(第 3 天和第 7 天)和胶凝体系比例(x_1 和 x_2)之间的关系。

　　基于抗压强度和水化热试验数据样本进行训练,建立 PPR 模型。然后利用建立的模型对建模样本进行拟合,并将其值进行比较,确定模型的准确性。然而模型样本的拟合结果并不能完全反映模型的优劣,故将测试数据分为建模样本和保留样本。在建模和拟合的基础上,对保留样本进行预测,验证模型的准确性。PPR 模型的稳定性由"精度一致性检验"准则决定,即拟合精度与预测精度一致。

　　1.建模样本选择标准

　　PPR 是在探索每个样本点所包含的数据信息的基础上,客观分析样本数据的内在结构特征,以实现其较高精度的仿真计算。因此,PPR 的样本选择对于模型计算精度至关重要。为了确定 PPR 建模样本选取准则,本书设计了图 5-10 所示的四组样本方案,通过比较对应的模型计算精度分析建模样本的分布特征。如图 5-10 所示,以粉煤灰掺量 w_F 为 x 轴,粒化高炉矿渣粉掺量 w_G 为 y 轴,将各组方案的胶凝材料组成以坐标形式表示。其中,方案 I 体现了样本点在试验区间内均匀正交的设计思想。

　　在相应的建模样本和预测样本的基础上,构建了设计方案中的 PPR 模型。模型的 6个参数分别为 $P=2,Q=1,N=9,M=5,MU=3,S=0.1$。其中:$P$ 为影响因素个数;Q 为因变量的个数;N 为建模样本数;M 和 MU 分别为岭函数的上限数和最优数,决定了模型在寻找数据内部结构时的细致程度;S 为平滑系数,它取决于测试数据的精度,决定了模型的灵敏度,其取值范围为 0~1.0,可以通过"精度一致性检验"准则确定,取值越小意味着模型灵敏度越高。PPR 建模参数取值具有客观性或可验证性,避免了人为参数赋值带来的模型非唯一性问题。

　　将相对误差设定为 5%,用于评价 PPR 模型的准确性;如果试验数据与计算值的相对误差小于 5%,则认为样品合格。表 5-21 列出了四种设计方案下的抗压强度(第 7 天和第

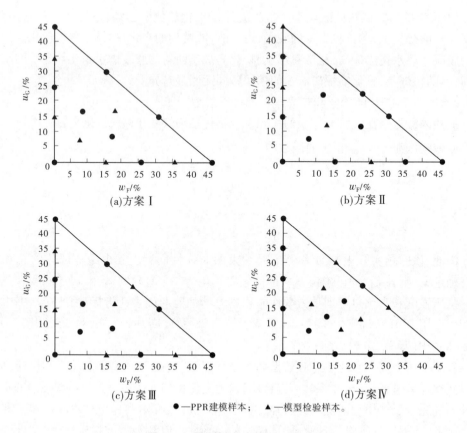

(a)方案 Ⅰ

(b)方案 Ⅱ

(c)方案 Ⅲ

(d)方案 Ⅳ

●—PPR建模样本；　▲—模型检验样本。

图 5-10　模型样本选择方案设计

28 天)和水化热(第 3 天和第 7 天)合格样本数占总样本数的百分比。根据"精度—致性检验"准则确定 PPR 模型的稳定性。

表 5-21　建模样本与预测样本的合格率　　　　　　　　　　　　%

方案	样本类型 （样本数）	抗压强度		水化热	
		第 7 天	第 28 天	第 3 天	第 7 天
Ⅰ	建模（9）	77.8	100	100	100
	预测（6）	66.7	100	100	100
Ⅱ	建模（9）	100	88.9	100	100
	预测（6）	66.7	33.3	66.7	100
Ⅲ	建模（10）	77.8	100	100	100
	预测（6）	66.7	50.0	83.3	83.3
Ⅳ	建模（13）	92.3	84.6	100	100
	预测（6）	0	33.3	83.3	66.7

结果表明,方案Ⅰ样本数量最少,建模样本的合格率与预测样本的合格率相近且最高,即均匀正交设计的思想能够更好地满足 PPR 样本数据需要。从计算精度出发,分析四种样本方案,对 PPR 建模样本的选取准则总结如下:

(1)建模样本应适当包含试验区间的边界点。

(2)建模样本的个数不与模型计算精度正相关,不宜过分追求样本数量,应尽量提高其在试验区间内的均匀分布程度,如满足均匀正交设计的原则。

2. 数据信息挖掘分析

以表 5-21 所示方案Ⅰ中第 7、28 天抗压强度和第 3、7 天水化热的 PPR 模型为例。表 5-22 给出了粉煤灰(x_1)和粒化高炉矿渣粉(x_2)组分在第 7、28、90 天抗压强度和第 3、7 天水化热上的权重系数。

表 5-22　影响因子的权重系数

影响因子	抗压强度			水化热	
	第 7 天	第 28 天	第 90 天	第 3 天	第 7 天
粉煤灰	1.000	1.000	1.000	1.000	1.000
粒化高炉矿渣粉	0.715	0.485	0.283	0.873	0.956

表 5-22 表明,与粒化高炉矿渣粉(x_2)相比,粉煤灰(x_1)对低热硅酸盐水泥基胶凝体系的抗压强度和水化热的影响更显著。粉煤灰显著降低了低热硅酸盐水泥基胶凝体系的抗压强度和水化热,而粒化高炉矿渣粉显著降低了其水化热而不降低抗压强度。

投影方向如下:

$$\begin{pmatrix} \boldsymbol{\alpha}_1 \\ \boldsymbol{\alpha}_2 \\ \boldsymbol{\alpha}_3 \end{pmatrix}_{7S} = \begin{pmatrix} -0.805\ 9 & -0.592\ 1 \\ 0.510\ 9 & -0.859\ 7 \\ 0.132\ 3 & -0.991\ 2 \end{pmatrix} \tag{5-2}$$

$$\begin{pmatrix} \boldsymbol{\alpha}_1 \\ \boldsymbol{\alpha}_2 \\ \boldsymbol{\alpha}_3 \end{pmatrix}_{28S} = \begin{pmatrix} -0.901\ 2 & -0.414\ 2 \\ 0.894\ 3 & -0.447\ 5 \\ 0.328\ 4 & -0.944\ 5 \end{pmatrix} \tag{5-3}$$

$$\begin{pmatrix} \boldsymbol{\alpha}_1 \\ \boldsymbol{\alpha}_2 \\ \boldsymbol{\alpha}_3 \end{pmatrix}_{90S} = \begin{pmatrix} -0.959\ 9 & -0.280\ 4 \\ 0.871\ 7 & -0.490\ 1 \\ -0.195\ 4 & 0.980\ 7 \end{pmatrix} \tag{5-4}$$

$$\begin{pmatrix} \boldsymbol{\alpha}_1 \\ \boldsymbol{\alpha}_2 \\ \boldsymbol{\alpha}_3 \end{pmatrix}_{3H} = \begin{pmatrix} -0.748\ 9 & -0.662\ 7 \\ 0.901\ 2 & -0.433\ 3 \\ 0.022\ 4 & -0.999\ 8 \end{pmatrix} \tag{5-5}$$

$$\begin{pmatrix} \boldsymbol{\alpha}_1 \\ \boldsymbol{\alpha}_2 \\ \boldsymbol{\alpha}_3 \end{pmatrix}_{7H} = \begin{pmatrix} -0.793\ 2 & -0.609\ 0 \\ 0.447\ 5 & -0.894\ 3 \\ -0.272\ 3 & 0.962\ 2 \end{pmatrix} \tag{5-6}$$

其中,下标 7S、28S、90S 分别表示第 7、28、90 天的抗压强度,下标 3H、7H 分别表示第 3、7 天的水化热。

以表 5-20 所示方案 L(85)第 90 天抗压强度公式(3-62)中的岭函数图 G_m 为例,如图 5-11 所示,其中纵轴和横轴分别代表 G_m 的自变量 F 和因变量 T。

将式(5-1)与式(5-2)~式(5-6)、表 5-22 中的参数及相应的岭函数相结合,得到了低热硅酸盐水泥基胶凝体系第 7、28、90 天抗压强度和第 3、7 天水化热的最终 PPR 模型。

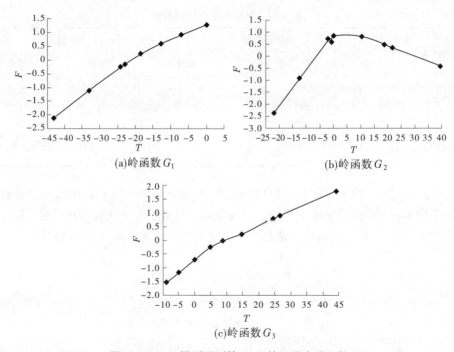

图 5-11　PPR 模型预测第 90 天抗压强度岭函数

3. PPR 模型精度分析

图 5-12 对比了表 5-20 中方案 L(85)第 7、28、90 天抗压强度和第 3、7 天水化热 PPR 模型测试和预测的结果。PPR 模型测试值与各试样试验数据吻合,抗压强度相对误差小于 9.7%,水化热相对误差小于 2.5%。第 7、28、90 天抗压强度和第 3、7 天水化热预测结果与试验数据的平均相对误差分别为 3.7%、1.7%、1.8%、0.5%、0.8%。

为了进一步评价 PPR 模型的样本选取标准和计算精度,在文献[73-75]中选取了另外一个水化热和抗压强度的试验数据。根据这些数据建立了 PPR 模型,并与其他分析方法所得结果进行了比较。计算结果比较见表 5-23。与其他方法不同,PPR 模型在相同条件下具有更高的计算精度,所需建模样本较少,但计算精度相当。

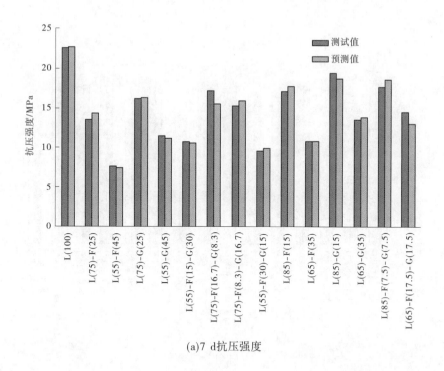

(a)7 d抗压强度

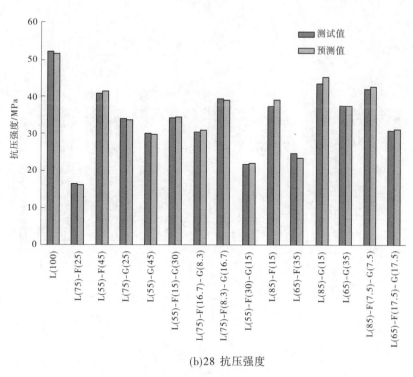

(b)28 抗压强度

图 5-12　测试值与预测值对比

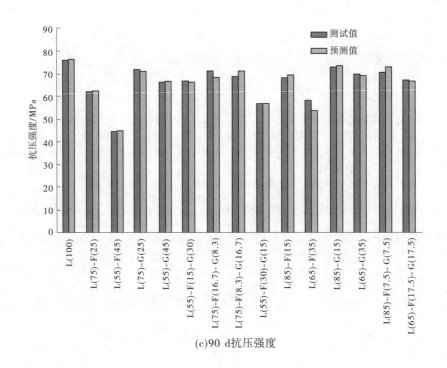

(c)90 d抗压强度

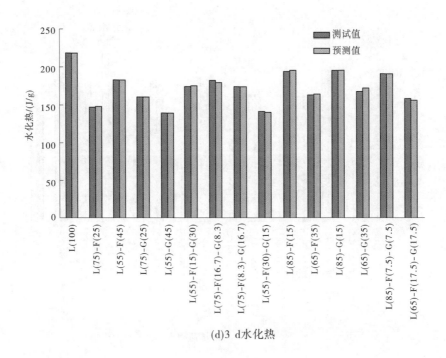

(d)3 d水化热

续图 5-12

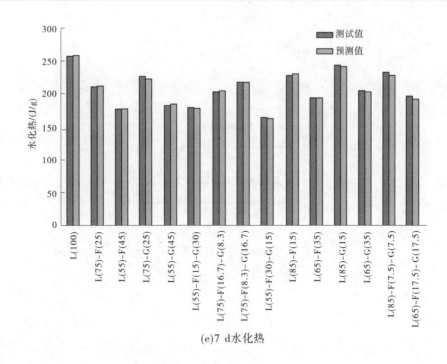

(e)7 d 水化热

续图 5-12

表 5-23　不同分析方法计算结果对比

数据	分析方法	样本编号		相对误差/%
		建模	预测	
28 d 水化热	RBF 神经网络	22	5	1.6
	PPR	22	5	1.2
28 d 抗压强度	MATLAB 神经网络	40	10	1.9
	PPR	40	10	1.7
28 d 抗压强度	BP 神经网络	34	10	2.2
	PPR	14	10	1.4

4. PPR 模型模拟计算

结果证实了 PPR 模型的稳定性和高精度。图 5-13 给出了低热硅酸盐水泥基胶凝体系的设计点。混合物中待测组分为粉煤灰和粒化高炉矿渣粉。将图 5-13 中三角形的侧面等分为 9 个,组合数为 55 个。采用方案 L(85)中第 7、28、90 天抗压强度和第 3、7 天水化热的 PPR 模型,按照低热硅酸盐水泥基胶凝体系 55 个点进行抗压强度和水化热的模拟计算。粉煤灰和粒化高炉矿渣粉的总质量分数均未超过 45%。

图 5-14 给出的等值线图说明了粉煤灰和粒化高炉矿渣粉掺量对低热硅酸盐水泥基胶凝体系第 7、28、90 天抗压强度和第 3、7 天水化热的影响。

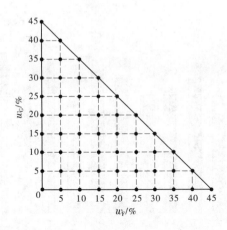

图 5-13　水泥基胶凝材料体系设计点

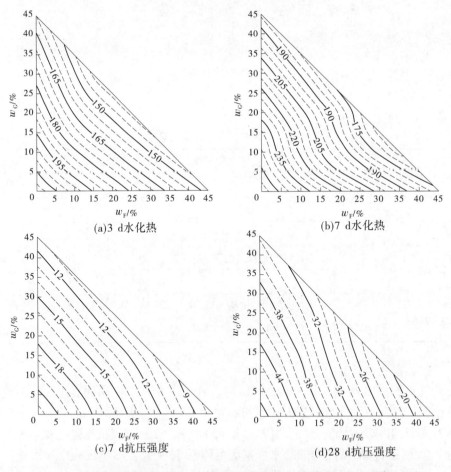

(a)3 d水化热　　　　　　　　　　　　(b)7 d水化热

(c)7 d抗压强度　　　　　　　　　　　(d)28 d抗压强度

图 5-14　不同粉煤灰掺量、粒化高炉矿渣粉掺量的抗压强度和水化热等值线图

注:抗压强度单位为 MPa,水化热单位为 J/g。

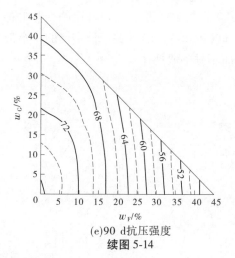

(e)90 d抗压强度

续图 5-14

5.3.2.4　基于 PPR 模型的低热硅酸盐水泥基系统配合比优化

在大体积混凝土工程建设过程中,考虑抗压强度和水化热的低热硅酸盐水泥基体系配合比优化通常是确定在一定抗压强度下水化热最低的配合比或在一定水化热下抗压强度最高的配合比。针对这一问题,首先建立了 PPR 模型,根据试验数据研究了各组分与材料相应性能之间的关系。然后利用 PPR 模型的预测数据绘制了各组分的等值线图和相应的性质。根据混凝土工程的实际强度指标和温度控制要求,通过分析抗压强度和水化热等值线图与粉煤灰掺量和粒化高炉矿渣粉掺量的函数关系,最终确定粉煤灰和粒化高炉矿渣粉的相应配合比。详细过程如图 5-15 所示。

下面举例说明该方法的应用:实际大体积混凝土工程所需的低热硅酸盐水泥基胶凝体系在第 90 天的抗压强度为 70 MPa,必须得到兼顾抗压强度和水化热的最优配合比。显然,在强度一定的情况下,水化热越低越好。因此,通过分析图 5-16 中 70 MPa 等值线和最小水化热最近等值线可以确定切点。切点坐标为对应的混合比例。根据式(5-1),最优配合比 $w_F(x_1) = 8.6\%$,

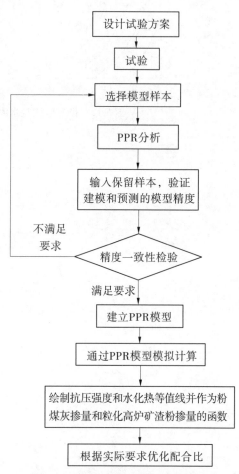

图 5-15　低热硅酸盐水泥基胶凝体系配合比优化流程

$w_G(x_2) = 24\%$，$w_{低热硅酸盐水泥}(x_3) = 67.4\%$，即最优配合比的低热硅酸盐水泥基胶凝体系抗压强度为 70 MPa，水化热最低（为 203 J/g）。关于该实例的一个最后注释是，分析结果仅基于这些检验和上述条件，而不是一般规律。

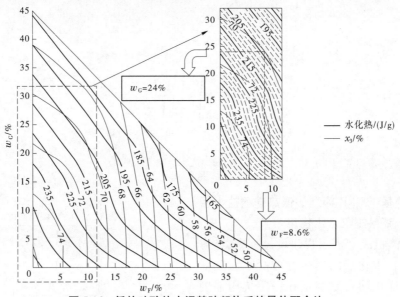

图 5-16　低热硅酸盐水泥基胶凝体系的最佳配合比

第 6 章　PPR 建模技术在材料性能研究中的应用

　　1977 年,美国统计学家 John W. Tukey 出版了《探索性数据分析》一书,引起了统计学界的关注。该书指出了统计建模应该结合数据的真实分布情况,对数据进行分析,而不应该从理论分布假定出发去构建模型。探索性数据分析(EDA)重新提出了描述统计在数据分析中的重要性,为统计学指明了新的发展方向。探索性数据分析是对调查、观测所得到的一些初步的杂乱无章的数据,在尽量少的先验假定下进行处理,通过作图、制表等形式和方程拟合、计算某些特征量等手段,探索数据的结构和规律的一种数据分析方法。

　　传统的统计分析方法通常是先假定数据服从某种分布,然后用适应这种分布的模型进行分析和预测。但实际上,多数数据(尤其是试验数据)并不能保证满足假定的理论分布。因此,传统方法的统计结果常常并不令人满意,使用上受到很大的局限。传统的统计分析方法是以概率论为理论基础,对各种参数的估计、检验和预测给出具有一定精度的度量方法和度量值。而 EDA 在探索数据内在的数量特征、数量关系和数量变化时,什么方法可以达到这一目的就采用什么方法,灵活对待,灵活处理。方法的选择完全取决于数据本身的规律、特点和研究目的。传统的统计分析方法都比较抽象和深奥,一般人难于掌握,EDA 则更强调直观及数据可视化,使分析者能一目了然地看出数据中隐含的有价值的信息,显示出其遵循的普遍规律及与众不同的突出特点,促进发现规律,得到启迪,满足分析者多方面的要求,这也是 EDA 对于数据分析的主要贡献,PPR 无假定建模正是这种 EDA 建模技术。

6.1　沥青胶浆拉伸强度变化规律分析

　　碱性填料(如石灰石粉)与沥青的吸附性强,酸性填料(如花岗岩石粉)与沥青的吸附性较弱,影响沥青胶浆的物理、力学方面的诸多性能,进而影响沥青混凝土的相关性能(如强度、变形、水稳定性、耐久性及施工和易性)。通过对沥青胶浆在不同因素、水平下拉伸强度试验结果的分析,得到了沥青胶浆拉伸强度影响因素的主次顺序及变化规律。

6.1.1　原材料

　　试验所用沥青胶浆的原材料包括沥青(中石油克拉玛依石化有限责任公司生产的 70A 级道路石油沥青)和填料(花岗岩石粉、石灰石粉、水泥),石灰石粉和花岗岩石粉是试验室在球磨机中粉磨并通过 0.075 mm 筛得到的。水泥为新疆天山水泥股份有限公司生产的 P · O42.5 级水泥。材料技术性能指标见表 6-1、表 6-2。

表 6-1　沥青技术性能指标

项目	针入度/(0.1 mm)	延度(15 ℃)/cm	延度(10 ℃)/cm	软化点/℃
技术要求	60~80	≥100	≥25	≥46
试验结果	72.5	110.2	68.5	49.0

表 6-2　填料技术性能指标

项目	表观密度/(g/cm³)	亲水系数	含水率/%	<0.075 mm 含量/%	碱值
技术要求	≥2.5	≤1.0	≤0.5	>85	—
花岗岩石粉	2.61	0.86	0.10	100	0.21
石灰石粉	2.70	0.56	0.10	100	0.95
水泥	3.04	0.50	0.05	100	1.04

6.1.2　试验结果与 PPR 分析

根据所确定的因素水平及已有的碾压式沥青混凝土配合比设计经验,选用 $UL_9(3^4)$ 均匀正交表安排试验,选择因素为填料浓度、填料类型、试验温度。实际工程经验表明:碾压式水工沥青混凝土的填料浓度在 1.9:1 左右时,孔隙率可达到 1% 以下,故选择填料浓度为 1:1、2:1、3:1;填料类型为花岗岩石粉、石灰石粉、水泥;新疆地区沥青混凝土心墙的常年工作温度在 8~10 ℃,故选择试验温度为 10 ℃、15 ℃、20 ℃。均匀正交试验结果见表 6-3。

表 6-3　均匀正交试验结果

试验组号	填料浓度	填料类型	试验温度/℃	空列	试验结果/MPa
1	1:1	花岗岩石粉	10	2	0.35
2	1:1	石灰石粉	20	1	0.05
3	1:1	水泥	15	3	0.13
4	2:1	花岗岩石粉	20	3	0.12
5	2:1	石灰石粉	15	2	0.48
6	2:1	水泥	10	1	1.13
7	3:1	花岗岩石粉	15	1	0.69
8	3:1	石灰石粉	10	3	1.51
9	3:1	水泥	20	2	0.81

对表 6-3 中 9 组试验数据进行 PPR 分析,反映投影灵敏度指标的光滑系数 $S=0.50$, 投影方向初始值 $M=5$,最终投影方向取 $MU=4$。

对于沥青胶浆拉伸强度：

$$\boldsymbol{\beta} = (0.987\ 7, 0.099\ 5, 0.100\ 8)$$

$$\boldsymbol{\alpha} = \begin{pmatrix} 0.926\ 2 & 0.339\ 7 & -0.163\ 4 \\ -0.706\ 8 & -0.694\ 5 & 0.134\ 7 \\ 0.248\ 9 & -0.899\ 2 & 0.085\ 6 \end{pmatrix}$$

沥青胶浆拉伸强度的实测值、仿真值及误差见表 6-4。由表 6-4 可以看出，所有的仿真值与实测值吻合较好，9 组试验数据合格率为 100%，且相对误差最大仅为 -6.0%。说明 PPR 建模能够较好地反映填料浓度、试验温度、填料类型与沥青胶浆拉伸强度的关系。对于沥青胶浆的拉伸强度，自变量的相对权值关系为：填料浓度 1.000 0、试验温度 0.863 5、填料类型 0.335 3。

表 6-4　PPR 模型回归分析结果

试验组号	实测值/MPa	仿真值/MPa	绝对误差	相对误差/%
1	0.350	0.358	0.008	2.3
2	0.050	0.047	−0.003	−6.0
3	0.130	0.126	−0.004	−3.1
4	0.120	0.120	0	0
5	0.480	0.491	0.011	2.3
6	1.130	1.134	0.004	0.4
7	0.690	0.690	0	0
8	1.510	1.509	−0.001	−0.1
9	0.810	0.796	−0.014	−1.7

为进一步检验 PPR 建模的可靠性，又做了 9 组试验，并将实测值与 PPR 仿真值进行对比，检验的 9 组试验结果与 PPR 仿真值较为接近，最大相对误差为 11.4%，可以证明 PPR 建模的可靠性。检验结果见表 6-5。

表 6-5　PPR 建模检验结果

试验组号	填料浓度	填料类型	试验温度/℃	试验结果/MPa	拟合值/MPa	相对误差/%
1	2:1	花岗岩石粉	10	0.680	0.691	1.6
2	2:1	石灰石粉	10	0.930	0.944	1.5
3	2:1	水泥	10	1.120	1.134	1.2
4	2:1	花岗岩石粉	15	0.360	0.342	−5.0
5	2:1	石灰石粉	15	0.470	0.491	4.5
6	2:1	水泥	15	0.590	0.630	6.8
7	2:1	花岗岩石粉	20	0.110	0.120	9.1
8	2:1	石灰石粉	20	0.230	0.207	−10.0
9	2:1	水泥	20	0.220	0.245	11.4

为研究各因素在不同水平下对沥青胶浆拉伸强度的影响规律,采用了 PPR 单因素仿真分析,并绘制各因素在不同水平下的关系曲线,见图 6-1。

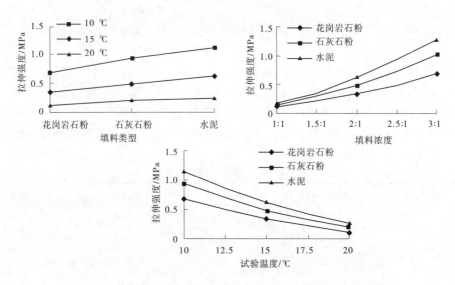

图 6-1　填料类型、填料浓度、试验温度与拉伸强度的关系曲线

由图 6-1 可以看出,沥青胶浆拉伸强度的大小关系为:花岗岩石粉<石灰石粉<水泥。因为水泥的碱性最强,花岗岩石粉的碱性最弱,而沥青与碱性矿料之间有更好的交互作用,不仅有物理吸附,还有化学吸附,且后者比前者要强得多。在一定温度下,不管填料类型如何,沥青胶浆拉伸强度均随填料浓度的增加而增大。随着填料的增加,填料有更大的比表面积与沥青产生交互作用,形成更多的结构沥青,使沥青胶浆的黏度增大,拉伸强度随之增大。填料浓度相同时,不同填料配制的沥青胶浆拉伸强度随温度升高而减小,因为沥青胶浆是一种温度敏感性材料,随着温度的升高,沥青胶浆的黏度降低,流动性增强,拉伸强度减小。

6.2　盐化作用对黏性土抗剪强度的影响规律

6.2.1　方案设计

黏性土的抗剪强度主要取决于土的矿物成分,土质一定时主要受到土的密度、含水率、含盐量、形成历史和结构等因素的影响。通过对伊犁地区巩留县莫合乡地质灾害区域性调查,选取代表性黏性土,颗粒级配为砂粒含量 1.3%、粉粒含量 82.8%、黏粒含量 15.9%,土粒比重 2.70,不均匀系数 9.0,曲率系数 2.6,总盐含量 3.8 g/kg。运用均匀正交设计法将土样按含盐量、干密度、含水率三因素配制成三水平的人工土样。试验设计方案见表 6-6。

表 6-6　均匀正交试验设计方案

试验号	含盐量/ (g/kg)	干密度/ (g/cm³)	含水率/ %	试验号	含盐量/ (g/kg)	干密度/ (g/cm³)	含水率/ %
1	3.8	1.28	7.0	6	63.8	1.40	7.0
2	33.8	1.28	18.0	7	3.8	1.55	12.5
3	63.8	1.28	12.5	8	33.8	1.55	7.0
4	3.8	1.40	18.0	9	63.8	1.55	18.0
5	33.8	1.40	12.5				

6.2.2　试验结果与 PPR 分析

通过抗剪强度试验测定出黏性土的抗剪强度指标,考核指标为非饱和状态与饱和状态的抗剪强度参数内摩擦角 φ、黏聚力 c。试验结果汇总见表 6-7。

表 6-7　均匀正交试验结果汇总

试验号	非饱和状态		饱和状态	
	内摩擦角 φ/(°)	黏聚力 c/kPa	内摩擦角 φ/(°)	黏聚力 c/kPa
1	26.6	19.9	22.5	17.3
2	25.4	16.8	21.1	15.5
3	26.1	15.0	20.4	13.3
4	25.8	29.9	23.2	18.2
5	26.7	24.7	22.2	16.1
6	29.8	21.3	21.3	14.6
7	28.1	37.4	24.5	20.7
8	32.8	31.6	23.9	18.7
9	26.4	23.6	23.2	16.7

对表 6-7 中的 9 组数据进行 PPR 分析,反映投影灵敏度指标的光滑系数 $S = 0.10$,投影方向初始值 $M = 4$,最终投影方向取 $MU = 3$。

对于非饱和黏性土强度指标内摩擦角 φ:

$$\boldsymbol{\beta} = (1.040\ 9, 0.187\ 6, 0.094\ 7)$$

$$\begin{pmatrix} \boldsymbol{\alpha}_1 \\ \boldsymbol{\alpha}_2 \\ \boldsymbol{\alpha}_3 \end{pmatrix} = \begin{pmatrix} 0.999\ 4 & 0.000\ 9 & -0.034\ 0 \\ -0.994\ 9 & -0.004\ 4 & 0.100\ 0 \\ 0.996\ 2 & -0.007\ 2 & 0.087\ 2 \end{pmatrix}$$

对于非饱和黏性土强度指标黏聚力 c:

$$\boldsymbol{\beta} = (0.989\ 6, 0.220\ 7, 0.063\ 0)$$

$$\begin{pmatrix} \boldsymbol{\alpha}_1 \\ \boldsymbol{\alpha}_2 \\ \boldsymbol{\alpha}_3 \end{pmatrix} = \begin{pmatrix} 0.999\ 9 & -0.003\ 2 & -0.001\ 3 \\ -0.991\ 8 & 0.021\ 6 & 0.125\ 8 \\ 0.999\ 8 & 0.005\ 0 & -0.016\ 9 \end{pmatrix}$$

对于饱和黏性土强度指标内摩擦角 φ：

$$\boldsymbol{\beta} = (0.995\ 5, 0.152\ 6, 0.071\ 5)$$

$$\begin{pmatrix} \boldsymbol{\alpha}_1 \\ \boldsymbol{\alpha}_2 \\ \boldsymbol{\alpha}_3 \end{pmatrix} = \begin{pmatrix} 0.999\ 9 & -0.002\ 9 \\ -0.999\ 9 & 0.011\ 6 \\ 0.996\ 6 & -0.081\ 8 \end{pmatrix}$$

对于饱和黏性土强度指标黏聚力 c：

$$\boldsymbol{\beta} = (1.005\ 0, 0.098\ 4, 0.077\ 8)$$

$$\begin{pmatrix} \boldsymbol{\alpha}_1 \\ \boldsymbol{\alpha}_2 \\ \boldsymbol{\alpha}_3 \end{pmatrix} = \begin{pmatrix} 0.999\ 9 & -0.005\ 2 \\ -0.999\ 9 & -0.000\ 1 \\ 0.999\ 9 & 0.004\ 0 \end{pmatrix}$$

非饱和状态下黏性土强度指标 φ、c 实测值与拟合值的相对误差见表 6-8。由表 6-8 可以看出：所有的指标实测值与拟合值吻合较好，内摩擦角 φ 的相对误差≤1.2%，黏聚力 的相对误差≤2.7%。说明 PPR 模型能够较好地反映含盐量、干密度、含水率与抗剪强度 的关系。对于内摩擦角 φ，自变量的相对权值关系为：含水率 1.000、干密度 0.799、含盐 量 0.166，可以看出非饱和状态下含水率对内摩擦角 φ 影响最大，其次是干密度的影响。 对于黏聚力 c，自变量的相对权值关系为：干密度 1.000、含盐量 0.647、含水率 0.266，可 以看出非饱和状态下干密度对粘聚力 c 影响最大，其次是含盐量的影响。

表 6-8　PPR 模型计算结果分析表（非饱和状态）

试验号	内摩擦角 φ			黏聚力 c		
	实测值/(°)	拟合值/(°)	相对误差/%	实测值/kPa	拟合值/kPa	相对误差/%
1	26.60	26.93	1.2	19.90	19.93	0.2
2	25.40	25.52	0.5	16.80	16.83	0.2
3	26.10	25.90	-0.8	15.00	14.60	-2.7
4	25.80	25.66	-0.5	29.90	29.68	-0.7
5	26.70	26.60	-0.4	24.70	24.88	0.7
6	29.80	29.79	0	21.30	21.58	1.3
7	28.10	28.19	0.3	37.40	37.42	0.1
8	32.80	32.54	-0.8	31.60	31.38	-0.7
9	26.40	26.67	1.0	23.60	23.91	1.3

饱和状态下黏性土强度指标 φ、c 实测值与拟合值的相对误差见表6-9,实测值与拟合值吻合也较好,内摩擦角 φ 的相对误差≤1.0%,黏聚力的相对误差≤1.1%。对于内摩擦角 φ,自变量的相对权值关系为:干密度 1.000、含盐量 0.703,可以看出饱和状态下干密度对内摩擦角 φ 影响最大,其次是含盐量。对于黏聚力 c,自变量的相对权值关系为:含盐量 1.000、干密度 0.832,饱和状态下含盐量对黏聚力 c 影响最大,其次是干密度。

表 6-9　PPR 模型计算结果分析表(饱和状态)

试验号	内摩擦角 φ			黏聚力 c		
	实测值/(°)	拟合值/(°)	相对误差/%	实测值/kPa	拟合值/kPa	相对误差/%
1	22.50	22.36	−0.6	17.30	17.32	0.1
2	21.10	21.20	0.5	15.50	15.33	−1.1
3	20.40	20.26	−0.7	13.30	13.43	1.0
4	23.20	23.31	0.5	16.20	16.26	0.4
5	22.20	22.19	0	16.10	16.26	1.0
6	21.30	21.51	1.0	14.60	14.46	−1.0
7	24.50	24.52	0.1	20.70	20.59	−0.5
8	23.90	23.80	−0.4	18.70	18.67	−0.2
9	23.20	23.14	−0.3	16.70	16.79	0.5

通过 PPR 分析得到了含盐量、干密度、含水率对黏性土抗剪强度的影响权重。为进一步分析不同条件下含盐量对黏性土抗剪强度的影响规律,采用了投影寻踪仿真单因素分析方法,当含盐量为 3.8 g/kg、18.8 g/kg、33.8 g/kg、48.8 g/kg、63.8 g/kg 时,对应单因素水平分别为−1、−0.5、0、+0.5、+1,保证其余因素(干密度、含水率)值不变,均采用 0 水平。表 6-10 是在饱和与非饱和状态下不同总盐水平黏性土抗剪强度的仿真值。

表 6-10　单因素法分析黏性土抗剪强度仿真值

水平号	−1	−0.5	0	+0.5	+1	备注
内摩擦角 φ/(°)	26.37	26.41	26.60	26.76	26.95	非饱和
	23.31	22.72	22.19	21.84	21.51	饱和
黏聚力 c/kPa	28.31	27.12	24.88	22.77	19.40	非饱和
	18.26	17.19	16.26	15.28	14.40	饱和

由图 6-2 可以看出,土的干密度一定时,饱和状态下土的内摩擦角要远小于非饱和状态下的内摩擦角。土中含水率较小时随着含盐量增加,土中孔隙水为过饱和溶液,孔隙水不能溶解过多的盐分时,剩余盐分会从孔隙水中析出,与土体颗粒胶结在一起成为土粒骨

架的一部分,从而使土的内摩擦角有所增加;当土样饱和后,土中孔隙水由过饱和溶液变成非饱和溶液,随着更多的水分浸入盐化土时,与土粒骨架胶结的易溶盐结晶体被溶解为液体,土体中气体孔隙也被充填,土体由三相结构体逐渐转变为二相结构体,土体的孔隙增大,骨架间的接触面积变小,内摩擦角急剧下降。

由图 6-3 可以看出,土的干密度一定时,饱和状态下土的黏聚力要小于非饱和状态下的黏聚力。随着土中含盐量增加,土的黏聚力均显著降低,盐化作用增加了土体中黏聚体的分散性,土体颗粒的团粒结构遭到了破坏。同时,土体在饱和的过程中,由于盐溶作用增大了土体的孔隙比,土体颗粒接触面减小,土体黏聚力也有所下降。

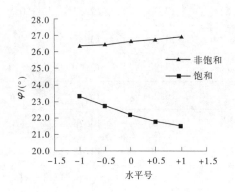

图 6-2　总盐水平与摩擦角的关系　　　　　图 6-3　总盐水平与黏聚力的关系

6.3　含盐量与颗粒级配对工程土稠度界限的影响

6.3.1　方案设计

土的稠度界限直接影响土的工程分类,进而也影响到细粒土的工程性质,因此研究工程土稠度界限的影响因素及变化规律是十分重要的。选择有代表性的 5 种土样:纯黏土、黏土(黏粒 40%、粉粒 60%)、粉土(黏粒 10%、粉粒 90%)、纯粉土、纯砂土。将上述 5 种土样按不同颗粒级配配制出 11 组土样,颗粒级配选择按混料均匀设计方法进行,即试验点个数 $n=11$、影响因素 $s=3$,在单位立方体 $C^2=[0,1]^2$ 上的均匀设计 $\{c_k=(c_{k1},c_{k2}):k=1,2,\cdots,11\}$,计算如下:

$$x_{k1}=1-\sqrt{c_{k1}},\qquad x_{k2}=\sqrt{c_{k1}}(1-c_{k2})$$
$$x_{k3}=\sqrt{c_{k1}}\,c_{k2},\qquad k=1,2,\cdots,11$$

再按总盐水平 3.8 g/kg、33.8 g/kg、63.8 g/kg 依次加入混料中(试验中加入 NaCl),拌和均匀。混料均匀试验设计方案见表 6-11。

表 6-11　混料均匀试验设计方案

试验号	总盐水平/ (g/kg)	颗粒级配/%		
		砂粒含量	粉粒含量	黏粒含量
1	3.8	78.7	14.5	6.8
2	33.8	63.1	8.4	28.5
3	63.8	52.3	19.5	28.2
4	3.8	43.6	53.8	2.6
5	33.8	36.0	2.9	61.1
6	63.8	29.3	54.6	16.1
7	3.8	23.1	38.4	38.5
8	33.8	17.4	26.3	56.3
9	63.8	12.1	75.9	12.0
10	33.8	7.1	12.7	80.2
11	63.8	2.3	57.7	40.0

6.3.2　试验结果与 PPR 分析

将配好的土样按均匀设计表的安排进行试验,考核指标为土的液限、塑限和塑性指数,其中塑性指数 $I_P = (w_L - w_P) \times 100$。试验结果见表 6-12。

表 6-12　混料均匀试验结果

试验号	液限/%	塑限/%	塑性指数
1	21.6	14.0	7.6
2	19.9	14.7	5.2
3	19.5	15.4	4.1
4	23.9	15.6	8.3
5	22.4	15.8	6.6
6	20.9	16.1	4.8
7	26.7	16.8	9.9
8	25.6	17.0	8.6
9	23.7	17.4	6.3
10	31.8	18.6	13.2
11	29.7	18.3	11.4

对表 6-12 中的 11 组数据进行 PPR 分析,反映投影灵敏度指标的光滑系数 $S = 0.10$,

投影方向初始值 $M=4$,最终投影方向取 $MU=3$。

对于液限权重系数:

$$\boldsymbol{\beta} = (0.960\,9, 0.281\,9, 0.102\,1)$$

$$\begin{pmatrix} \boldsymbol{\alpha}_1 \\ \boldsymbol{\alpha}_2 \\ \boldsymbol{\alpha}_3 \end{pmatrix} = \begin{pmatrix} -0.306\,3 & -0.938\,7 & 0.074\,7 & 0.139\,2 \\ -0.783\,0 & 0.331\,5 & 0.191\,1 & -0.490\,4 \\ 0.705\,2 & 0.573\,5 & -0.195\,7 & -0.368\,1 \end{pmatrix}$$

对于塑限权重系数:

$$\boldsymbol{\beta} = (1.031\,8, 0.128\,0, 0.103\,8)$$

$$\begin{pmatrix} \boldsymbol{\alpha}_1 \\ \boldsymbol{\alpha}_2 \\ \boldsymbol{\alpha}_3 \end{pmatrix} = \begin{pmatrix} -0.033\,4 & -0.952\,0 & 0.170\,7 & 0.250\,7 \\ 0.671\,4 & 0.602\,4 & -0.178\,8 & -0.392\,7 \\ 0.532\,6 & -0.027\,9 & 0.656\,2 & -0.533\,7 \end{pmatrix}$$

液限、塑限和塑性指数的实测值与拟合值的相对误差见表 6-13。由表 6-13 可以看出,所有指标的实测值与拟合值吻合较好,液限的相对误差 $\leqslant 2.2\%$,塑限的相对误差 $\leqslant 0.6\%$,塑性指数的相对误差 $\leqslant 7.6\%$,说明 PPR 模型能够较好地反映土中的含盐量、颗粒级配与稠度界限的关系。对于液限,自变量的相对权值关系为:砂粒含量 1.00、粉粒含量 0.14、黏粒含量 0.18、总盐含量 0.56,可以看出土中砂粒含量对液限影响最大,其次是含盐量。对于塑限,自变量的相对权值关系为:砂粒含量 1.00、粉粒含量 0.19、黏粒含量 0.24、总盐含量 0.06,可以看出土中砂粒含量对塑限影响也最大,其次是黏粒含量。

表 6-13　PPR 模型计算结果分析表

序号	液限/%			塑限/%			塑性指数		
	实测值	拟合值	相对误差	实测值	拟合值	相对误差	实测值	拟合值	相对误差/%
1	21.6	21.5	-0.5	14.0	14.0	0	7.6	7.5	-1.3
2	19.9	20.0	0.5	14.7	14.7	0	5.2	5.3	1.9
3	19.5	19.6	0.5	15.4	15.4	0	4.1	4.2	2.4
4	23.9	24.0	0.4	15.6	15.6	0	8.3	8.4	1.2
5	22.4	21.9	-2.2	15.8	15.9	0.6	6.6	6.1	-7.6
6	20.9	21.0	0.5	16.1	16.2	0.6	4.8	4.8	0
7	26.7	26.7	0	16.8	16.8	0	9.9	9.9	0
8	25.6	25.5	-0.4	17.0	17.1	0.5	8.6	8.4	-2.3
9	23.7	24.0	1.3	17.4	17.4	0	6.3	6.6	4.8
10	31.8	31.9	0.3	18.6	18.5	-0.5	13.2	13.3	0.8
11	29.7	29.7	0	18.3	18.2	-0.5	11.4	11.5	0.9

通过 PPR 模型进一步研究含盐量对稠度界限的影响,表 6-14 为三组土样在不同总盐水平下稠度界限的仿真值。可以看出,同一种颗粒级配的土样,含盐量对液限的影响较

显著,随着含盐量的增加,液限值明显减小,含盐量对塑限影响不显著。

表 6-14 不同总盐水平下稠度界限仿真值

序号	总盐水平/ (g/kg)	颗粒级配/%			稠度界限仿真值		
		砂粒含量	粉粒含量	黏粒含量	液限/%	塑限/%	塑性指数
1	0	78.7	14.5	6.8	21.6	14.0	7.6
2	35	78.7	14.5	6.8	20.2	14.2	6.0
3	70	78.7	14.5	6.8	19.0	14.2	4.8
4	0	12.1	75.9	12.0	28.2	18.0	10.2
5	35	12.1	75.9	12.0	26.5	17.6	8.9
6	70	12.1	75.9	12.0	23.8	17.4	6.4
7	0	7.1	12.7	80.2	31.8	18.4	13.4
8	35	7.1	12.7	80.2	29.7	18.6	11.1
9	70	7.1	12.7	80.2	28.6	18.1	10.5

6.4 寒区混凝土热力学参数的反演分析

6.4.1 方案设计

试验混凝土配合比如表 6-15 所示,大尺度混凝土温度监测试验及测点示意图如图 6-4 所示。大尺度混凝土试件的尺寸为 1.5 m×1.5 m×2.0 m(长×宽×高),为获得更多的热力学参数,顶面混凝土裸露在空气中,底面采用钢模板,其余 4 个面均覆盖 10 cm 厚的保温苯板。

表 6-15 试验混凝土配合比

水胶比	粉煤灰掺量/%	砂率/%	1 m³ 混凝土各项材料用量										
			水泥/kg	粉煤灰/kg	水/kg	砂/kg	石子/kg		减水剂		引气剂		增密剂	
							5~20 mm	20~40 mm	掺量/%	用量/kg	掺量/10⁻⁴	用量/kg	掺量/%	用量/kg
0.34	25	34	237	79	108	660	576	705	0.5	1.58	2	0.063	2	6.34

待振捣后的混凝土完全覆盖电阻式温度计时开始监测,考虑到浇筑时气温较低(约为 8 ℃),试件浇筑完后 7 d 拆模,然后按照前述方案中的保温措施进行保温,采用自行研发的温度监测数据采集智能系统来对混凝土温度进行自动监测。

采用双曲线模型表征混凝土水化放热过程,即

$$\theta = \theta_0 \frac{\tau}{n + \tau}$$

(6-1)

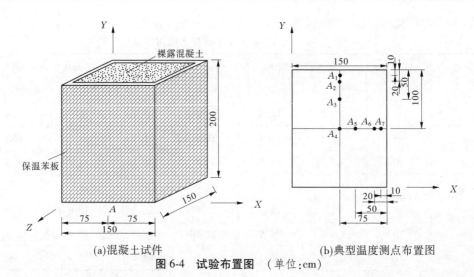

(a)混凝土试件　　　　　　　　　(b)典型温度测点布置图

图 6-4　试验布置图　（单位:cm）

式中:θ 为绝热温升;θ_0 为初始绝热温升;τ 为龄期;n 为温升速率。

　　根据已有研究成果选取导热系数(λ)、表面放热系数(β)、等效表面放热系数（覆盖保温被,β'）、绝热温升(θ)及温升速率(n)5 个参数作为反演参数,其取值范围如表 6-16 所示。

表 6-16　反演参数取值范围

参数	$\lambda/$ [kJ/(m·d·℃)]	$\beta/$ [kJ/(m²·d·℃)]	$\beta'/$ [kJ/(m²·d·℃)]	$\theta/℃$	n
取值范围	120~200	300~2 000	20~500	25~40	1.0~3.0

　　采用均匀设计理论,按照均匀设计表进行设计,得到 30 组训练样本,如表 6-17 所示。同时,按照均匀设计理论生成 9 组训练样本,用于对建模结果进行检验,检验样本如表 6-18 所示。

表 6-17　基于均匀设计的 30 组训练样本

参数编号	$\lambda/$ [kJ/(m·d·℃)]	$\beta/$ [kJ/(m·d·℃)]	$\beta'/$ [kJ/(m²·d·℃)]	$\theta/$ ℃	n
1	196.55	1 186.21	187.59	31.72	2.79
2	141.38	1 500	106.90	33.28	1.76
3	127.59	1 403.45	156.55	37.41	2.93
4	106.90	1 331.03	175.17	33.79	1.34
5	134.48	848.28	150.34	25.52	2.52
…	…	…	…	…	…
25	189.66	1 065.52	144.14	38.45	1.21
26	193.10	1 379.31	38.62	29.66	1.48

续表 6-17

参数编号	$\lambda/$ [kJ/(m·d·℃)]	$\beta/$ [kJ/(m·d·℃)]	$\beta'/$ [kJ/(m²·d·℃)]	$\theta/$ ℃	n
27	120.69	1 041.38	193.79	28.62	1.83
28	165.52	1 089.66	75.86	28.1	3
29	110.34	1 282.76	32.41	26.55	2.24
30	117.24	1 451.72	63.45	31.21	2.59

表 6-18　基于均匀设计的 9 组检验样本

参数编号	$\lambda/$ [kJ/(m·d·℃)]	$\beta/$ [kJ/(m²·d·℃)]	$\beta'/$ [kJ/(m²·d·℃)]	$\theta/$ ℃	n
1	112.5	1 237.5	155	40	1.5
2	150	1 325	20	30.63	1.25
3	200	1 062.5	42.5	38.13	2.25
4	100	975	65	26.88	2
5	125	1 500	87.5	36.25	2.75
6	175	800	110	34.38	1
7	162.5	1 150	132.5	25	3
8	187.5	1 412.5	177.5	28.75	1.75
9	137.5	887.5	200	32.5	2.5

6.4.2　试验结果与 PPR 分析

采用自行开发的混凝土温度场计算子程序,分别将表 6-16、表 6-17 中参数代入有限元模型里进行计算,并按下式计算目标函数值:

$$e_i = \sum_{j=0}^{n} (T_i(t_j) - T_{ij}^*), \qquad i = 1,2,3,\cdots,7 \qquad (6\text{-}2)$$

式中:i 为测点序号,依次代表图 6-4(b)中典型测点 A_1、A_2、A_3、A_4、A_5、A_6、A_7;$T_i(t_j)$ 为 i 测点 j 时刻计算温度;T_{ij}^* 为 i 测点 j 时刻实测温度。

试验温度监测结果如图 6-5 所示。

依据图 6-5 温度监测数据,采用 PPR 建模方法对混凝土热力学参数进行反演分析,分析结果如下:$S=0.10$,$MU=3$,$M=5$,函数权重系数 $\boldsymbol{\beta} = (1.013\,7, 0.074\,2, 0.062\,2)$,投影方向为

$$\begin{pmatrix} \boldsymbol{\alpha}_1 \\ \boldsymbol{\alpha}_2 \\ \boldsymbol{\alpha}_3 \end{pmatrix} = \begin{pmatrix} -0.063\,5 & -0.005\,9 & -0.265\,5 & 0.525\,5 & -0.805\,7 \\ -0.228\,3 & -0.007\,7 & 0.061\,4 & 0.824\,6 & 0.523\,8 \\ 0.042\,6 & 0.001\,1 & 0.020\,7 & -0.271\,2 & 0.961\,4 \end{pmatrix}$$

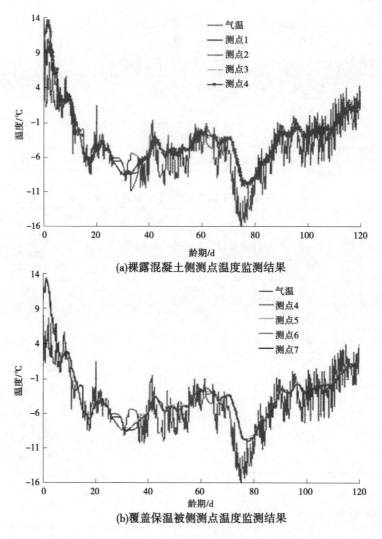

(a)裸露混凝土侧测点温度监测结果

(b)覆盖保温被侧测点温度监测结果

图 6-5　试验温度监测结果

同时,9 水平检验样本实测值与 PPR 建模预报值最大相对误差为-2.6%,合格率为100%。据此得出反演参数值,如表 6-19 所示。将反演参数作为已知参数带入有限元模型中进行温度场计算,限于篇幅,仅列出 A_1 测点实测温度值和计算温度值的历时过程线,如图 6-6 所示。

表 6-19　智能反演参数结果

参数	$\lambda/$ $[kJ/(m \cdot d \cdot ℃)]$	$\beta/$ $[kJ/(m^2 \cdot d \cdot ℃)]$	$\beta'/$ $[kJ/(m^2 \cdot d \cdot ℃)]$	$\theta/℃$	n
反演结果	186.5	1 410.5	197.5	29.25	1.95

将无假定的投影寻踪建模方法与均匀设计相结合的优化算法用于混凝土热力学参数反演分析中,取得了较为理想的效果。该方法可作为混凝土热力学参数智能反演分析的

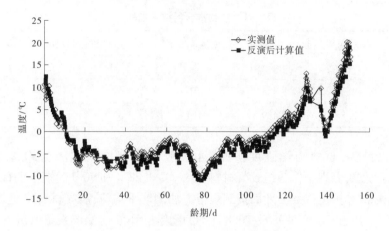

图 6-6　A_1 测点处实测值与计算值对比

方法推广。大尺度混凝土温度监测试验可行性强,同时设置不同表面覆盖条件,以混凝土内部多测点的温度监测值为目标函数,更能体现混凝土内部温度的时空分布特点,以此进行反演所得结果能更真实地反映混凝土热学性能。借助投影寻踪方法结合大尺度混凝土温度监测数据确定混凝土热力学参数的方法更可靠,对其他大体积混凝土工程的热力学参数确定有参考价值。

6.5　低热水泥胶凝体系综合性能优化分析

6.5.1　试验方案

近年来,随着大体积混凝土工程的不断兴起,低热硅酸盐水泥胶凝材料的应用日益广泛。低热硅酸盐水泥具有水化热低、强度发展缓慢和试验周期长等特点,其胶凝材料体系力学、热力学综合性能优化问题显得尤为重要。以低热水泥胶凝体系力学、热力学综合性能为研究对象,分析不同矿物掺合料下低热水泥胶凝材料的抗压强度和水化热规律,提出建立基于 PPR 的低热水泥胶凝体系抗压强度及水化热综合性能预测模型,进行 PPR 仿真计算,将其综合性能多目标优化转化为力学、热力学两个单目标优化问题。分析 PPR 样本数据的结构特征,提出基于均匀正交设计思想的 PPR 建模样本选取准则及模型精度判别准则。

原材料:采用新疆天山水泥股份有限公司生产的强度等级为 42.5 的低热硅酸盐水泥(P·LH),哈密市仁和矿业有限责任公司生产的 Ⅱ 级粉煤灰(FA)和新疆屯河水泥有限责任公司生产的 S75 级矿渣粉(SL),技术指标分别见表 6-20、表 6-21。

表 6-20　水泥技术指标

水泥	密度/ (g/cm³)	比表面积/ (m²/kg)	标准稠度/ %	矿物组成/%			
				C_3S	C_2S	C_4AF	C_3A
P·LH	3.20	320	26.6	32.2	40.0	15.0	4.3

表 6-21　矿物掺合料技术指标

掺合料	密度/ （g/cm³）	比表面积/ （m²/kg）	需水量比/ %	活性指数/%		烧失量/%
				7 d	28 d	
FA	2.36	383	91	69	83	3.00
SL	2.88	439	101	57	91	0.84

试验方法：胶凝材料力学强度按照《水泥胶砂强度检验方法（ISO 法）》（GB/T 17671—2021）要求，分别制作各组胶凝材料在 3 d、7 d、28 d 和 90 d 龄期下的标准胶砂试件各 3 条，经标准养护至特征龄期后按照规范方法测取平均值；胶凝材料水化热按照《水泥水化热测定方法》（GB/T 12959—2008）中的直接法，由实时测温系统监测各组胶凝材料水化过程中的 168 h 胶砂温度变化，并设置平行试验组，计算水化放热量。当两次测得水化热误差 ≤12 J/g 时，数据有效，取两组算术平均值。

试验方案：用粉煤灰和矿渣粉部分代替水泥，在总胶凝材料不变的情况下分别改变其掺量（占胶凝材料的质量百分数），胶凝材料试验方案见表 6-22。

表 6-22　胶凝材料试验方案　　　　　　　　　　　　　　%

编号	P·LH	FA	SL	编号	P·LH	FA	SL	编号	P·LH	FA	SL
P	100.0	0	0	B_2	75.0	0	25.0	C_4	65.0	11.7	23.3
A_1	85.0	15.0	0	B_3	75.0	12.5	12.5	C_5	65.0	23.3	17.7
A_2	85.0	0	15.0	B_4	75.0	8.3	16.7	D_1	55.0	45.0	0
A_3	85.0	7.5	7.5	B_5	75.0	16.7	8.3	D_2	55.0	0	45.0
A_4	85.0	5.0	10.0	C_1	65.0	35.0	0	D_3	55.0	22.5	22.5
A_5	85.0	10.0	5.0	C_2	65.0	0	35.0	D_4	55.0	15.0	30.0
B_1	75.0	25.0	0	C_3	65.0	17.5	17.5	D_5	55.0	30.0	15.0

6.5.2　试验结果

根据表 6-22 所示各组胶凝材料特征龄期胶砂强度，分别绘制 15%、25%、35%、45% 矿物掺合料掺量下的低热水泥胶凝体系抗压强度折线图，见图 6-7。

由图 6-7 可知，低热水泥胶凝体系抗压强度随矿物掺合料掺量的增加而降低。相同掺合料掺量下，胶凝体系的抗压强度随掺合料比例不同而有明显差异，单掺矿渣粉的胶凝体系不同龄期抗压强度最高，单掺粉煤灰的胶凝体系抗压强度最低，复掺粉煤灰、矿渣粉的胶凝体系抗压强度随矿渣粉比例的提高而增加，但增长幅度不与掺量成正比。

根据表 6-22 所示各组胶凝材料水化过程中的 168 h 水化热，分别绘制 15%、25%、

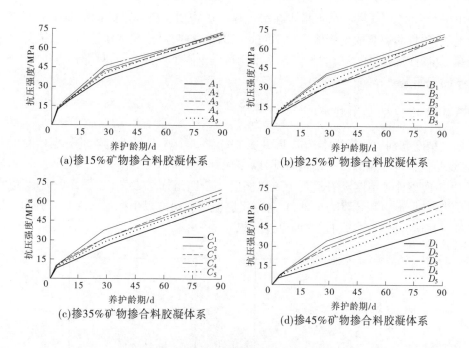

(a)掺15%矿物掺合料胶凝体系　　　　(b)掺25%矿物掺合料胶凝体系

(c)掺35%矿物掺合料胶凝体系　　　　(d)掺45%矿物掺合料胶凝体系

图 6-7　低热水泥胶凝体系抗压强度

35%、45%矿物掺合料掺量下低热水泥胶凝体系水化热曲线图,见图6-8。

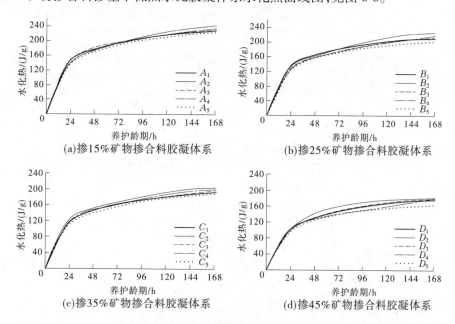

(a)掺15%矿物掺合料胶凝体系　　　　(b)掺25%矿物掺合料胶凝体系

(c)掺35%矿物掺合料胶凝体系　　　　(d)掺45%矿物掺合料胶凝体系

图 6-8　低热水泥胶凝体系水化热曲线

由图 6-8 可知,低热水泥胶凝体系水化热随矿物掺合料掺量的增加而明显下降。相同掺量下,单掺粉煤灰的胶凝体系在不同龄期的水化热最低,单掺矿渣粉的胶凝体系水化热最高,复掺粉煤灰、矿渣粉的胶凝体系水化热介于两个单掺之间,且随粉煤灰、矿渣粉的掺量不同无明显差异。

6.5.3　PPR 建模与分析

模型精度判别及建模样本选取 PPR 是在探索每个样本点所包含的数据信息的基础上,客观分析样本数据的内在结构特征,以实现其较高精度的仿真计算。因此,样本选择对于 PPR 模型计算精度至关重要。该实例设计了四组样本方案,如图 6-9 所示,以粉煤灰掺量为 x 轴,矿渣粉掺量为 y 轴,将各方案胶凝材料组成以坐标形式表示。方案 I 体现了样本点在试验区间内均匀正交的设计思想。

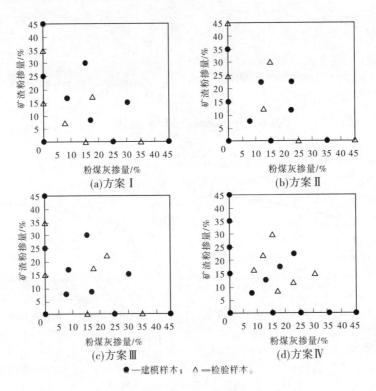

(a)方案 I　　　　　　　　(b)方案 II

(c)方案 III　　　　　　　　(d)方案 IV

●—建模样本;　△—检验样本。

图 6-9　建模样本方案设计

应用 PPR 软件分别对四组方案中样本点 7 d、28 d 抗压强度和 3 d、7 d 水化热数据进行建模,运行时指定三个模型投影参数分别为:$S=0.5,M=5,MU=3$。其中,S 为光滑系数,决定模型的灵敏度,当 S 越小时模型越灵敏,其取值范围为 $0<S<1$;岭函数上限个数 M 和最优个数 MU,决定模型寻找数据内在结构的精细程度。

基于以往的大量 PPR 算例,该实例提出以下 PPR 模型精度判别方法:

(1)在无特殊要求时,以相对误差 $|\delta| \leqslant 5\%$ 为条件计算各组样本方案合格率,据此对 PPR 模型精度进行评价。

(2)当建模样本的合格率与检验样本的合格率均较高且相近时,可判定样本方案较好地反映了数据结构特征,对应的 PPR 模型具有较高的计算精度。

根据以上准则,计算图 6-9 中各组样本方案的模型合格率,结果见表 6-23。通过比较对应的模型计算精度分析建模样本分布特征,确定建模样本选取准则。

表 6-23　建模样本与检验样本计算合格率　　　　　　　%

方案	样本类型(样本数)	抗压强度		水化热	
		7 d	28 d	3 d	7 d
I	建模样本(9)	77.8	100	100	100
	检验样本(6)	66.7	100	100	100
II	建模样本(9)	100	88.9	100	100
	检验样本(6)	66.7	33.3	66.7	100
III	建模样本(10)	77.8	100	100	100
	检验样本(6)	66.7	50.0	83.3	83.3
IV	建模样本(13)	92.3	84.6	100	100
	检验样本(6)	0	33.3	83.3	66.7

由表 6-23 可知,方案 I 样本数量最少,建模样本的合格率与检验样本的合格率相近且最高,即均匀正交设计的思想能够更好地满足 PPR 样本数据需要。从计算精度出发,分析四种样本方案,总结 PPR 建模样本选取准则如下:

(1)建模样本应适当包含试验区间的边界点。

(2)建模样本的个数不与模型计算精度正相关,不宜过分追求样本数量,应尽量提高样本点在试验区间内的均匀分布程度,如满足均匀正交设计的原则。

以方案 I 建立的低热水泥胶凝体系 7 d、28 d 抗压强度和 3 d、7 d 水化热 PPR 模型为例,粉煤灰掺量、矿渣粉掺量对不同龄期抗压强度、水化热的影响权重系数 $\boldsymbol{\beta}$ 见表 6-24。投影方向分别为

$$\begin{pmatrix} \boldsymbol{\alpha}_1 \\ \boldsymbol{\alpha}_2 \\ \boldsymbol{\alpha}_3 \end{pmatrix}_{7\text{ d强度}} = \begin{pmatrix} -0.805\ 9 & -0.592\ 1 \\ 0.510\ 9 & -0.859\ 7 \\ 0.132\ 3 & -0.991\ 2 \end{pmatrix}$$

$$\begin{pmatrix} \boldsymbol{\alpha}_1 \\ \boldsymbol{\alpha}_2 \\ \boldsymbol{\alpha}_3 \end{pmatrix}_{28\text{ d强度}} = \begin{pmatrix} -0.910\ 2 & -0.414\ 2 \\ 0.894\ 3 & -0.447\ 5 \\ 0.328\ 4 & -0.944\ 5 \end{pmatrix}$$

$$\begin{pmatrix} \boldsymbol{\alpha}_1 \\ \boldsymbol{\alpha}_2 \\ \boldsymbol{\alpha}_3 \end{pmatrix}_{3\text{d水化热}} = \begin{pmatrix} -0.748\,9 & -0.662\,7 \\ 0.901\,2 & -0.433\,3 \\ 0.022\,4 & -0.999\,8 \end{pmatrix}$$

$$\begin{pmatrix} \boldsymbol{\alpha}_1 \\ \boldsymbol{\alpha}_2 \\ \boldsymbol{\alpha}_3 \end{pmatrix}_{7\text{d水化热}} = \begin{pmatrix} -0.793\,2 & -0.609\,0 \\ 0.447\,5 & -0.894\,3 \\ -0.272\,3 & 0.962\,2 \end{pmatrix}$$

表 6-24　影响因子贡献相对权重系数 β

影响因子	抗压强度		水化热	
	7 d	28 d	3 d	7 d
粉煤灰	1.000	1.000	1.000	1.000
矿渣粉	0.715	0.485	0.873	0.956

由表 6-24 可以看出,粉煤灰对低热水泥胶凝体系力学、热力学性能影响最大,矿渣粉次之,即粉煤灰可显著降低低热水泥胶凝材料的抗压强度和水化热,矿渣粉对水化热降低效果较为明显,但对抗压强度影响较小,与前面的试验结果分析结论一致。

以方案 I 对应的 28 d 抗压强度 PPR 模型为例,导出软件运行过程中的岭函数,如图 6-10 所示。

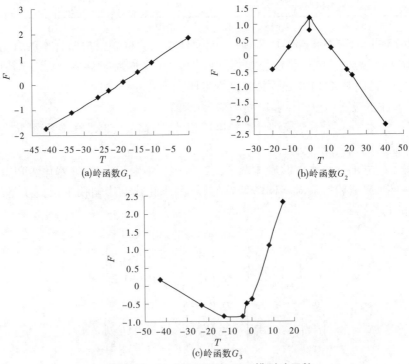

(a)岭函数 G_1 　　　　　(b)岭函数 G_2

(c)岭函数 G_3

图 6-10　28 d 抗压强度 PPR 模型岭函数

计算精度分析:方案 I 中建模样本、检验样本的 7 d、28 d 抗压强度和 3 d、7 d 水化热的实测值与计算值对比见图 6-11。

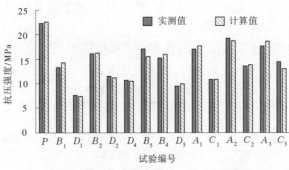

(a)低热水泥胶凝体系7 d抗压强度

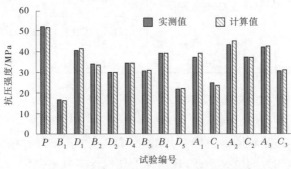

(b)低热水泥胶凝体系28 d抗压强度

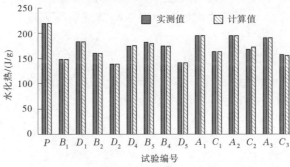

(c)低热水泥胶凝体系3 d水化热

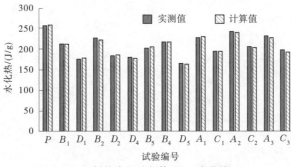

(d)低热水泥胶凝体系7 d水化热

图 6-11　实测值与计算值对比

由图 6-11 可知,各组样本数据的实测值与计算值十分接近,即绝对误差小。计算建模样本和检验样本 3 d、7 d 水化热以及 7 d、28 d 抗压强度的平均相对误差,结果分别为 2.7%、1.7%、0.5%、0.8%。

为了验证 PPR 样本选取准则及 PPR 在计算精度方面的优势,应用 PPR 软件及相关文献[73-75]的相关数据进行计算分析,结果见表 6-25。

表 6-25　计算结果比较

胶凝材料性能	计算方法	样本个数		相对误差/%
		建模样本	检验样本	
28 d 水化热	RBF 神经网络	22	5	1.6
	PPR	22	5	1.2
28 d 抗压强度	MATLAB 神经网络	40	10	1.9
	PPR	40	10	1.7
28 d 抗压强度	BP 神经网络	34	10	2.2
	PPR	14	10	1.4

根据表 6-25 可知,PPR 在建模样本数量和计算精度方面与其他方法相比具有如下优势:

(1)在建模样本数量相同的条件下,PPR 模型具有更高的计算精度。

(2)在计算精度相近的情况下,PPR 所需的建模样本数更少。

仿真计算利用基于样本方案 Ⅰ 建立的 PPR 模型,对图 6-12 所示掺合料掺量在 [0%, 45%]区间内的 55 组低热水泥胶凝材料 7 d、28 d 抗压强度和 3 d、7 d 水化热进行仿真计算。

根据仿真计算结果,以粉煤灰掺量为横坐标、矿渣粉掺量为纵坐标,绘制低热水泥胶凝体系 3 d 水化热–7 d 抗压强度、7 d 水化热–28 d 抗压强度等值线图,限于篇幅,本实例仅列出 7 d 水化热–28 d 抗压强度等值线图,如图 6-13 所示 。

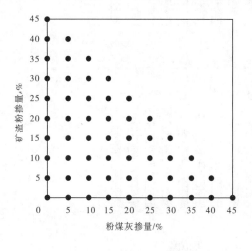

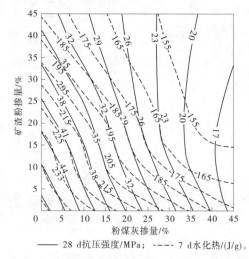

—— 28 d抗压强度/MPa;　---- 7 d水化热/(J/g)。

图 6-12　水泥胶凝材料组成方案　　　　图 6-13　水泥胶凝体系抗压强度、水化热等值线图

在大体积混凝土工程中,胶凝材料体系的综合性能优化往往是确定在某一强度指标下水化热最低,或在某一水化热指标下强度最高的胶凝材料组成。在此情况下,根据工程强度指标或温度控制要求,通过分析低热水泥胶凝体系对应龄期的抗压强度和水化热等值线,即可得出胶凝材料力学、热力学最优性能,并确定对应的粉煤灰掺量、矿渣粉掺量,从而达到对低热水泥胶凝体系力学、热力学综合性能进行优化的目的。

以一实例详述该优化方法,某工程要求的低热水泥胶凝材料 28 d 抗压强度为 45 MPa,即可通过确定 45 MPa 强度等值线与其右侧水化热等值线的切点,如图 6-14 所示,得到 7 d 水化热最优值为 236 J/g,此时粉煤灰掺量、矿渣粉掺量分别为 4.0%、8.5%。计算分析得到以下结论:①提出 PPR 模型精度判别方法,以相对误差为依据,当建模样本的合格率与检验样本的合格率较高且相近时,可判定模型精度较高;确立 PPR 模型样本选取准则,即在适当包含边界点的前提下,应用均匀正交设计的思想,提高样本点在试验区间内的均匀分布程度。②应用 PPR 软件在少量样本数据的基础上建立仿真计算模型,实现对低热水泥胶凝体系抗压强度和水化热的高精度预测,建立综合性能等值线图,将多目标优化问题转化为对力学、热力学两个单目标进行寻优,避免了主观赋权和假定建模,可直接确定低热水泥胶凝体系力学、热力学最优性能指标及对应的胶凝材料组成。

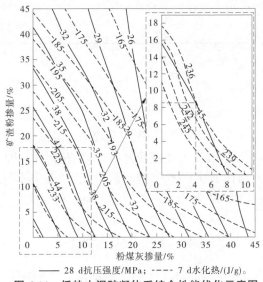

—— 28 d抗压强度/MPa；---- 7 d水化热/(J/g)。

图 6-14　低热水泥胶凝体系综合性能优化示意图

6.6　石料界面与沥青胶浆黏附强度变化规律分析

沥青胶浆与石料界面的黏附性主要受到胶浆和石料本身特性的影响,如沥青胶浆和石料的碱值等内因,石料界面的粗糙程度、洁净度和试验温度等外因。工程中选用碱值较低的石料配制心墙沥青混凝土时,通常采用添加水泥、消石灰、抗剥落剂等方法来改善骨料与沥青胶浆之间的黏附。石料界面与沥青胶浆黏附强度的形成是多因素混杂的物理化学过程,通过对不同酸碱性石料在不同沥青胶浆黏结作用下抗拉强度结果的分析,可以得到石料界面与沥青胶浆黏附强度影响因素的主次顺序和变化规律,为实际工程中材料的选用提供参考。

6.6.1　原材料

试验所用原材料包括中国石油克拉玛依石化有限责任公司生产的 70 号(A 级)道路石油沥青,技术性能见表 6-26,填料采用 42.5 级普通硅酸盐水泥和石灰石粉,技术性能指标见表 6-27,石料有细砂岩(二氧化硅含量 65.9%)、石英岩(二氧化硅含量 47.6%)、石灰岩(二氧化硅含量 1.1%)。

表 6-26　沥青技术性能指标

项目	针入度 (25 ℃,100 g,5 s)/(0.1 mm)	延度 (5 cm/min,10 ℃)/cm	软化点 (环球法)/℃
质量指标	60~80	≥100	≥46
实测值	68.8	109.2	49.3

表 6-27　填料技术性能指标

项目	表观密度/(g/cm^3)	亲水系数	含水率/%	细度(<0.075 mm)/%
质量要求	≥2.50	≤1.0	≤0.5	>85
水泥	3.04	0.68	0.2	99.9
石灰石粉	2.69	0.62	0.3	99.7

6.6.2　试验方案设计

6.6.2.1　试样制备

(1)沥青胶浆。以往工程实践表明,碾压式心墙沥青混凝土填料浓度(填料与沥青质量比)控制在 1.6~2.0 时沥青混凝土性能较好,在 1.9 左右时孔隙率可达到 1%以下,因此将沥青、水泥和石灰石粉在 140 ℃±5 ℃恒温箱中静置 2 h,再分别将水泥和石灰石粉按照质量比 1.8 与沥青搅拌均匀配制出水泥胶浆和石灰石粉胶浆。

(2)岩石试件如图 6-15 所示。将酸碱性不同的三种大块岩石用水钻钻取成高度 50 mm、直径 50 mm 的圆柱体试件,为降低试验误差,将试件的一面进行抛光处理,洗净烘干后备用。

图 6-15　岩石试件

（3）界面处理方法。《水工沥青混凝土施工规范》（SL 514—2013）中 5.2.5 规定，拌制沥青混合料时，应先将骨料和填料干拌 15 s，再加入热沥青拌和。为研究填料是否会使骨料界面化学性质发生变化，进而提高骨料与沥青的黏附强度，将水泥和石灰石粉对岩石界面的影响列为影响因素之一。处理方法是将岩石加热后把水泥或石灰石粉均匀撒在岩石界面覆盖 15 s，然后将水泥或大理岩粉扫除，再进行黏结。

（4）试件黏结。先将试件在 180 ℃±5 ℃恒温箱中静置 4 h，同时将配制好的沥青胶浆在 140 ℃±5 ℃恒温箱中静置 2 h。恒温时间满足后，将沥青胶浆均匀涂抹在两块试件抛光的一侧，将两块试件对接后立即在万能试验机上紧压 3 min，然后在室温下静置 24 h 后放入 10 ℃恒温箱 2 h，再进行拉伸试验。

6.6.2.2　正交试验设计

根据确定的因素水平，选用 $UL_9(3^4)$ 均匀正交表安排试验，因素为岩石类型、界面处理情况、胶浆类型。实际工程中，通常选用碱性的岩石配制心墙沥青混凝土，如果采用偏酸性和砾石骨料则可以降低工程造价，故选择岩石类型为碱性石灰岩、中性石英岩、酸性细砂岩。目前，新疆地区通常为以水泥或者石灰石粉为填料兼作提高砾石骨料与沥青胶浆黏附性措施，因此界面处理情况选择不处理、水泥处理和石灰石粉处理。胶浆类型选择纯沥青、水泥为填料配制的水泥胶浆、石灰石粉为填料配制的石灰石粉胶浆。均匀正交试验设计试验组见表 6-28。

表 6-28　均匀正交试验设计试验组

试验组号	岩石类型	界面处理情况	胶浆类型
1	细砂岩	水泥处理	纯沥青
2	细砂岩	石灰石粉处理	水泥胶浆
3	细砂岩	不处理	石灰石粉胶浆
4	石英岩	水泥处理	水泥胶浆
5	石英岩	石灰石粉处理	石灰石粉胶浆
6	石英岩	不处理	纯沥青
7	石灰岩	水泥处理	石灰石粉胶浆
8	石灰岩	石灰石粉处理	纯沥青
9	石灰岩	不处理	水泥胶浆

6.6.3　试验结果与分析

6.6.3.1　拉伸强度试验结果

将恒温 2 h 后的试件通过电子万能试验机（最大量程 100 kN，精度 1%）测定试样的拉伸强度。每组 3 个试样，取平均值作为试验结果，见表 6-29。

表6-29　均匀正交试验结果

试验组号	岩石类型	界面处理情况	胶浆类型	空列	试验结果/MPa
1	细砂岩	水泥处理	纯沥青	2	0.849
2	细砂岩	石灰石粉处理	水泥胶浆	1	1.300
3	细砂岩	不处理	石灰石粉胶浆	3	1.066
4	石英岩	水泥处理	水泥胶浆	3	1.477
5	石英岩	石灰石粉处理	石灰石粉胶浆	2	1.235
6	石英岩	不处理	纯沥青	1	0.916
7	石灰岩	水泥处理	石灰石粉胶浆	1	1.451
8	石灰岩	石灰石粉处理	纯沥青	3	1.255
9	石灰岩	不处理	水泥胶浆	2	1.643

6.6.3.2　极差、方差分析

极差分析可以方便快捷地判断各影响因素的重要程度,是正交试验常用的分析方法。其中,极差 R 反映了因素对试验结果的影响程度, R 大则该因素对试验结果影响程度大,为主要因素, R 小则相反。空列中的 R 表示试验误差,极差分析结果见表6-30。方差分析较极差分析可以获得更多的信息,方差描述出了随机变量取值对于其数学期望的离散程度,得出试验结果的精度和可靠性及各因素的显著性。方差分析结果见表6-31。

表6-30　极差分析结果

平均指标	岩石类型	界面处理	胶浆类型	空列
$\overline{K_1}$	1.07	1.26	1.01	1.22
$\overline{K_2}$	1.21	1.26	1.25	1.24
$\overline{K_3}$	1.45	1.21	1.47	1.27
R	0.38	0.05	0.46	0.05

表6-31　方差分析结果

方差来源	变动平方和 S	自由度 f	方差 V	F	显著性
岩石类型	0.222	2	0.111	84.76	显著
界面处理	0.006	2	0.003	2.22	不显著
胶浆类型	0.327	2	0.163	124.79	显著
试验误差			0.04 MPa		
变异系数			2.91%		

由极差分析可以看出,石料界面抗拉强度因素的主次顺序为:胶浆类型→岩石类型→界面处理。 $\overline{K_1}$、$\overline{K_2}$、$\overline{K_3}$ 分别对应各因素在不同水平下抗拉强度的平均值,变化规律如下:

石料界面抗拉强度主要受到胶浆类型和岩石类型的影响,胶浆和岩石的碱性越强则抗拉强度越大;当采用水泥处理岩石界面后,抗拉强度有一定的提高,但用石灰石粉处理则没有提高。极差分析试验误差为 0.04 MPa。

由方差分析可以看出:胶浆类型对石料界面的抗拉强度有显著的影响,随着胶浆碱值的增加迅速增大;岩石类型对石料界面的抗拉强度也有显著的影响,但影响程度比胶浆类型低;界面处理对沥青胶浆的影响程度较小且显著性较低。方差分析试验误差为 0.04 MPa,与极差分析结果一致。

6.6.3.3　PPR 投影寻踪回归分析

对正交试验所得数据进行 PPR 分析,设置光滑系数 $S=0.50$,投影方向初始值 $M=5$,最终投影方向取 MU $=3$。模型参数 N、P、Q、M、MU 分别为 9、3、1、5、3。

对于石料界面的抗拉强度:

$$\boldsymbol{\beta} = (0.880\ 0, 0.377\ 9, 0.392\ 2)$$

$$\boldsymbol{\alpha} = \begin{pmatrix} 0.741\ 0 & 0.245\ 8 & -0.242\ 2 \\ 0.481\ 2 & -0.764\ 1 & -0.052\ 7 \\ 0.468\ 3 & -0.596\ 4 & 0.968\ 8 \end{pmatrix}$$

石料界面抗拉强度的实测值、仿真值、绝对误差和相对误差见表 6-32。由表 6-32 可以看出,该次试验的实测值与 PPR 回归分析得出的仿真值拟合度较好,所有试验组合格率均为 100%,相对误差最大的仅为 5.35%。这个结果很好地说明了 PPR 建模能很好地反映岩石类型、界面处理情况、胶浆类型与岩石界面抗拉强度的关系。其自变量的相对权重关系为:胶浆类型 1.000、岩石类型 0.783、界面处理情况 0.267,与极差、方差分析结果吻合。

表 6-32　PPR 模型回归分析结果

试验号	实测值/MPa	仿真值/MPa	绝对误差/MPa	相对误差/%
1	0.849	0.829	-0.020	-2.36
2	1.300	1.280	-0.020	-1.54
3	1.066	1.071	0.005	0.47
4	1.477	1.481	0.004	0.27
5	1.235	1.258	0.023	1.86
6	0.916	0.965	0.049	5.35
7	1.457	1.444	-0.013	-0.89
8	1.255	1.264	0.009	0.72
9	1.644	1.607	-0.037	-2.25

6.6.3.4　单因素分析

为更好地研究影响石料界面抗拉强度的因素,进行了单因素分析,并通过绘制各因素在不同水平下的关系曲线分析单因素对各考核指标的影响规律。

由图 6-16 可以看出,三种岩石界面抗拉强度的大小关系为:细砂岩<石英岩<石灰岩。因为三种岩石 SiO_2 含量不同,酸碱性也不同,当界面与偏酸性的沥青胶浆接触时,碱性较强的石灰岩与沥青具有更强的交互作用,同时具备物理吸附和化学吸附,因此具有更强的抗拉强度。

由图 6-17 可以看出,岩石界面的抗拉强度经石灰石粉处理后基本没有提高,经水泥处理后则有一定提高,并且水泥对岩石界面抗拉强度提高的程度为:细砂岩>石英岩>石灰岩,这是由于水泥比石灰石粉比表面积大且碱性更强,水泥中还含有大量的 Ca^{2+} 等盐类,会与沥青中的酸生成不溶于水的皂类化合物,当岩石界面经水泥处理后,界面会产生一定数量的 Ca^{2+} 等盐类,使石料与沥青也形成更多的化学吸附,提高了石料与沥青的黏结强度。

图 6-18 表明,三种沥青胶浆对石料界面抗拉强度影响为:纯沥青<石灰石粉胶浆<水泥胶浆,充分说明使用碱性填料可以大幅提高沥青胶浆与骨料的黏结性能,且水泥提高幅度更高。

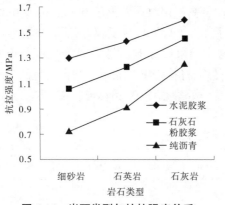

图 6-16　岩石类型与抗拉强度关系

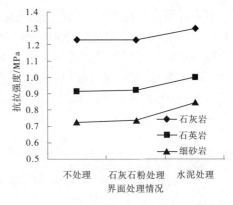

图 6-17　界面处理情况与抗拉强度关系

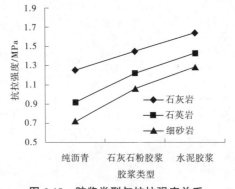

图 6-18　胶浆类型与抗拉强度关系

当岩石界面不处理,沥青胶浆为纯沥青时,细砂岩、石英岩、石灰岩的界面抗拉强度分别为 0.73 MPa、0.92 MPa、1.25 MPa。当三种岩石界面经石灰石粉处理,抗拉强度分别提高了 0.03 MPa、0.01 MPa、-0.02 MPa,基本没有变化。如果经水泥处理,抗拉强度分别提高了 0.12 MPa、0.08 MPa、0.07 MPa,改善效果明显,且岩石的酸性越强,改善效果也越好。这是由于水泥和石灰石粉均为碱性填料,但水泥碱性更强,一方面水泥的活性高,分子间反应剧烈;另一方面水泥在水中消解后,溶液 pH 值可达到 12.0 以上,而石灰石粉仅有 9.0 左右。因此,水泥可以与沥青中更多的羟酸反应产生更强的界面黏结力。当纯沥青换为石灰石粉胶浆时,三种岩石界面抗拉强度分别提高了 0.34 MPa、0.31 MPa、0.20 MPa;当沥青胶浆为水泥胶浆时,抗拉强度分别提高了 0.57 MPa、0.52 MPa、0.35 MPa,岩石的酸性越强,改善效果越好,这也从侧面反映采用水泥填料可降低酸碱性不同的岩石界面抗拉强度的差异。究其原因,抗拉强度指标反映的是岩石在沥青胶浆的作用下在一定拉伸速率和温度条件下的抗拉伸性能,填料级配对拉伸阻力有较大影响;其次是填料的碱值,水泥颗粒较细,碱值较高,水泥胶浆作用下的抗拉强度较大。同时,岩石的酸性越强,与水泥间反应生成的化学键越多,改善效果越好。

6.7　粗骨料破碎率对心墙沥青混凝土性能影响分析

为探明砾石骨料破碎率对心墙沥青混凝土性能的影响规律,选代表性的天然砾石骨料并进行破碎,以不同粗骨料破碎率、胶浆浓度和沥青用量为因素,通过均匀正交试验设计,以孔隙率、马歇尔稳定度、劈裂抗拉强度为三个评价指标,采用极差、方差分析及投影寻踪回归方法分析试验结果。

6.7.1　原材料

结合新疆某水库的心墙沥青混凝土最优配合比,级配指数为 0.36,粗骨料为新疆具有代表性的天然砾石骨料,表面光滑,磨圆度好,经过颚式破碎机后得到破碎率为 100% 的粗骨料,这种骨料棱角突出,表面凹凸不平,且有一定量的针片状,天然砾石骨料如图 6-19 所示,破碎后的砾石骨料如图 6-20 所示,将破碎后的粗骨料和天然砾石掺半混合,得到三种破碎率的粗骨料,其技术性能如表 6-33 所示。

图 6-19　天然砾石骨料　　　　　　　　图 6-20　破碎后的砾石骨料

表 6-33　粗骨料的技术性能

项目	单位	技术要求	破碎率		
			0	50%	100%
与沥青的黏附性	级	≥4	4	4	4
针片状颗粒含量	%	≤25	1.0	1.8	4.2
压碎值	%	≤30	12.1	14.6	17.2
吸水率	%	≤2.0	0.3	0.4	0.6
坚固性(硫酸钠溶液法)	%	≤12	4.7	4.4	4.2

天然砾石破碎以后,虽然形状发生了较大改变,但是从表 6-33 的数据可以看出,粗骨料与沥青的黏附性并无差异,黏附性等级均为 4 级。这是由于天然砾石本身为酸性砾石,破碎后表面的化学物质变化不大,水煮法试验发现,沥青的骨料表面剥落面积几乎相同。破碎后粗骨料针片状含量增大,针片状骨料在竖向受压的作用下易压碎,破碎率较大,压碎值有所增大。细骨料均为天然砂,试验所用的沥青为中国石油克拉玛依石化有限责任公司生产的 70 号(A 级)道路石油沥青,为保证沥青与骨料的黏附性,填料均采用 42.5 级普通硅酸盐水泥。

6.7.2　试验方案设计

选取影响沥青混凝土性能的三因素分别为破碎率、胶浆浓度、沥青用量。破碎率总结工程经验和规范要求,选择破碎率 0、50%、100% 三个水平。胶浆浓度为填料用量与沥青用量的比值,良好的胶浆浓度可以使矿料的孔隙率最小,并保证矿料颗粒与沥青之间的黏聚力最大限度地发挥。实际工程经验表明,碾压式水工沥青混凝土的胶浆浓度为 1.9~2.0。因此,选择胶浆浓度为 1.5、2.0、2.5 三个水平。适宜的沥青用量(或称油石比)可以使沥青充分裹覆矿料颗粒,又不致有过多的自由沥青,《土石坝沥青混凝土面板和心墙设计规范》(SL 501—2010)中推荐,并参照实际工程的沥青用量,初拟的沥青用量分别为 6.0%、6.5%、7.0%。正交设计是研究多因素多水平的一种设计方法,它是根据正交性从全面试验中挑选出部分有代表性的点进行试验,这些有代表性的点具备了"均匀分散,齐整可比"的特点,$L_9(3^4)$ 均匀正交试验设计见表 6-34。

表 6-34　均匀正交试验设计

编号	破碎率/%	胶浆浓度	沥青用量/%
1	0	1.5	6.0
2	0	2.0	7.0
3	0	2.5	6.5
4	50	1.5	7.0
5	50	2.0	6.5
6	50	2.5	6.0
7	100	1.5	6.5
8	100	2.0	6.0
9	100	2.5	7.0

6.7.3　试验结果与分析

对上述 9 组配合比以孔隙率、劈裂抗拉强度、马歇尔稳定度为参考指标,试验结果见表 6-35。

表 6-35　正交试验结果

试验组号	破碎率	胶浆浓度	沥青用量	空列	孔隙率/%	劈裂抗拉强度/MPa	马歇尔稳定度/kN
1	(1)0	(1)1.5	(1)6.0%	2	1.22	0.36	6.29
2	(1)0	(2)2.0	(3)7.0%	1	0.97	0.32	6.06
3	(1)0	(3)2.5	(2)6.5%	3	0.47	0.30	6.01
4	(2)50%	(1)1.5	(3)7.0%	3	1.31	0.49	6.82
5	(2)50%	(2)2.0	(2)6.5%	2	1.01	0.44	6.74
6	(2)50%	(3)2.5	(1)6.0%	1	0.54	0.41	6.70
7	(3)100%	(1)1.5	(2)6.5%	3	1.36	0.81	9.57
8	(3)100%	(2)2.0	(1)6.0%	3	1.10	0.60	9.56
9	(3)100%	(3)2.5	(3)7.0%	2	0.84	0.43	6.99

6.7.3.1　极差分析

极差分析可以直观地判断出影响因素的主次,极差数值越大表示该因素对试验指标结果的影响程度大,说明该因素为主要因素,空列中的极差平均指标表示试验误差,极差数据见表 6-36。

表 6-36　极差分析结果

项目	平均指标	破碎率/%	胶浆浓度	沥青用量/%	空列
孔隙率/%	$\overline{K}_1$	0.89	1.30	0.95	0.96
	$\overline{K}_2$	0.95	1.03	0.95	1.02
	$\overline{K}_3$	1.10	0.62	1.04	0.96
	R	0.21	0.68	0.09	0.06
劈裂抗拉强度/MPa	$\overline{K}_1$	0.33	0.55	0.46	0.51
	$\overline{K}_2$	0.45	0.45	0.52	0.43
	$\overline{K}_3$	0.61	0.38	0.41	0.46
	R	0.28	0.17	0.11	0.08
马歇尔稳定度/kN	$\overline{K}_1$	6.12	7.63	7.52	7.51
	$\overline{K}_2$	6.75	7.45	7.51	6.67
	$\overline{K}_3$	8.77	6.57	6.62	7.46
	R	2.65	1.06	0.90	0.84

由表 6-36 可以看出,以孔隙率为考核指标,随着胶浆浓度的增加,良好的胶浆浓度充分裹覆骨料表面,孔隙率递减,影响程度由大到小的次序是:胶浆浓度→破碎率→沥青用量。以劈裂抗拉强度为考核指标,各因素对其影响程度由大到小的次序是:破碎率→胶浆浓度→沥青用量,随着破碎率的增加,劈裂抗拉强度逐渐增大。以马歇尔稳定度为考核指标,各因素对其影响程度由大到小的次序是:破碎率→胶浆浓度→沥青用量。胶浆浓度为1.5 时,劈裂抗拉强度和马歇尔稳定度均最大,但孔隙率也最大。胶浆浓度为 2.0 时,孔隙率减小,且劈裂抗拉强度和马歇尔稳定度有一定下降。胶浆浓度为 2.5 时,心墙沥青混凝土的力学性能随着破碎粗骨料的嵌挤结构改变明显下降。孔隙率、劈裂抗拉强度、马歇尔稳定度试验误差分别 0.06%、0.08 MPa、0.84 kN。

6.7.3.2　方差分析

方差分析可以从试验中获得更多的信息,得到数据分析的精度和结论的可靠程度及因素的显著性,方差数据见表 6-37。

表 6-37　方差分析结果

项目	方差来源	变动平方和 S	自由度 f	方差 V	F	显著性	临界值
孔隙率/%	破碎率	0.071	2	0.036	8.44	不显著	$F_{0.01}(2,2)=99.0$
	胶浆浓度	0.703	2	0.352	83.08	显著	$F_{0.05}(2,2)=19.0$
	沥青用量	0.016	2	0.008	1.92	不显著	$F_{0.10}(2,2)=9.0$
	试验误差			0.07%			
	变异系数			6.64%			
劈裂抗拉强度/MPa	破碎率	0.140	2	0.070	12.33	有一定影响	$F_{0.01}(2,2)=99.0$
	胶浆浓度	0.038	2	0.019	3.32	不显著	$F_{0.05}(2,2)=19.0$
	沥青用量	0.012	2	0.006	1.04	不显著	$F_{0.10}(2,2)=9.0$
	试验误差			0.08 MPa			
	变异系数			16.11%			
马歇尔稳定度/kN	破碎率	11.522	2	5.761	8.69	不显著	$F_{0.01}(2,2)=99.0$
	胶浆浓度	1.940	2	0.970	1.46	不显著	$F_{0.05}(2,2)=19.0$
	沥青用量	1.578	2	0.789	1.19	不显著	$F_{0.10}(2,2)=9.0$
	试验误差			0.81 kN			
	变异系数			11.3%			

由表 6-37 可以看出,胶浆浓度对孔隙率有显著影响,随着胶浆浓度的增加而减小。破碎率对劈裂抗拉强度有一定影响,对低温下的劈裂抗拉强度和高温下的马歇尔稳定度影响程度的次序是:破碎率→胶浆浓度→沥青用量,与极差分析结果一致。孔隙率、劈裂抗拉强度和马歇尔稳定度的试验误差分别为 0.07%、0.08 MPa、0.81 kN。

6.7.3.3　单因素分析

为更好地分析破碎率和胶浆浓度对沥青混凝土劈裂抗拉强度、马歇尔稳定度和孔隙率的影响,对上述试验结果进行整理,采用单因素分析方法。劈裂抗拉强度的变化规律见图 6-21,马歇尔稳定度的变化规律见图 6-22,孔隙率的变化规律见图 6-23。

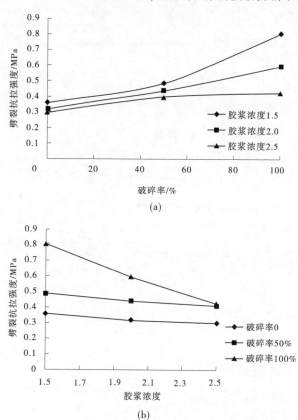

图 6-21　劈裂抗拉强度与破碎率和胶浆浓度的关系

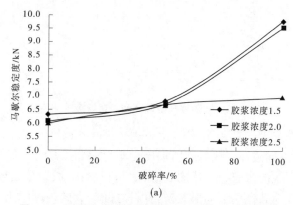

图 6-22　马歇尔稳定度与破碎率和胶浆浓度的关系

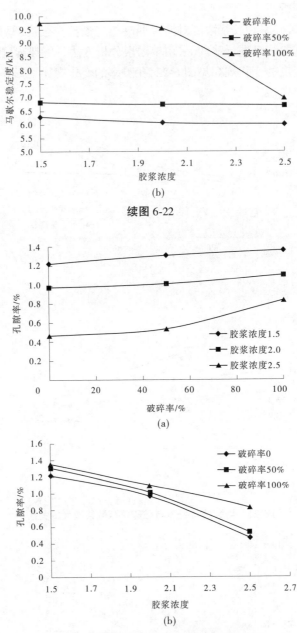

(b)

续图 6-22

(a)

(b)

图 6-23　孔隙率与破碎率和胶浆浓度的关系

　　标准马歇尔试件置于试验夹具当中,上下承压板间各放置一根压条,在垂直荷载作用下,试件受力沿直径方向破坏。压条把所加压力变为沿直径方向分布的线荷载,使试件中产生垂直于荷载作用线的张应力。从图 6-21(a)可以看出,胶浆浓度较低时,破碎粗骨料形成的骨架结构在线荷载作用下局部嵌挤,骨料之间较大的内摩阻力表现为较高的劈裂抗拉强度;随着胶浆浓度的增大,胶浆的内黏聚力承担了越来越多沥青混凝土试件内部的张应力,胶浆浓度达到 2.5 时,沥青混凝土全部使用破碎粗骨料的劈裂抗拉强度并没有显著提高。从图 6-21(b)可以看出,沥青混凝土试件破碎率为 0 和 50%时,随着胶浆浓度逐渐增大,劈裂抗拉强度降低程度并不明显。破碎率为 100%的沥青混凝土劈裂抗拉强度随着胶浆浓度的增加明显下降,这是由于粗骨料之间的接触面随着胶浆浓度的增加而减少,骨料表面除了结合沥青,更多的自由沥青填充骨料的间隙,沥青胶浆与骨料的黏聚力增大,双重作用下粗骨料的棱角效应将大大减弱,劈裂抗拉强度明显降低。

从图 6-22(a)可以看出,胶浆浓度在 1.5 和 2.0 时,马歇尔稳定度随着骨料破碎率的增加显著增大,由于试件使用的沥青软化点低于 60 ℃,胶浆在试件恒温过程中变软,内黏聚力下降,粗骨料的嵌挤结构越明显,表现为在沥青混凝土完全使用破碎粗骨料时稳定度明显增长。胶浆浓度为 2.5 时,马歇尔稳定度增长缓慢,表明较高的胶浆浓度,采用破碎骨料的沥青混凝土高温稳定性的棱角效应减弱。从图 6-22(b)可以看出,随着胶浆浓度的增大,沥青混凝土全部使用破碎粗骨料稳定度降低明显。

沥青混凝土的孔隙率在胶浆浓度为 1.5 和 2.0 时都大于 1%,随着破碎率的增加,孔隙率有增长趋势。较低的胶浆浓度裹覆骨料的能力较弱,粗骨料破碎时,表面产生的微裂隙难以被胶浆填充,孔隙率在这些因素的作用下呈现出图 6-23(a)的线性关系。从图 6-23(b)可以看出,胶浆浓度较低时,粗骨料的形态对孔隙率并无太大影响,而随着胶浆浓度的增加,孔隙率递减趋势明显。孔隙率是心墙沥青混凝土防渗性能的指标,良好的胶浆浓度可以满足力学性能的同时,减小孔隙率,可有效提高心墙沥青混凝土的防渗性能。

6.7.3.4　投影寻踪回归分析

对表 6-34 中 9 组试验数据进行 PPR 分析,反映投影灵敏度指标的光滑系数 $S =$ 0.50,投影方向初始值 $M = 5$,最终投影方向取 MU $= 3$。模型参数 N、P、Q、M、MU 分别为 9、3、1、5、3。各考核指标的实测值、仿真值及相对误差见表 6-38。

表 6-38　PPR 模型回归分析结果

组号	孔隙率/%			劈裂抗拉强度			马歇尔稳定度		
	实测值	仿真值	相对误差	实测值/MPa	仿真值/MPa	相对误差/%	实测值/kN	仿真值/kN	相对误差/%
1	1.220	1.221	0.1	0.360	0.368	2.2	6.290	6.322	0.5
2	0.970	0.963	-0.7	0.320	0.303	-5.3	6.060	5.952	-1.8
3	0.470	0.470	0	0.300	0.315	5.0	6.010	6.066	0.9
4	1.310	1.307	-0.2	0.490	0.519	5.9	6.820	6.826	0.1
5	1.010	1.013	0.3	0.440	0.434	-1.4	6.740	6.666	-1.1
6	0.540	0.546	1.1	0.410	0.389	-5.1	6.700	6.712	0.2
7	1.360	1.362	0.1	0.810	0.781	-3.6	9.770	9.784	0.1
8	1.100	1.098	-0.2	0.600	0.619	3.2	9.560	9.518	-0.4
9	0.840	0.840	0	0.430	0.431	0.2	6.990	7.093	1.5

由表 6-38 可以看出,仿真值与实测值吻合较好。以孔隙率为考核指标的相对误差最

大仅为 1.1%,以劈裂抗拉强度为考核指标的相对误差最大为 5.9%,以马歇尔稳定度为考核指标的相对误差最大值仅为 -1.8%,三个考核指标相对误差均在合理范围之内。证明 PPR 建模能够较好地反映破碎率、胶浆浓度、沥青用量与心墙沥青混凝土孔隙率、劈裂抗拉强度、马歇尔稳定度的关系。相对权值越大,说明该因素对指标影响越大。对于孔隙率,自变量的相对权值关系为:胶浆浓度 1.000 0、破碎率 0.321 32、沥青用量 0.122 24。对于劈裂抗拉强度,自变量的相对权值关系为:破碎率 1.000 0、胶浆浓度 0.622 69、沥青用量 0.138 87。对于马歇尔稳定度,自变量的相对权值关系为:破碎率 1.000 0、胶浆浓度 0.379 20、沥青用量 0.327 52。结果与极差分析和方差分析的影响评价指标的因素主次顺序一致。

6.8　硅酸盐水泥基胶凝材料体系水化热模拟

目前,水化热模型主要被分成线性回归模型和智能计算机模型,基于水化热和影响因素之间存在的线性(非线性)和独立关系的假设,通过实施最小二乘法来拟合试验数据,建立线性回归的模型(水泥成分、水化年龄和水泥细度)。因此,线性回归模型是证实性数据分析(CDA)方法,关键在于事先做出的主观假设是否符合客观事实。当数据的结构或特征和假设不一致时,该模型的精度较差,特别是对于高维的、非正态、非线性的数据。通过探索性数据分析(EDA)方法获得的智能计算机模型用于获得关于数据的总结见解,基于数据本身提供建模任务的深入知识,而无须主观假设。例如,在神经网络中,神经网络的结构由输入层、隐藏层和输出层组成。层间神经元的连接通过内积和激活函数,通过权重和偏差系数建模。神经网络模型中的大量拟合参数(如权重因子、隐藏层、神经元和学习率)使它们能够轻松地识别输入变量之间的非线性的交互,从而形成强大的预测工具。尽管它们有很多优点,但这种模型要求选择很多主观的参数(如学习速率、隐藏层数和每层神经元数)去描述水化热和其影响因素之间复杂的关系。特别是这种智能计算机模型缺少一种可视化的函数表达。因此,这些模型是黑箱子,并且不可能知道计算是如何进行的。所以,智能计算机模型无法为后续扩展性的计算提供帮助,如基于胶凝材料系统水化热的大体积混凝土内部温度场模拟。无假设投影寻踪回归(NA-PPR)方法是实现这一目的的重要工具之一,这是一种分析高维数据的 EDA 方法。对于 NA PPR 方法,因变量和自变量通过非参数和非假设函数进行关联。该函数将高维数据投影到低维数据上,并寻求反映高维数据结构特征的适当投影。特别是提出了新的岭函数(数值函数)和三层分组迭代优化方法,以提高性能并解决当前水化热模型中主观假设和人工参数分配导致的计算结果不确定性。本书旨在研究 NA-PPR 方法预测硅酸盐水泥基胶凝系统水化热的性能,提出水化热 NA-PPR 模型。

6.8.1　材料与方法

6.8.1.1　材料

选取新疆结构混凝土中常用的三种不同矿物组成的硅酸盐水泥和一种矿物掺合料(FA)进行研究。硅酸盐水泥的种类包括低热硅酸盐水泥(LC1)、普通硅酸盐水泥(OC1)

和高抗硫酸盐硅酸盐水泥(HC1)。FA 属于 F 类。这些材料的化学成分和相组成见表 6-39 和表 6-40。这些材料的物理性能见表 6-41。

表 6-39　水泥和 FA 的化学成分(质量分数)　　　　　　%

分析	SiO_2	Al_2O_3	Fe_2O_3	CaO	MgO	SO_3	K_2O	Na_2O	烧失量	其他
OC1	20.0	4.7	3.3	66.9	1.3	1.8	0.57	0.09	0.34	1.00
LC1	23.2	4.1	5.5	61.2	1.3	2.3	0.43	0.07	0.49	1.41
HC1	22.9	4.4	6.1	62.8	1.2	1.6	0.49	0.08	0.26	0.17
FA	52.3	18.1	7.1	7.2	2.9	1.1	3.30	0.50	6.66	0.84

表 6-40　水泥的相组成(质量分数)　　　　　　%

分析	C_3S	C_2S	C_3A	C_4AF
OC1	65.4	13.9	6.8	10.0
LC1	30.1	44.8	3.2	14.7
HC1	32.3	44.6	1.4	18.4

表 6-41　水泥和 FA 的物理性能

物理性质		LC1	OC1	HC1	FA
密度/(g/cm^3)		3.2	3.2	3.2	2.4
水泥细度/(m^2/kg)		316	350	342	383
稠度/%		26.4	28.0	27.1	—
初凝时间/min		129	166	168	—
终凝时间/min		220	220	224	—
活性指数/%	7 d	—	—	—	69
	28 d	—	—	—	83

6.8.1.2　混合比例

根据以往研究的结果,四种水泥相(C_3S、C_2S、C_3A 和 C_4AF)的含量、FA 添加量、水泥细度(CF)和水化时间被选择作为水泥的影响因素。混合物的混合比例列于表 6-42。

表 6-42　混合物的混合比例　　　　　　%

混合物	水泥含量	粉煤灰的含量
OC1(100)	100	0
OC1(50)FA(50)	50	50
LC1(100)	100	0
HC1(100)	100	0

6.8.1.3　试验方法

等温传导量热法和半绝热量热法是目前研究水化热的最基本方法。等温传导量热法在恒温下进行,水化反应产生的热量被吸收元件带走。将热电偶传感器放置在测试样品和吸收元件之间以记录产生的热量,该热量与测试样品的反应程度成正比。试验方法的主要缺点是它们通常不包括砂浆和混凝土,并且很难长时间测量热量。本研究采用与半绝热量热法类似的水泥砂浆直接法(GB/T 12959—2008)测定硅酸盐水泥基水泥材料体系与砂浆混合物的 7 d 水化热。

对于直接法(GB/T 12959—2008),将 ISO 标准砂作为细骨料添加到混合物中,这种砂 1 350 g±5 g 和胶凝材料 450 g±2 g 的比例符合 ISO 标准质量比。混合物的需水量比相应胶凝材料的正常稠度高 5%。将大约 800 g 新鲜砂浆放入玻璃真空瓶中,将其密封并放入 20 ℃ 恒温水浴槽中。因此,本书的建模过程忽略了水胶比和固化温度对水化热的影响。温度变化,由于胶凝材料的水化,每 10 min 用热量计直接记录玻璃真空瓶中的水化热,通过计算累积和散失热量的总量得到 7 d 的水化热。每种混合物测量两个样品,如果值之间的差异在 7 d 内不超过 12 J/g,则计算平均值。计算步骤如下:

步骤 1:计算放置砂浆的玻璃真空瓶的散热系数 $D[J/(h \cdot ℃)]$ 和热容量 $C_m(J/K)$。热容量 $C_m = [0.84(800-M)]+4.182M+C$,其中 $M(mL)$ 为含水率,$C(J/K)$ 为放置无砂浆纯玻璃真空瓶的热容。

步骤 2:进行测试,并将固化过程中的温升绘制为时间的函数。

步骤 3:t 时刻的水化热 $Q_t = C_m \cdot (T_t - T_0) + D \cdot \sum F_{0 \to t}$,其中 $T_t(℃)$ 为 t 时刻的温度,$T_0(℃)$ 为初始温度,$\sum F_{0 \to t}$ 为温升曲线的积分。

步骤 4:水化热计算如下:$Q_t/G = q$,其中 $G(g)$ 为胶凝材料的质量,$q(J/g)$ 为水化热。

6.8.2　结果及水化热的 NA-PPR 模型

6.8.2.1　参数设置

水化热研究主要集中在水化的早期阶段。因此,基于测定硅酸盐水泥基胶凝系统的 1~48 h 水化热,建立了水化热模型。图 6-24 显示了硅酸盐水泥基胶凝系统的水化热曲线。

为了构建和验证模型,将试验结果随机分为建模数据集(80%)和测试数据集(20%)。使用建模数据集构建模型,然后对测试数据集进行回归并与模型拟合以评估性能。此外,为了确保模型的稳定性,本研究提出了“精度一致性检验”准则,要求建模数据集的拟合精度与使用性能评估方法的测试数据集的预测精度一致。

因此,试验数据集(192 个样本)由水泥基系统中每种混合物(总共四种混合物)的每小时(总共 48 h)水化热数据组成,随机划分为两个不同的数据集:建模数据集(160 个样本)和测试数据集(32 个样本)。NA-PPR 模型中使用的建模数据集包括七个自变量(X),即粉煤灰掺量(X_1)、$C_3S(X_2)$、$C_2S(X_3)$、$C_3A(X_4)$、$C_4AF(X_5)$、细度(X_6)、龄期(X_7)和一个因变量水化热 $Y(J/g)$。值得注意的是,建模样本的选择应包含试验数据集因变量的上限和下限。

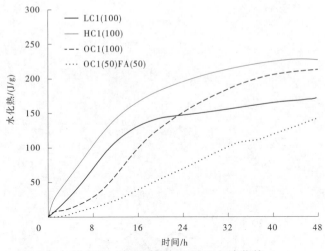

图 6-24　胶凝材料体系 1~48 h 水化热

基于建模数据集,设置了 NA-PPR 模型的一系列参数:$P=7$、$M=5$、$MU=3$、$S=0.1$、$N=160$ 和 $Q=1$,其中 P 是输入变量的数量,Q 是输出变量的数量,N 是建模样本的数量,M 和 MU 分别是岭函数的上限数量和最优数量,其在分析数据的内部结构时确定了模型的精细度。值得注意的是,跨度是 NA-PPR 建模过程中需要选择的唯一参数,由"精度一致性检验"准则确定。因此,避免了由于主观假设和人为参数分配导致的当前水化热模型计算结果的非唯一性问题,因为 PPR 模型参数的值是客观的和可验证的。这就是本方法被命名为 PPR 无假定建模技术的原因。

6.8.2.2　数据分析

线性系数如下:

$$\begin{pmatrix} \boldsymbol{\alpha}_1 \\ \boldsymbol{\alpha}_2 \\ \boldsymbol{\alpha}_3 \end{pmatrix} = \begin{pmatrix} -0.13 & 0.11 & 0.42 & 0.12 & -0.01 & 0.16 & 0.87 \\ 0.21 & 0.21 & 0.49 & -0.17 & 0.57 & 0.51 & 0.23 \\ -0.45 & -0.05 & -0.22 & 0.14 & -0.26 & 0.11 & -0.79 \end{pmatrix}$$

岭函数的权重系数如下:

$$\boldsymbol{\beta} = (0.953\,9, 0.154\,2, 0.086\,4)$$

岭函数 G_m 如图 6-25 所示。纵轴和横轴分别是式(3-62)中 G_m 的输入变量和输出变量。

由以上结果可获得含砂浆混合物的硅酸盐水泥基胶凝材料系统水化热的最终 NA-PPR 模型:

$$Q(x) = 119 + 0.953\,9G_1\left(\sum_{j=1}^{7} \alpha_{j1}x_j\right) + 0.154\,2G_2\left(\sum_{j=1}^{7} \alpha_{j2}x_j\right) + 0.086\,4G_3\left(\sum_{j=1}^{7} \alpha_{j3}x_j\right)$$

$$(6-3)$$

6.8.2.3　NA-PPR 模型的精度分析

本部分介绍了用于预测水化热的 NA-PPR 模型的计算结果。通过对数据集建模开发模型,并对测试数据集进行回归和拟合,比较了两个数据集的计算结果。图 6-26 显示了使用 NA-PPR 模型预测的不同固化时间的水化热。使用 NA-PPR 模型的实际水化热和预

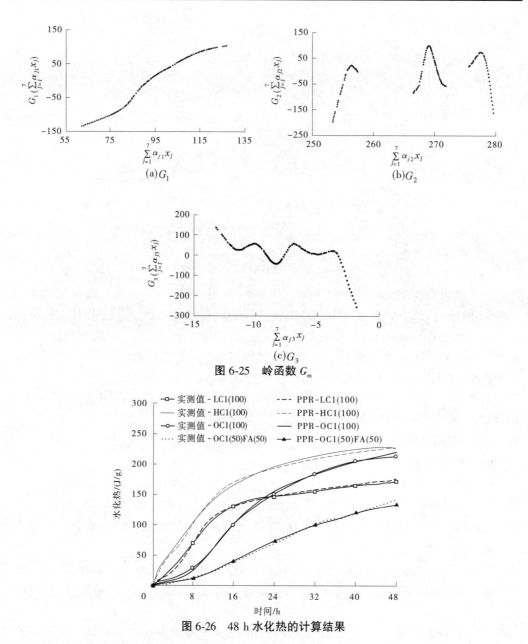

图 6-25　岭函数 G_m

图 6-26　48 h 水化热的计算结果

测水化热之间的相关性如图 6-27 所示。

如图 6-26 所示,NA-PPR 模型对建模和测试数据集获得了良好的预测,RMSE(相对平均绝对误差)分别为 3.6% 和 4.8%,相应的 MAE(平均绝对误差)为 2.81 J/g 和 2.84 J/g。图 6-27 还说明了建模和测试数据集的 RMSE 和 MAE 的差异分别为 1.2% 和 0.03 J/g。结果表明,所提出的 NA-PPR 模型满足"准确度一致性检验"标准,具有较高的稳定性。图 6-27 显示 NA-PPR 模型产生的预测水化热与实际值高度相似。

综上所述,所得结果表明,提出的 NA-PPR 模型可以通过可见函数表达式预测水化热与四种水泥相(C_3S、C_2S、C_3A 和 C_4AF)含量、FA 添加量、水泥细度(CF)和水泥水化年龄

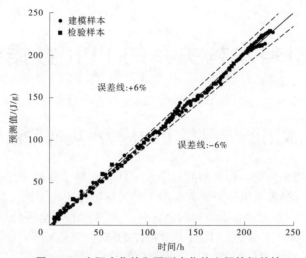

图 6-27　实际水化热和预测水化热之间的相关性

之间的关系。此外,提出的 NA-PPR 模型是一种很有前途的无假设 EDA 方法,基于"精度一致性检验"准则,具有良好的预测精度、稳定性和通用性。数值函数和三层分组迭代优化方法避免了主观假设和人为参数分配。

第 7 章　材料本构关系的 PPR 数据建模方法

7.1　水工沥青混凝土的应力-应变关系研究

　　沥青混凝土心墙坝作为一种典型的采用水工沥青混凝土作防渗结构的土石坝坝型,在工程建设中逐渐占据重要地位。沥青混凝土的力学特性决定了沥青混凝土心墙在受力状态下产生的应力及变形,对心墙结构的稳定分析及坝体的安全评价具有重要影响。沥青混凝土的应力-应变关系是反映自身力学特性的描述方法,研究一种能够精确描述其应力-应变关系的计算模型将对稳定分析及安全评价的可靠性起决定性作用。改变传统的建模思路,采用投影寻踪回归(PPR)无假定建模技术对沥青混凝土三轴试验数据进行分析,建立出偏应力和体应变 PPR 模型,并验证了 PPR 模型的有效性和适用性。该建模方法避免了传统的证实性数据分析(CDA)方法建立模型时存在的模型假定与客观实际不相符的问题。基于 PPR 无假定建模技术建立的偏应力和体应变 PPR 模型能够有效地反映沥青混凝土的复杂力学特性,相较 E-μ、E-B 模型和"南水"模型在反映应变软化特性和剪胀段变形特征方面更为突出;而且适用于不同的温度条件,具有较好的工程适用性。

7.1.1　试验方案

　　沥青混凝土试样采用击实法成型,试样尺寸为 ϕ 150 mm×300 mm。取成型后的试样进行不同温度条件下的常规三轴固结排水剪切试验(CD),试验仪器采用新疆水利工程安全与水灾害防治重点实验室的大型多功能动静三轴试验机。该试验机最大试样尺寸为 ϕ 300 mm×750 mm,最大轴向静荷载为 2 000 kN,试验最大围压为 5 MPa,轴向位移行程为 400 mm。在试验前将围压用水和试样在试验温度下恒温 12 h 以上,试验过程中为保证三轴压力室温度的恒定,采用恒温设备对三轴试验仪器的试验间进行控温,温度偏差 ±0.5 ℃。试验采用等应变加载模式,加载速率取 0.3 mm/min,数据采集系统通过计算机控制对整个试验过程中的轴向力、轴向变形、体积变化量等数据进行记录,并以轴向应变达 20% 作为试验停止条件,每隔 60 s 记录一次数据。具体试验方案见表 7-1。

表 7-1　三轴试验方案

试样编号	试验温度/℃	试验围压/kPa
试样 1	10	400、600、800、1 200、1 400、1 600
试样 2	5	400、600、800、1 200、1 400、1 600
	10	400、600、800、1 200、1 400、1 600
	15	400、600、800、1 200、1 400、1 600

7.1.2　试验结果

　　规定体应变以试样体积收缩为负、体积膨胀为正。试样 1 在 10 ℃ 条件下与试样 2 在

10 ℃和15 ℃条件下的静力三轴试验得到的试验曲线的变化规律类似。本书取典型试验结果进行分析,如图7-1、图7-2所示。

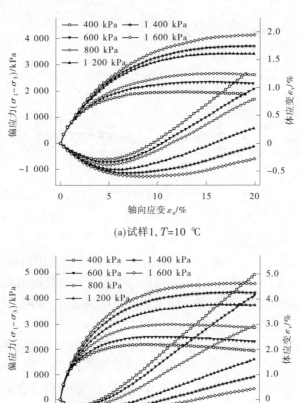

(a)试样1, T=10 ℃

(b)试样2, T=5 ℃

图7-1　不同围压条件下的三轴试验曲线

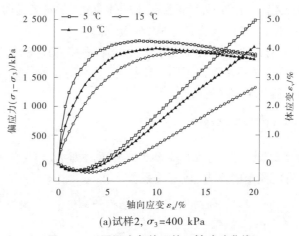

(a)试样2, σ_3=400 kPa

图7-2　不同温度条件下的三轴试验曲线

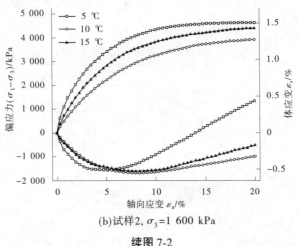

(b)试样2，$\sigma_3 = 1\ 600$ kPa

续图 7-2

由图 7-1 和图 7-2 可以看出：

（1）沥青混凝土的偏应力–轴向应变曲线在低轴向应变范围内近似呈线性变化，围压越大或温度越低线性段斜率越大，然后随轴向应变的增大曲线硬化率逐渐减小，其减小的程度随围压的增大或温度的降低而削弱；当达到破坏偏应力（偏应力曲线上的峰值）对应轴向应变后，曲线下弯，沥青混凝土表现出软化。

（2）随围压的增大或温度的升高，沥青混凝土偏应力–轴向应变曲线的形状逐渐由应变软化（偏应力达峰值点后随轴向应变的增加逐渐减小）型曲线向应变硬化（偏应力随轴向应变持续增大，无明显峰值）型曲线转变，转变的临界围压受温度影响。对于试样 2，在5 ℃条件下试验围压范围内其偏应力–轴向应变曲线并未发生转变，而温度升高后出现转变，所得结果进一步印证了沥青混凝土受温度和围压影响具有不同的力学行为响应。

（3）沥青混凝土试样的体应变–轴向应变曲线开始阶段表现为剪缩（沥青混凝土受剪切作用体积减小的现象），达最大体缩应变时开始剪胀（沥青混凝土受剪切作用体积增大的现象），且剪胀性较为显著；围压越小沥青混凝土的最大体缩应变及对应轴向应变越小。

（4）在不同围压或温度条件下，沥青混凝土的体应变–轴向应变曲线先近似呈抛物线变化后逐渐转为线性变化，整体变化趋势呈"对钩"形。

试验结果表明，沥青混凝土具有应变软化、硬化和剪缩、剪胀的复杂力学特性，受围压和温度影响其应力–应变关系呈现出不同变化趋势，具有明显的非线性且难以采用简单、单一的表达式精确描述。

7.1.3　PPR 模型的建立与求解

通过对比分析双曲线模型（包括 $E\text{-}\mu$、$E\text{-}B$ 模型）和"南水"模型的建模过程，采用下列数学关系式表示沥青混凝土的应力–应变关系：

$$\sigma_d = \sigma_1 - \sigma_3 = f(\varepsilon_a, \sigma_3) \tag{7-1}$$

$$\varepsilon_v = g(\varepsilon_a, \sigma_3, \sigma_d) = g(\varepsilon_a, \sigma_3, f(\varepsilon_a, \sigma_3)) \tag{7-2}$$

对于式（7-1）、式（7-2）中的映射 f、g，本书采用 PPR 无假定建模技术通过构建数值函数表示。同时,为了验证所构建的计算模型的有效性,结合试验数据与 $E\text{-}\mu$、$E\text{-}B$ 模型和"南水"模型进行对比。

将三轴试验结果中轴向应变 ε_a、围压 σ_3 和偏应力 σ_d 作为样本组 $((\varepsilon_{ai},\sigma_{3i}),\sigma_{di})$ $(i=1,2,\cdots,n)$,n 为样本数量,则偏应力 PPR 模型可表示为

$$f(\varepsilon_a,\sigma_3)=E(\sigma_d \mid \varepsilon_a,\sigma_3)=\overline{\sigma}_d+\sum_{j=1}^{M}\boldsymbol{\beta}_j l_j(\boldsymbol{\alpha}_{j1}\varepsilon_a+\boldsymbol{\alpha}_{j2}\sigma_3) \tag{7-3}$$

模型参数求解时,以式(7-4)为极小化准则:

$$L_2=E\left[(\sigma_d-\overline{\sigma}_d)-\sum_{j=1}^{MU}\boldsymbol{\beta}_j l_j(\boldsymbol{\alpha}_{j1}\varepsilon_a+\boldsymbol{\alpha}_{j2}\sigma_3)\right]^2=\min \tag{7-4}$$

偏应力 PPR 模型构建的具体步骤如下:

(1)选择初始的投影方向 $\boldsymbol{\alpha}$、初始岭函数权重系数 $\boldsymbol{\beta}$。

(2)对 $(\varepsilon_{ai},\sigma_{3i})$ 进行线性投影,得到 $\boldsymbol{\alpha}^{\mathrm{T}}(\varepsilon_{ai},\sigma_{3i})$,采用平滑方式对 $(\boldsymbol{\alpha}^{\mathrm{T}}(\varepsilon_{ai},\sigma_{3i}),\sigma_{di})$ 进行处理,确定岭函数 $l(\boldsymbol{\alpha}^{\mathrm{T}}(\varepsilon_a,\sigma_3))$,$i=1,2,\cdots,n$。

(3)计算更新岭函数权重系数 $\boldsymbol{\beta}$,将式 $\sum_{i=1}^{n}[\sigma_{di}-\overline{\sigma}_d-\beta l(\boldsymbol{\alpha}^{\mathrm{T}}(\varepsilon_{ai},\sigma_{3i}))]^2$ 最小时的 $\boldsymbol{\alpha}$ 作为 $\boldsymbol{\alpha}_1$,重复步骤(2)直至两次的误差不再改变,即可确定 $\boldsymbol{\alpha}_1$、$l_1(\boldsymbol{\alpha}_1^{\mathrm{T}}(\varepsilon_a,\sigma_3))$ 和 $\boldsymbol{\beta}_1$。

(4)将步骤(3)计算得到的拟合残差 $r_1(\varepsilon_a,\sigma_3)=\sigma_d-\overline{\sigma}_d-\boldsymbol{\beta}_1 l_1(\boldsymbol{\alpha}_1^{\mathrm{T}}(\varepsilon_a,\sigma_3))$ 代替 σ_d,重复步骤(1)~(3),得到 $\boldsymbol{\alpha}_2$、$l_2(\boldsymbol{\alpha}_2^{\mathrm{T}}(\varepsilon_a,\sigma_3))$ 和 $\boldsymbol{\beta}_2$。

(5)重复步骤(4),计算 $r_2(\varepsilon_a,\sigma_3)=r_1(\varepsilon_a,\sigma_3)-\boldsymbol{\beta}_2 l_2(\boldsymbol{\alpha}_2^{\mathrm{T}}(\varepsilon_a,\sigma_3))$ 代替 $r_1(\varepsilon_a,\sigma_3)$,直到获得的第 M 个 $\boldsymbol{\alpha}_M$、$l_M(\boldsymbol{\alpha}_M^{\mathrm{T}}(\varepsilon_a,\sigma_3))$ 和 $\boldsymbol{\beta}_M$,使残差平方和不再减少或极小化准则 L_2 满足某一精度。

(6)模型的项数依次降为 $M,M-1,\cdots,1$,再将各项数下获得的参数作为初始参数,重复步骤(1)~(3),求解使 L_2 最小的参数 $\boldsymbol{\alpha}_m$、$l_m(\boldsymbol{\alpha}_m^{\mathrm{T}}(\varepsilon_a,\sigma_3))$ 和 $\boldsymbol{\beta}_m$。

(7)对比分析不同项数下的 L_2 值,其中 L_2 值最小的项数即为最优岭函数个数 MU,对应的 MU 个参数即为最终的模型参数。

(8)计算 $f(\varepsilon_a,\sigma_3)$。

将轴向应变 ε_a、围压 σ_3、偏应力 PPR 模型计算值 $\sigma_d=f(\varepsilon_a,\sigma_3)$ 和体应变 ε_v 作为样本组 $((\varepsilon_{ai},\sigma_{3i},\sigma_{di}),\varepsilon_{vi})(i=1,2,\cdots,n)$,则体应变 PPR 模型可表示为

$$g(\varepsilon_a,\sigma_3,\sigma_d)=E(\varepsilon_v \mid \varepsilon_a,\sigma_3,\sigma_d)=\overline{\varepsilon}_v+\sum_{j=1}^{M}\boldsymbol{\beta}_j l_j(\boldsymbol{\alpha}_{j1}\varepsilon_a+\boldsymbol{\alpha}_{j2}\sigma_3+\boldsymbol{\alpha}_{j3}\sigma_d) \tag{7-5}$$

对应的极小化准则为

$$L_2=E\left[(\varepsilon_v-\overline{\varepsilon}_v)-\sum_{j=1}^{MU}\boldsymbol{\beta}_j l_j(\boldsymbol{\alpha}_{j1}\varepsilon_a+\boldsymbol{\alpha}_{j2}\sigma_3+\boldsymbol{\alpha}_{j3}\sigma_d)\right]^2=\min \tag{7-6}$$

模型的构建步骤与偏应力 PPR 模型相同。

根据前述的基本理论和模型的构建步骤编制 PPR 计算机程序,限于篇幅,以试样 1 在 10 ℃条件下的三轴试验结果为例进行建模计算。经计算,偏应力 PPR 模型投影参数为:$P=2,Q=1,S=0.1,M=5,MU=3$;体应变 PPR 模型投影参数为:$P=3,Q=1,S=0.1,M=5,MU=3$。模型参数中:S 为光滑系数,决定模型灵敏度,取值范围 $0<S<1$,其值越小

则模型越灵敏;M 和 MU 决定模型找寻数据内部结构特征的精细程度。在计算 S 时,以"精度一致性检验"准则为依据,在试验曲线上间隔选取建模数据点,一半用来建模,预留一半用来检验模型稳定性,并以模型计算值与实测值相对误差≤5%为合格率判定标准,通过试算在模型满足稳定性要求的前提下确定具体取值。

建模计算过程中所得的模型投影方向如式(7-7)、式(7-8)所示,模型的岭函数及对应的权重系数如图 7-3、图 7-4、式(7-9)所示,将各模型参数代入式(7-3)、式(7-5)中即可得到沥青混凝土偏应力和体应变 PPR 模型。

$$\begin{pmatrix} \boldsymbol{\alpha}_1 \\ \boldsymbol{\alpha}_2 \\ \boldsymbol{\alpha}_3 \end{pmatrix}_{\sigma_1-\sigma_3} = \begin{pmatrix} 0.999\ 9 & 0.010\ 6 \\ 1.000\ 0 & -0.003\ 5 \\ -0.999\ 9 & 0.010\ 9 \end{pmatrix} \tag{7-7}$$

$$\begin{pmatrix} \boldsymbol{\alpha}_1 \\ \boldsymbol{\alpha}_2 \\ \boldsymbol{\alpha}_3 \end{pmatrix}_{\varepsilon_v} = \begin{pmatrix} 1.000\ 0 & -0.000\ 4 & -0.004\ 9 \\ -1.000\ 0 & -0.010\ 4 & 0.000\ 6 \\ 0.999\ 5 & 0.002\ 9 & -0.010\ 7 \end{pmatrix} \tag{7-8}$$

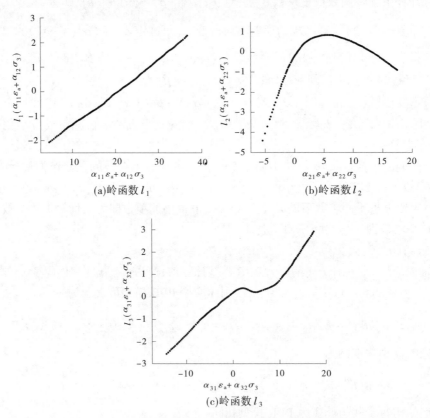

(a)岭函数 l_1　　　　(b)岭函数 l_2

(c)岭函数 l_3

图 7-3　偏应力 PPR 模型岭函数曲线

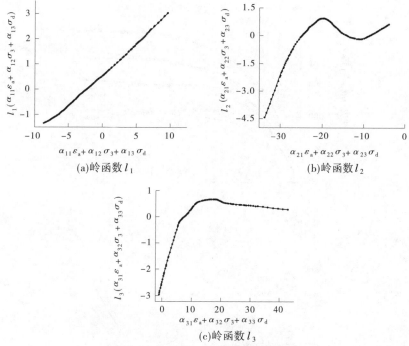

(a)岭函数 l_1　　　　　　　　(b)岭函数 l_2

(c)岭函数 l_3

图 7-4　体应变 PPR 模型岭函数曲线

$$\begin{pmatrix} (\beta)_{\sigma_1-\sigma_3} \\ (\beta)_{\varepsilon_v} \end{pmatrix} = \begin{pmatrix} 0.836\ 3 & 0.496\ 1 & 0.148\ 7 \\ 0.995\ 6 & 0.165\ 2 & 0.090\ 5 \end{pmatrix} \tag{7-9}$$

采用 PPR 无假定建模技术及各本构模型对试样 1 在 10 ℃条件下和试样 2 在 5 ℃条件下的三轴试验结果进行建模计算,计算结果如图 7-5、图 7-6 所示。E-μ、E-B 模型和"南水"模型均采用相同的模型参数 E_t 描述沥青混凝土的偏应力与轴向应变曲线,采用不同的模型参数描述应变与轴向应变曲线。

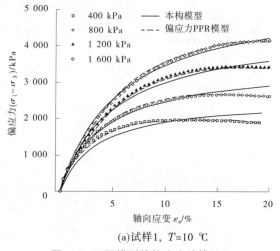

(a)试样 1, $T=10$ ℃

图 7-5　不同模型的偏应力计算结果

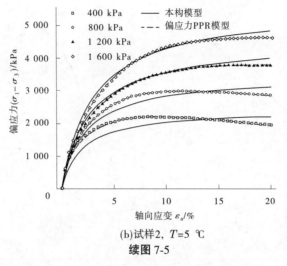

(b)试样2, T=5 ℃

续图 7-5

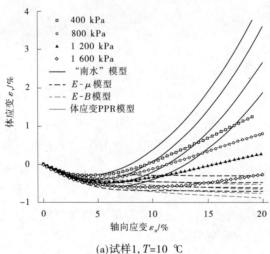

(a)试样1, T=10 ℃

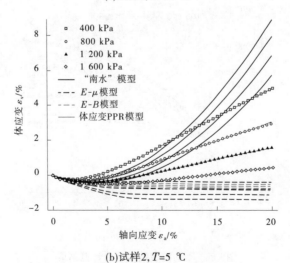

(b)试样2, T=5 ℃

图 7-6 不同模型的体应变计算结果

　　由图 7-5 可得,通过本构模型得到的计算结果与应变软化型曲线无论是变化趋势方面还是吻合度方面均较差。由图 7-6 可得,E-μ 模型和 E-B 模型计算结果均为负值,即不能反映出沥青混凝土剪胀阶段的变形特征,而"南水"模型的计算结果虽然能够大致描述沥青混凝土的剪缩和剪胀特性,但抛物线形的体应变曲线与剪胀段的体应变试验值有很大偏差。相比之下,偏应力和体应变 PPR 模型的计算结果与偏应力和体应变试验值吻合较好。采用 PPR 无假定建模技术进行建模时,不会对输入的样本数据 $((\varepsilon_{ai}, \sigma_{3i}), \sigma_{di})$、$((\varepsilon_{ai}, \sigma_{3i}, \sigma_{di}), \varepsilon_{vi})$ 做任何分布假定,完全忠于数据自身,仅需满足"精度一致性检验"准则确定光滑系数 S 即可。该建模方法能够通过客观分析、挖掘并记录样本数据的内在结构特征信息,即计算求解出岭函数(见图 7-3、图 7-4)及式(7-7)、式(7-8)、式(7-9),再通过线性组合构建出相应的数值函数[式(7-5)、式(7-6)]建立计算模型。这一过程实质上就是在原始数据的基础上探求能够真实反映沥青混凝土轴向应变、围压与偏应力间的非线性关系和轴向应变、围压、偏应力与体应变间的非线性关系,即构建映射 f、g,以实现对沥青混凝土受力及变形特征的反映,避免了传统 CDA 方法建模时模型假定与客观实际不符的问题。

　　采用已建立的 E-μ、E-B、"南水"模型和偏应力、体应变 PPR 模型对未参与建模计算的 600 kPa、1 400 kPa 围压下的偏应力和体应变进行预测,各模型预测结果见图 7-7、图 7-8。

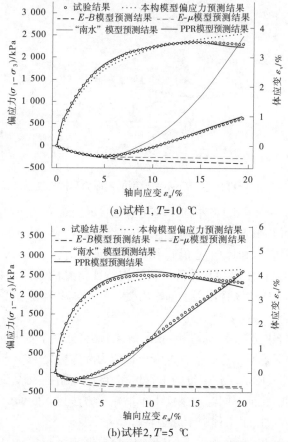

(a)试样 1,T=10 ℃

(b)试样 2,T=5 ℃

图 7-7　600 kPa 围压下不同模型的偏应力和体应变预测结果

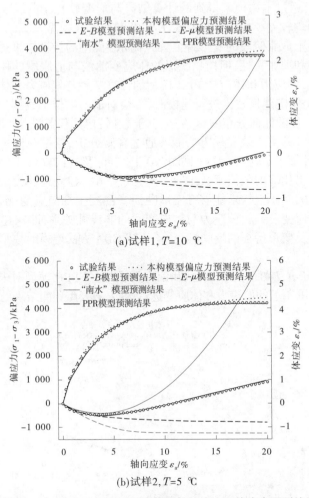

(a)试样1，$T=10$ ℃

(b)试样2，$T=5$ ℃

图 7-8　1 400 kPa 围压下不同模型的偏应力和体应变预测结果

由图 7-7、图 7-8 可以得出，各本构模型在基础假定的约束下，模型的预测结果存在与前文相同的问题。而 PPR 模型的预测结果与试验值更契合，对试验曲线形状的刻画更优。采用已建立的偏应力和体应变 PPR 模型进行预测时，在不同 $(\varepsilon_{ai},\sigma_{3i})$、$(\varepsilon_{ai},\sigma_{3i}$，$\sigma_{di})$ 数据响应下，通过调用储存有试验数据结构特征信息的数值函数，模型计算结果可呈现出不同变化趋势，这与沥青混凝土偏应力受围压影响和体应变受围压和偏应力影响呈现不同的受力及变形特征吻合。

综上所述，通过"建模效果分析"和"预测效果分析"证明了本书建模方法在无假定建模方面的优势，并验证了所构建的沥青混凝土偏应力和体应变 PPR 模型的有效性。

沥青混凝土心墙实际的工作温度为工程区多年平均温度，而受到工程区地理位置的影响存在差异。因此，验证不同温度条件下本书建模方法建立的偏应力和体应变 PPR 模型的适用性对于将其应用于工程中十分必要。

对试样 2 在 10 ℃和 15 ℃条件下的三轴试验数据进行建模计算，计算结果如图 7-9 所示。

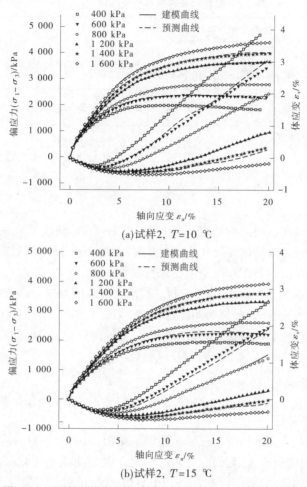

(a)试样2, T=10 ℃

(b)试样2, T=15 ℃

图 7-9　不同温度条件下偏应力和体应变 PPR 模型计算结果

　　根据图 7-9 和前文所得结果可知,在不同温度下基于 PPR 无假定建模技术建立的偏应力和体应变 PPR 模型的计算结果与试样 2 对应温度下的三轴试验曲线的变化趋势相同且吻合度较理想,所得结果验证了采用本书建模方法建立的 PPR 模型的适用性。

7.2　砂砾石材料的应力-应变关系研究

7.2.1　试验用料

　　试验砂砾石料取自新疆和田地区尼雅水利枢纽工程现场,最大可见粒径为 600 mm。受试验仪器限制,参照相关规范对试料中粒径大于 60 mm 的颗粒进行相似级配和等量替代处理,作为试验用料。共进行了两种砂砾石料的三轴试验,试料 1 为全级配砂砾石料(坝壳料),试料 2 为剔除 80 mm 以上粒径后砂砾石料(过渡料),两种试料的试验颗粒级配及相关物理性质指标见表 7-2。

表 7-2　试验砂砾石料级配及物理性质指标

试料	粒组含量/%					最大干密度/(g/cm³)	最小干密度/(g/cm³)	试验干密度/(g/cm³)
	40~60 mm	20~40 mm	10~20 mm	5~10 mm	<5 mm			
1	12.8	28.5	21.1	13.5	24.1	2.338	1.891	2.258
2	12.1	27.0	20.0	12.9	28.0	2.353	1.901	2.272

7.2.2　试验过程

为研究砂砾石料在不同级配情况下的应力-应变关系,该次试验采用两种不同级配的试料进行大型三轴试验。试样尺寸为 ϕ 300 mm×600 mm,试验前对现场所取砂砾石料自然风干、筛分,按照试验级配和干密度要求分 6 次称取、拌匀、击入三轴试验试模中,试样的干密度按偏差不大于 0.03 g/cm³ 控制。试验过程采用等应变加载模式,加载速率为 1 mm/min;选取 4 个围压 σ_3(分别为 400 kPa、800 kPa、1 200 kPa、1 600 kPa)对两种试料进行固结排水剪试验(CD)。根据相关规范要求,当轴向应变 ε_a 达到轴向应力 σ_1 出现峰值后的 3% 或轴向应变 ε_a 达到 15% 时停止试验。

7.2.3　试验结果与分析

7.2.3.1　应力应变特征

两种砂砾石料在不同围压下的三轴试验结果见图 7-10、图 7-11。从图 7-10 中可以看出,两种砂砾石料的轴应变 ε_a 与偏应力 ($\sigma_1 - \sigma_3$) 关系曲线呈硬化型曲线,在整个试验过程中未出现明显的破坏特征;仅在 σ_3 为 1 600 kPa 时,试料 2 的偏应力在轴应变为 13% 后略有下降,出现破坏。在 3% 的轴应变范围内应力快速上升,而后应力上升速率开始下降,围压越小,降低速率越快,在应变达到 6%~8% 后逐渐接近平稳。试验所用试料细料(粒径 $d<5$ mm)含量为 24.1% 和 28.0%,砂砾石料此时的填充状态属于"骨架-孔隙"状态,内部含有较多孔隙,在较大的围压作用下,试样剪切带发生剪切位移的同时颗粒移动,使剪切带附近密度保持稳定或降低,从而使应力应变过程呈现出硬化型特征。随着围压的增长,最大偏应力出现时的轴应变逐渐增大;并且最大偏应力的增长量降低,呈现出非线性特征,在高围压条件下不满足摩尔-库伦线性抗剪强度理论。对比两种试料的最大偏应力,在各个围压下均出现细料含量较低的试料 1 的最大偏应力大于试料 2。由图 7-11 可知,砂砾石料在三轴压缩试验过程中体应变 ε_v 随轴应变 ε_a 的增大呈先减小后增大趋势。在试验初期,体应变随轴应变的增加而逐渐缩小,此阶段试样在围压和轴向应力作用下被压密;当达到临界孔隙比后,试样剪切带附近的土颗粒移动或翻越,剪切带区域孔隙增多而表现出体胀现象,表现为体应变随轴应变的增大逐渐增大。

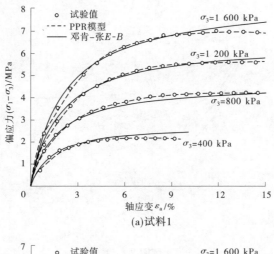

(a)试料1

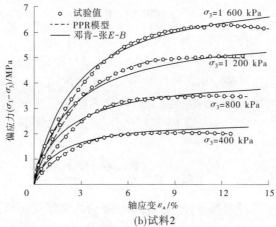

(b)试料2

图 7-10　三轴试验偏应力-轴应变关系曲线

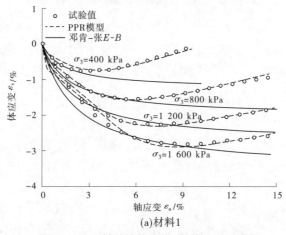

(a)材料1

图 7-11　三轴试验体应变-轴应变关系曲线

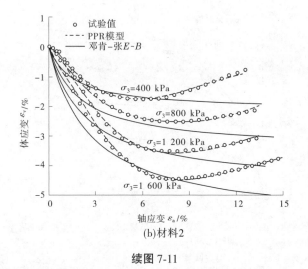

(b)材料2

续图 7-11

7.2.3.2　邓肯-张 E-B 模型参数整理

邓肯-张模型可反映土体变形的主要特性,因其参数物理意义明确,易于求解,在岩土工程领域得到了较为广泛的应用。该模型中假设土体的轴应力与轴应变关系可采用双曲线拟合,以切线弹性模量 E_t 来表述土体弹性模量 E 随轴应变 ε_a 的非线性变化过程,并认为土体在 $\varepsilon_a \rightarrow 0$ 时的初始切线模量 E_0 与围压 σ_3 在双对数坐标内服从线性关系,从而得出土体的切线模量表达式为

$$E_t = K p_a \left(\frac{\sigma_3}{p_a}\right)^n \left[1 - R_f \frac{(1 - \sin\varphi)(\sigma_1 - \sigma_3)}{2c\cos\varphi + 2\sigma_3\sin\varphi}\right]^2 \tag{7-10}$$

式中:K 为模量系数;n 为模量指数;R_f 为破坏比;φ 为内摩擦角,(°);c 为黏聚力,kPa;p_a 为标准大气压,取 100 kPa。

对体应变与轴应变的处理时,假定切线体积模量 B_t 与应力水平无关,在某一特定围压下为常数,并认为 B_t/p_a 与 σ_3/p_a 在双对数坐标下满足线性规律,得到切线体积模量的表达式:

$$B_t = K_b p_a \left(\frac{\sigma_3}{p_a}\right)^m \tag{7-11}$$

式中:K_b 和 m 为反映切线体积模量随围压变化的系数和指数。

综上,邓肯-张 E-B 模型共有 7 个模型参数,即 c、φ、R_f、K、n、K_b、m。

采用邓肯-张 E-B 模型对两种试料的试验结果进行整理,模型参数见表 7-3。根据模型参数计算两种砂砾石料的应力-应变关系曲线,将其绘制于图 7-10、图 7-11 中。从图 7-10 中可以看出,邓肯-张 E-B 模型基本能反映砂砾石料在三轴试验中偏应力随轴应变的增长过程,但试验曲线不完全符合双曲线分布,导致拟合值与试验值存在一定的误差;图 7-11 显示,采用邓肯-张 E-B 模型计算的体应变与试验值存在较大的误差,在体缩阶段能基本反映砂砾石料体应变随轴应变的增长趋势;因该模型不能描述材料的体胀现象,所以在体胀阶段出现计算值与试验值相差甚远的情况。

表 7-3　砂砾石料邓肯-张 *E-B* 模型参数

试料	c/kPa	$\varphi/(°)$	R_f	K	n	K_b	m
1	171.2	41.8	0.85	1 050.0	0.48	690.0	0.05
2	145.0	40.0	0.82	850.0	0.45	350.0	0.08

7.2.4　PPR 的数据建模

针对邓肯-张 *E-B* 模型出现的误差较大现象,采用投影寻踪回归(PPR)无假定建模对砂砾石料的应力-应变关系进行分析,以期采用 PPR 数据建模的方式来准确描述砂砾石材料的应力应变特征。

7.2.4.1　投影寻踪回归(PPR)简介

投影寻踪回归(PPR)分析是基于降维寻优的一种探索性数据分析方法,对原始数据不进行任何人为假定、分割或变换处理,能够对高维数据的内在规律和真实联系进行客观性描述。该分析方法利用计算机技术将多维空间数据投影到低维子空间,通过寻求某个投影指标的极小化值,找出反映原始数据规律和特征的投影,从而实现对多维数据的分析。

设有一组随机变量 (X,Y),Y 是 Q 维随机向量,X 是 P 维随机向量,PPR 即可根据 (X,Y) 的 n 次观测数据 $(X_i,Y_i)(i=1,2,3,\cdots,n)$ 结果,以多个岭函数加权和的形式逼近回归函数 $f(x)=E(Y|X=x)$,PPR 的模型可用下式表示:

$$f(x)=E(Y_i\,|\,X_1,X_2,X_3,\cdots,X_P)=\overline{y_i}+\sum_{m=1}^{M}\beta_m f_m\Big(\sum_{j=1}^{P}\alpha_{jm}x_j\Big) \tag{7-12}$$

式中:f_m 为第 m 个岭函数,M 为岭函数上限个数;β_m 为岭函数贡献权重系数;α_{jm} 为 j 方向的第 m 个投影值 $(j=1,2,\cdots,P)$,$\sum\limits_{j=1}^{P}\alpha_{jm}^2=1$。

极小化准则:

$$L_2=\sum_{i=1}^{Q}W_iE\Big[Y_i-EY_i-\sum_{m=1}^{\mathrm{MU}}\beta_{im}f_m\Big(\sum_{j=1}^{p}\alpha_{jm}X_j\Big)\Big]^2=\min \tag{7-13}$$

式中:MU 为岭函数最优个数;W_i 为因变量的权重系数。

PPR 将多维数据进行投影降维、逐步寻优、分层分组迭代计算,从而计算出岭函数 f_m、岭函数最优个数 MU、投影方向 α_{jm} 和各因素的权重系数 W_i,确定回归函数,进而使 L_2 满足极小值。

7.2.4.2　PPR 建模

PPR 是在探索每个样本所包含的数据信息的基础上,客观分析描述各数据样本的结构特征和规律,在不做任何假定条件下实现较高精度的仿真计算。因此,本书在砂砾石料三轴试验结果数据的基础上,分别对试料 1 和试料 2 的应力-应变关系进行建模分析。选取轴向应变和围压作为自变量 X,以偏应力和体应变为因变量 Y,建模数据样本按照试验点间隔选取,留下剩余一半数据点作为模型检验样本。模型参数以仿真计算结果与试验

值的相对误差$|\delta| \leqslant 6\%$控制其合格率,调整平滑系数 S、岭函数个数 M 和最优岭函数个数 MU,使之达到 L_2 条件。PPR 建模的模型参数见表7-4。

表 7-4　PPR 建模的模型参数

试料	偏应力($\sigma_1 - \sigma_3$)			体应变 ε_v		
	S	M	MU	S	M	MU
1	0.1	4	3	0.3	4	3
2	0.1	4	3	0.3	4	3

7.2.4.3　PPR 建模分析结果

通过 PPR 分析,轴应变和围压对偏应力和体应变的影响权重系数的关系见表7-5,岭函数的贡献权重系数 $\boldsymbol{\beta}$ 和投影方向 $\boldsymbol{\alpha}$ 见式(7-14)~式(7-21)。

表 7-5　影响因子相对贡献权重系数

影响因子	偏应力($\sigma_1 - \sigma_3$)		体应变 ε_v	
	试料 1	试料 2	试料 1	试料 2
轴应变	0.745	0.806	0.849	0.636
围压	1.000	1.000	1.000	1.000

$$\boldsymbol{\beta}_{\text{SL1}-(\Delta\sigma_1)} = (0.934\,8, 0.361\,8, 0.114\,2) \tag{7-14}$$

$$\begin{pmatrix} \boldsymbol{\alpha}_1 \\ \boldsymbol{\alpha}_2 \\ \boldsymbol{\alpha}_3 \end{pmatrix}_{\text{SL1}-(\Delta\sigma_1)} = \begin{pmatrix} 0.999\,9 & 0.015\,7 \\ 0.999\,9 & -0.002\,6 \\ -0.999\,7 & 0.023\,9 \end{pmatrix} \tag{7-15}$$

$$\boldsymbol{\beta}_{\text{SL1}-(\varepsilon_v)} = (0.831\,3, 0.466\,8, 0.223\,8) \tag{7-16}$$

$$\begin{pmatrix} \boldsymbol{\alpha}_1 \\ \boldsymbol{\alpha}_2 \\ \boldsymbol{\alpha}_3 \end{pmatrix}_{\text{SL1}-(\varepsilon_v)} = \begin{pmatrix} -0.999\,7 & -0.025\,6 \\ 0.999\,9 & -0.003\,6 \\ 0.999\,7 & -0.022\,4 \end{pmatrix} \tag{7-17}$$

$$\boldsymbol{\beta}_{\text{SL2}-(\Delta\sigma_1)} = (0.981\,6, 0.334\,0, 0.045\,3) \tag{7-18}$$

$$\begin{pmatrix} \boldsymbol{\alpha}_1 \\ \boldsymbol{\alpha}_2 \\ \boldsymbol{\alpha}_3 \end{pmatrix}_{\text{SL2}-(\Delta\sigma_1)} = \begin{pmatrix} 0.999\,9 & 0.013\,8 \\ -1.000\,0 & 0.002\,4 \\ -0.999\,8 & 0.021\,7 \end{pmatrix} \tag{7-19}$$

$$\boldsymbol{\beta}_{\text{SL2}-(\varepsilon_v)} = (0.860\,8, 0.591\,9, 0.147\,0) \tag{7-20}$$

$$\begin{pmatrix} \boldsymbol{\alpha}_1 \\ \boldsymbol{\alpha}_2 \\ \boldsymbol{\alpha}_3 \end{pmatrix}_{\text{SL2}-(\varepsilon_v)} = \begin{pmatrix} -0.999\ 9 & -0.010\ 8 \\ -1.000\ 0 & 0.002\ 6 \\ 0.999\ 9 & -0.008\ 1 \end{pmatrix} \tag{7-21}$$

式中下标为:试料号-因变量,如下标 SL1$-(\varepsilon_v)$ 表示试料 1 在计算体应变时对应的参数。

从表 7-5 可以看出,围压对砂砾石料的偏应力和体应变影响最大,轴应变次之。采用 PPR 建模得到的两种试料的偏应力和体应变计算值与试验值的相对误差 $|\delta| \leqslant 6\%$ 时的合格率均大于 90%,对建模过程中预留检验的一半数据点代入 PPR 模型,其相对误差 $|\delta| \leqslant 6\%$ 时的合格率也大于 90%。为便于比较,将 PPR 模型得到的计算值绘制到图 7-10、图 7-11 中,从对比曲线看出,在小应变范围内的误差较大,但后期随着轴应变的增大,相对误差较小,相对误差下降到 1% 以下,计算值与试验值吻合度较高,表明 PPR 模型能够准确拟合砂砾石料在三轴试验中偏应力和体应变随轴应变和围压变化的规律。

7.2.4.4　PPR 模型精度分析

按照上述模型结果及极小值准则,将 PPR 模型计算结果与试验值进行对比分析。限于篇幅,仅对试料 1 结果进行分析,结果见图 7-12,图中斜线为相关系数 $C_v = 1$ 时的相关线,表示计算值与试验值相等。从图 7-12(a)中可以看出,PPR 模型计算值与试验值的误差较小,建模数据的 106 个数据点中相对误差小于 6% 的合格率为 94.3%,最大相对误差出现在轴应变较小位置,最大值为 13.2%;106 组检验样本的合格率为 92.5%,最大相对误差值为 20.9%。体应变的试验值与计算值的相关性较好,建模数据样本和预留检验样本的合格率分别为 85.4% 和 79.6%,最大相对误差为 65.6%,因为体应变的数值较小,导致相对误差数值偏大,但从图 7-12(b)中可以看出其离散程度较小。说明采用 PPR 无假定数据建模方法建立的数据模型能准确地描述砂砾石料的应力-应变关系,具有较高的精度。

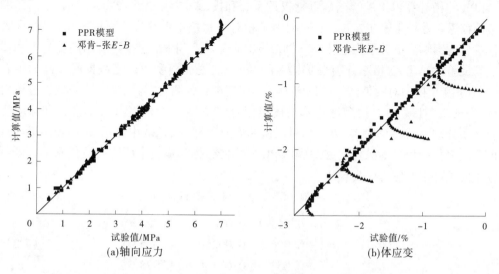

(a)轴向应力　　　　　　　　　　(b)体应变

图 7-12　计算值与试验值对比

为进一步验算所建模型的精度,用邓肯-张 E-B 模型的计算结果与试验值进行对比(见图 7-12)。从图 7-12 中可以看出,邓肯-张 E-B 对偏应力的拟合比较理想,计算值与试验值吻合度较高;但对比 PPR 计算结果,其离散程度明显较大,计算值按相对误差 $|\delta| \leq 6\%$ 控制的合格率为 87.3%。邓肯-张 E-B 模型计算的体应变与试验值相关性较低,其中大部分数据点偏离相关线,离散性大,相对误差 $|\delta| \leq 6\%$ 时的合格率仅为 36.3%。上述结果说明,砂砾石料的应力-应变关系采用 PPR 数据建模技术拟合比邓肯-张 E-B 双曲线模型具有更高的精度。

7.2.4.5　PPR 模型预测

为进一步探讨基于 PPR 的数据建模方法的适用性,以三轴试验两种试料的 3 个围压下的试验结果作为建模样本,每个试料各留取 1 个围压下的数据点作为模型预测检验样本。以偏应力或体应变作为因变量 Y,以轴应变、围压和试料细粒含量为 X 建立模型,建模数据选取情况见表 7-6。按照前述建模经验,以计算值与试验值的相对误差 $|\delta| \leq 6\%$ 控制其合格率,在 PPR 建模时,偏应力模型参数为:$S = 0.1, M = 4, MU = 3$;体应变模型参数为:$S = 0.3, M = 4, MU = 3$。

表 7-6　PPR 建模情况

围压/MPa	偏应力 $(\sigma_1 - \sigma_3)$		体应变 ε_v	
	试料 1	试料 2	试料 1	试料 2
0.4	△	△	△	△
0.8	□	△	□	△
1.2	△	□	△	□
1.6	△	△	△	△

注:△表示建模数据,□表示预测检验数据。

PPR 建模计算得出的岭函数贡献权重系数和投影方向见式(7-22)~式(7-25),影响因素的权重系数列于表 7-7 中。从影响因子相对贡献权重系数大小可以看出,对偏应力和体应变的影响大小关系均是:围压>轴应变>细粒含量。PPR 建模计算出的偏应力和体应变与试验值对比,合格率分别为 93.2% 和 86.7%,说明模型对建模数据有较高的拟合度。采用 PPR 模型对两种试料的偏应力与体应变进行预测,并与预留的检验数据进行对比,结果见图 7-13。PPR 模型计算结果按照相对误差 $|\delta| \leq 6\%$ 控制时,偏应力和体应变的合格率分别为 64.9% 和 32.7%,相对误差偏离较大;但图 7-13 中显示,模型预测值与试验值曲线变化趋势基本保持一致,说明 PPR 模型的数据建模技术可以大致预测出砂砾石料在不同条件下的应力应变规律。

$$\boldsymbol{\beta}_{(\Delta\sigma_1)} = (0.9067, 0.3947, 0.1967) \tag{7-22}$$

$$\begin{pmatrix} \boldsymbol{\alpha}_1 \\ \boldsymbol{\alpha}_2 \\ \boldsymbol{\alpha}_3 \end{pmatrix}_{(\Delta\sigma_1)} = \begin{pmatrix} 0.5139 & 0.0087 & -0.0087 \\ -0.9963 & 0.0024 & 0.0859 \\ -0.0535 & 0.0014 & 0.9986 \end{pmatrix} \tag{7-23}$$

$$\boldsymbol{\beta}_{\varepsilon_v} = (0.9717, 0.3348, 0.2794) \tag{7-24}$$

$$\begin{pmatrix} \boldsymbol{\alpha}_1 \\ \boldsymbol{\alpha}_2 \\ \boldsymbol{\alpha}_3 \end{pmatrix}_{\varepsilon_v} = \begin{pmatrix} -0.392\,9 & -0.007\,6 & -0.919\,6 \\ 0.998\,5 & -0.003\,8 & 0.054\,1 \\ 0.742\,6 & -0.000\,6 & -0.669\,7 \end{pmatrix} \tag{7-25}$$

表 7-7　影响因子相对贡献权重系数

影响因子	轴应变	围压	细粒含量
偏应力	0.793	1.000	0.439
体应变	0.863	1.000	0.452

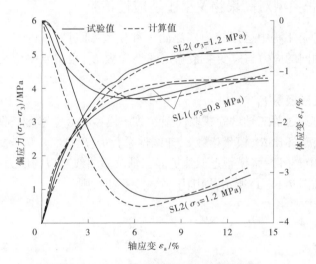

图 7-13　PPR 模型预测值与试验值比较

综上所述,PPR 数据建模技术能够基于数据客观规律对高维数据进行准确的客观描述和预测,此数据建模方法为岩土工程中描述土体的应力应变规律提出了一种新的思路。

7.3　基于投影寻踪回归的高聚物戈壁土本构模型研究

为研究材料的力学问题,从静力学和几何学角度出发,可建立平衡方程和几何方程,这些方程均与材料的物理性质无关。在求解实际工程问题时需求解的未知量通常包括应力、内力和位移,平衡方程仅仅建立了力学参数(应力分量与外力分量)之间的联系,几何方程只是建立了运动学参数(位移分量与应变分量)之间的联系,两类方程是完全相互独立的,它们之间还缺少必要的联系,针对具体力学问题时,由于未知量的数目多于任何一类方程数目,也就无法利用这两类方程求得全部的未知量。为了求解具体的力学问题,就必须引入某种具体的关系式,这些关系式就是所谓的本构关系。本构关系反映了变形体材料固有的物理特性,也称为物理关系,它实际上是一种联系力学参数和运动学参数的方程式,即本构方程。

材料宏观性质的数学模型称为本构关系,把本构关系写成具体的数学表达式称为本构方程,研究材料的本构关系就是研究材料的应力-应变关系。通常是在大量的试验数据的基础上,并赋予简化假设的前提下建立能够描述基本力学特性的本构方程。目前,对于材料在荷载作用下的变形特性的研究,主要有非线性弹性理论和弹塑性理论。根据以上概念,强度准则也应属本构关系范畴,在连续介质力学理论中,因为强度准则通常是应力或应变空间的极限面,它描述材料濒于破坏时的宏观力学性质的数学模型。

高聚物戈壁土是一种采用黏滞性聚合物将分散的颗粒土黏结到一起形成的弱胶结颗粒体材料,通过对这种材料开展的静力三轴试验研究,进一步分析了高聚物戈壁土的应力和变形特性,探求高聚物戈壁土的应力-应变关系本构模型,为在工程结构上推广应用提供理论基础。

7.3.1　邓肯-张模型对高聚物戈壁土适应性检验

邓肯-张模型是工程中运用较为广泛的一种模型,通过常规的三轴试验获取材料的基本参数,根据轴向的应力与应变关系确定弹性参数 E_t,根据水平应变与轴向应变关系确定弹性参数 μ_t。

7.3.1.1　切线变形模量 E_t

邓肯-张模型通过静三轴试验获取模型参数。模型共 8 个参数,即模量系数 K,黏聚力 c,内摩擦角 φ,破坏比 R_f,模量指数 n,非线性系数 D、F、G。

在这个过程中,邓肯-张模型近似地把静三轴试验曲线对应的应力-应变关系认为是符合双曲线的,如图 7-14(a)所示,周围压力 σ_3 不变时,则

$$\sigma_1 - \sigma_3 = \frac{\varepsilon_a}{a + b\varepsilon_a} \tag{7-26}$$

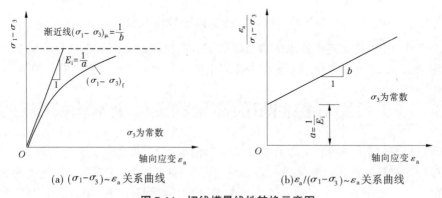

(a) $(\sigma_1 - \sigma_3) \sim \varepsilon_a$ 关系曲线　　　　(b) $\varepsilon_a / (\sigma_1 - \sigma_3) \sim \varepsilon_a$ 关系曲线

图 7-14　切线模量线性转换示意图

式中:a 为初始切线模量 E_i 的倒数;b 为主应力差渐近值 $\sigma_1 - \sigma_3$ 的倒数;ε_a 为轴向应变。

如果 7-14(a)的纵轴改成 $\dfrac{\varepsilon_a}{\sigma_1 - \sigma_3}$,则双曲线变为直线,如 7-14(b)所示。从这条直线上可以十分容易地获得 a 和 b 的数值,能确定 σ_3 是某一值时的 E_i 和 $(\sigma_1 - \sigma_3)_\mu$。式(7-26)可改写成

$$\sigma_1 - \sigma_3 = \frac{\varepsilon_a}{\dfrac{1}{E_i} + \dfrac{\varepsilon_a R_f}{(\sigma_1 - \sigma_3)_f}} \tag{7-27}$$

式中,$(\sigma_1 - \sigma_3)_f$ 为试样破坏时的主应力差;R_f 为破坏比,其值小于 1,定义如下:

$$R_f = \frac{(\sigma_1 - \sigma_3)_f}{(\sigma_1 - \sigma_3)_\mu} \tag{7-28}$$

由式(7-27)整理可得到曲线上任意一点的切线模量为

$$E_t = \frac{\partial(\sigma_1 - \sigma_3)}{\partial \varepsilon_a} = \frac{\dfrac{1}{E_i}}{\dfrac{1}{E_i} + \dfrac{\varepsilon_a R_f}{(\sigma_1 - \sigma_3)_f}} \tag{7-29}$$

式(7-29)可改写为

$$\varepsilon_a = \frac{\sigma_1 - \sigma_3}{E_i\left[1 - \dfrac{(\sigma_1 - \sigma_3)R_f}{(\sigma_1 - \sigma_3)_f} \right]} \tag{7-30}$$

由式(7-28)~式(7-30)可得到

$$E_t = (1 - R_f s)^2 E_i \tag{7-31}$$

式中,s 为应力水平,即实际主应力差与破坏时主应力差的比值,反映抗剪强度发生的程度,$s = \dfrac{\sigma_1 - \sigma_3}{(\sigma_1 - \sigma_3)_f}$。按照对压缩试验的认识,可以将初始切线模量 E_i 与固结压力 σ_3 的关系用下式表达:

$$E_i = K p_a \left(\frac{\sigma_3}{p_a} \right)^n \tag{7-32}$$

式中:K 和 n 是经试验确定的参数,可由图 7-15 所示的 E_i 与 σ_3 关系求得,其中 K 值反映材料的软硬程度;p_a 为大气压力,单位与 E_i 相同;K 值为无因次,一般情况下都取其近似值的 0.1 MPa。

根据摩尔-库伦破坏标准得

$$(\sigma_1 - \sigma_3)_f = \frac{2c\cos\varphi + 2\sigma_3\sin\varphi}{1 - \sin\varphi} \tag{7-33}$$

式中:c、φ 分别为材料的黏聚力和内摩擦角。

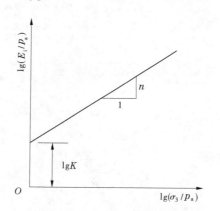

图 7-15　初始切线模量与固结压力

切线模量最终的表达式:

$$E_t = \left[1 - R_f \frac{(1 - \sin\varphi)(\sigma_1 - \sigma_3)}{2c\cos\varphi + 2\sigma_3\sin\varphi} \right]^2 K p_a \left(\frac{\sigma_3}{p_a} \right) \tag{7-34}$$

　　将上述整理试验结果得到的 $E\text{-}\mu$ 双曲线模型参数 K、n、R_f、c、φ、G、F、D,代入 $E\text{-}\mu$ 双曲线理论公式,可得到主应力差$(\sigma_1-\sigma_3)$与轴向应变 ε_1 理论关系曲线及体应变 ε_v 与轴向应变 ε_1 理论关系曲线;从图 7-16 可知,高聚物掺量在小于 15% 时,应力应变呈现较明显的非线性变化,与邓肯–张模型假定的双曲线模型相吻合,通过对比发现主应力差$(\sigma_1-\sigma_3)$与轴向应变 ε_1 的关系曲线与试验曲线吻合较好。随着高聚物掺量的增加,应力应变关系发生较大的变化,与双曲线模型相差较大,模拟的主应力差$(\sigma_1-\sigma_3)$与轴向应变 ε_1 的关系曲线与试验曲线偏差较大,特别是在应力出现软化时,更是无法模拟。

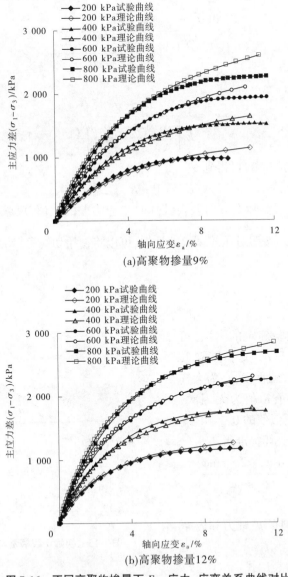

图 7-16　不同高聚物掺量下 $E\text{-}\mu$ 应力–应变关系曲线对比

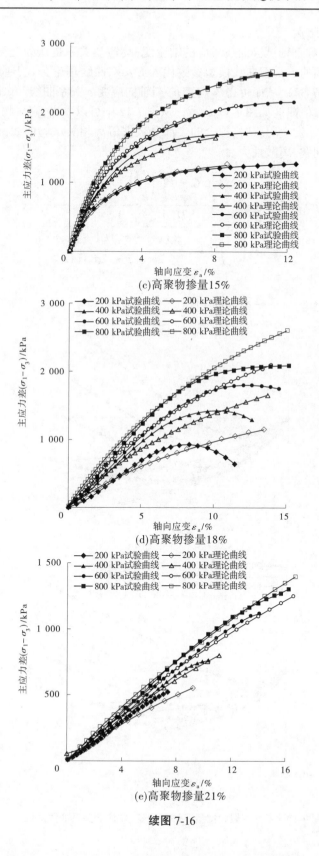

(c)高聚物掺量15%

(d)高聚物掺量18%

(e)高聚物掺量21%

续图 7-16

7.3.1.2 切线泊松比 μ_t

邓肯-张模型把静三轴试验曲线对应的轴应变-体应变关系也认为是符合双曲线的，将整理试验结果得到的 E-μ 双曲线模型参数代入 E-μ 双曲线理论公式，通过推导得到泊松比的表达式为式(7-35)，从而可得体应变 ε_v 与轴向应变 ε 关系曲线。试验实测数据曲线与模型理论计算数值曲线如图 7-17 所示。从图 7-17 中可以看出，高聚物戈壁土存在明显的剪胀现象，当土体发生剪胀时，拟合的大部分数据偏离相关试验曲线，说明该本构关系难以描述体胀的问题，离散性大。

$$\mu_t = \frac{G - F\lg\left(\dfrac{\sigma_3}{p_a}\right)}{1 - \dfrac{D(\sigma_1 - \sigma_3)}{Kp_a\left(\dfrac{\sigma_3}{p_a}\right)^n\left[1 - \dfrac{R_f(\sigma_1 - \sigma_3)(1 - \sin\varphi)}{2c\cos\varphi + 2\sigma_3\sin\varphi}\right]}} \tag{7-35}$$

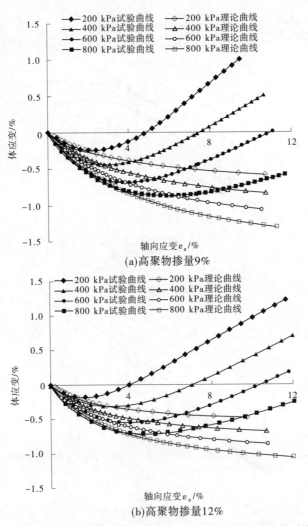

(a)高聚物掺量9%

(b)高聚物掺量12%

图 7-17　不同高聚物掺量下轴向应变-体应变关系曲线对比

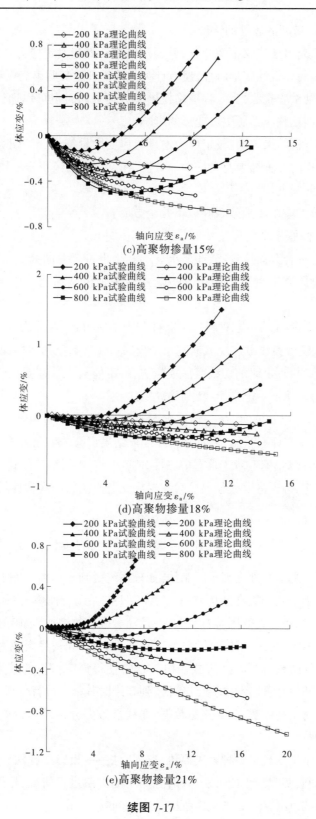

(c)高聚物掺量15%

(d)高聚物掺量18%

(e)高聚物掺量21%

续图 7-17

7.3.1.3　邓肯-张模型适应性的评价

邓肯–张模型是基于广义胡克定律,并通过增量计算和设定应力–应变关系呈双曲线关系,以反映材料的非线性变形特性,所有计算参数物理意义明确。而且所有模型参数仅需通过简单的三轴试验获取,为工程应用提供了方便。同时也可以通过卸荷模量与加载模量的不同来近似反映应力历史对变形的影响。

大量的计算分析结果表明,设定应力增量与应变增量符合广义胡克定律,采用邓肯–张模型对实体工程的计算结果有良好的一致性,在工程中已经积累了较多的经验,导致工程界较多地采用此模型探讨工程结构的性状。

邓肯–张模型的缺陷主要表现在以下几个方面:

(1)由于邓肯–张模型的理论基础是弹性理论,并设定 $(\sigma_1 - \sigma_3) \sim \varepsilon_1$ 关系曲线为应力应变硬化型,且符合双曲线规律,还要求 $\varepsilon_1 \sim \varepsilon_3$ 也符合双曲线关系,如果这些要求得不到满足,该模型原则上将不适用。也就说,邓肯–张模型不能被用于应力应变软化型材料。

(2)邓肯–张模型无法考虑材料的剪胀性和中主应力 σ_2 对应力应变的影响。

(3)邓肯–张模型参数由常规三轴试验曲线的切线来确定,此时只能保持 σ_3 为常量,否则基于增量广义胡克定律的切线变形模量 E_t 将不能成立。也就是说,若不存在 $\mathrm{d}\sigma_2 = \mathrm{d}\sigma_3 = 0$,曲线的斜率就不一定是切线变形模量 E_t。

(4)在计算泊松比 μ 值时,在三轴试验中直接测定 ε_3 较为困难,一般均为通过测定体应变 ε_v 和轴向应变计算获取,这对材料的变形结果将会产生较大的影响。

综上所述,邓肯–张模型对于具有剪胀性和应力–应变关系呈软化型的高聚物戈壁土是不合适的。因此,必须另辟蹊径寻求适高聚物戈壁土应力应变特性的本构关系,以评价该材料应用的可行性。

7.3.2　基于投影寻踪回归(PPR)高聚物戈壁土的本构关系研究

复杂系统通常受多个独立因子的制约,如果系统受到 n 个独立因子的影响和制约,这个系统就处于 n 维空间。通常把具有一~三维以上的系统特征称为系统的高维性。当数据维数较高时,人们将面临的困难有三个:一是随着维数的增加,求解的矩阵的阶数越高。计算工作量急剧增大,带来了计算的困难;二是当维数较高时,将表现为数据点很多,在分析矩阵中分布极为疏松,被称为"维数祸根",这将使得许多传统的较为成功的方法不再适用;三是在低维时稳定性较好的统计方法,到高维时其稳定性就变得较差。这些困难使得传统分析方法对于高维数据、非正态数据、非线性数据分析效果较差,无法求得系统数据的内在规律和特征。

在近代统计学中出现了一种解决高维度的方法——投影寻踪法,它是将高维问题通过投影到低维空间,实现降维的方法,再对各因子的关系进行研究,用这种方法可以建立多因子系统的预测、评价模型,解决工程中的实际问题。

所有的上述各因子通过轴对称三轴试验可以获得大量的观测数据,它们组成了复杂系统,可表示为 $f(h,\sigma_3,(\sigma_1-\sigma_3),\varepsilon_1,\varepsilon_v)=0$ 的函数,这表明高聚物戈壁土的应力应变系统是一个五维的高维复杂系统。

本书基于高聚物戈壁土的轴对称三轴试验,获取大量的检测数据,采用基于投影寻踪回归(PPR)方法,对高聚物戈壁土的本构关系开展研究。

7.3.2.1　独立因子的确定与样本数据的确定

高聚物戈壁土属弱胶结颗粒材料,科学界视其为摩尔材料。其应力-应变关系(简称模型或本构关系)是一个复杂系统,该系统的主要控制因子为:

材料的成分组成,记作 X_1;轴对称三轴条件下的围压 σ_3,记作 X_2;主应力差 $(\sigma_1-\sigma_3)$,记作 X_3;主应变 ε_1,记作 X_4;体应变 ε_v,记作 X_5。体应变与各向轴应变间存在的关系为 $\varepsilon_v=\varepsilon_1+2\varepsilon_3$。

所有的上述各因子通过轴对称三轴试验可以获得大量的观测数据,它们组成了复杂系统,可表示为

$$f(X_1,X_2,X_3,X_4,X_5)=0$$

这表明高聚物戈壁土的应力应变系统是一个五维的高维复杂系统。

通过高聚物戈壁土的轴对称三轴试验,获取 228 组试验数据,依不同独立因子系列,分别列于附表 4、附表 5。直接依赖于大量样本数据,采用基于投影寻踪回归(PPR)的软件(新疆农业大学自行开发的 PPR 计算程序),即可建立高聚物戈壁土的本构关系。

7.3.2.2　高聚物戈壁土的应力-应变关系

PPR 无假定建模是根据观测样本 (X_i,Y_i) $(i=1,2,\cdots,n)$,采用一系列岭函数对投影方向上的 X 随机变量进行加权平均来逼近回归函数(目标函数)。根据上述采用 PPR 软件建立高聚物戈壁土应力-应变关系时,必须先设定公式中的几个参量的初始值。

最终,通过对附表 4 中 228 组试验数据进行 PPR 分析,选定投影灵敏度指标光滑系数 $S=0.10$,投影方向初始值 $M=5$,最终投影方向取 $\mathrm{MU}=4$。模型参数以仿真计算结果与试验值的相对误差≤10%控制其合格率。最终设定的模型参数列于表 7-8 中。

表 7-8　PPR 模型参数

因变量	PPR 参数		
	S	M	MU
主应力差	0.10	5	4
体应变 ε_v	0.10	5	4

通过 PPR 分析,轴应变和围压对主应力差和体应变的影响权重系数列于表 7-9。

表 7-9　影响因子相对贡献权重系数

因变量	影响因子权重系数		
	聚合物含量	围压	轴应变
主应力差	1.000	0.737	0.694
体应变	1.000	0.566	0.453

　　通过 PPR 软件的分析,获得应力-应变计算模型的 4 个岭函数,见附表 6,对应于每个岭函数的权重矩阵为

$$\boldsymbol{\beta} = (1.047\ 5, 0.214\ 0, 0.274\ 8, 0.174\ 9)$$

　　每个自变量对应于相应岭函数的投影方向矩阵为

$$\boldsymbol{\alpha} = \begin{pmatrix} -0.062\ 7 & 0.012\ 4 & 0.998\ 0 \\ 0.972\ 0 & 0.001\ 5 & -0.234\ 9 \\ 0.044\ 5 & -0.004\ 4 & 0.999\ 0 \\ 0.958\ 1 & 0.003\ 0 & -0.286\ 6 \end{pmatrix}$$

　　由上述参数矩阵 $\boldsymbol{\alpha}$、$\boldsymbol{\beta}$ 及岭函数便可确定主应力差与主应变模型的表达式为

$$\sigma_1 - \sigma_3 = 624.885\ 7 + (1.047\ 5Y_1 + 0.214\ 0Y_2 + 0.274\ 8Y_3 + 0.174\ 9Y_4)$$

$$(7\text{-}36)$$

$$\begin{pmatrix} X_1 \\ X_2 \\ X_3 \\ X_4 \end{pmatrix} = \begin{pmatrix} -0.062\ 7 & 0.012\ 4 & 0.998\ 0 \\ 0.972\ 0 & 0.001\ 5 & -0.234\ 9 \\ 0.044\ 5 & -0.004\ 4 & 0.999\ 0 \\ 0.958\ 1 & 0.003\ 0 & -0.286\ 6 \end{pmatrix} \times \begin{pmatrix} x_1 \\ x_2 \\ x_3 \end{pmatrix}$$

式中:x_1 为聚合物掺量;x_2 为围压 σ_3;x_3 为主应变 ε_1。

　　式(7-36)为依据试验数据的高聚物戈壁土的主应力差-主应变本构方程的表达式。它是完全依赖于大量试验数据统计分析的一种本构关系。

7.3.2.3　高聚物戈壁土的体应变-主应变关系

　　对于轴应变和体应变,通过对附表 5 中 228 组试验数据进行 PPR 分析,反映投影灵敏度指标光滑系数 $S = 0.10$,投影方向初始值 $M = 5$,最终投影方向取 MU = 4。模型参数以仿真计算结果与试验值的相对误差≤10%控制其合格率。

　　通过 PPR 分析软件的分析,获得体应变与主应变模型的 4 个岭函数(见附表 7),对应于每个岭函数的权重矩阵为

$$\boldsymbol{\beta} = (0.816\ 3, 0.410\ 8, 0.236\ 5, 0.245\ 5)$$

　　每个自变量对应于相应岭函数的投影方向矩阵为

$$\boldsymbol{\alpha} = \begin{pmatrix} -0.902\ 8 & -0.429\ 7 & 0.015\ 4 \\ -0.018\ 0 & -0.999\ 5 & 0.026\ 0 \\ 0.991\ 3 & -0.131\ 6 & -0.000\ 5 \\ -0.236\ 1 & 0.971\ 7 & 0.001\ 7 \end{pmatrix}$$

　　由上述参数矩阵 $\boldsymbol{\alpha}$、$\boldsymbol{\beta}$ 及岭函数便可确定体应变与主应变模型的表达式为

$$\varepsilon_v = 0.382\ 2 + (0.816\ 3Y_1 + 0.410\ 8Y_2 + 0.236\ 5Y_3 + 0.245\ 5Y_4) \tag{7-37}$$

$$\begin{pmatrix} X_1 \\ X_2 \\ X_3 \\ X_4 \end{pmatrix} = \begin{pmatrix} -0.902\ 8 & -0.429\ 7 & 0.015\ 4 \\ -0.018\ 0 & -0.999\ 5 & 0.026\ 0 \\ 0.991\ 3 & -0.131\ 6 & -0.000\ 5 \\ -0.236\ 1 & 0.971\ 7 & 0.001\ 7 \end{pmatrix} \times \begin{pmatrix} x_1 \\ x_2 \\ x_3 \end{pmatrix}$$

　　对于这种应力-应变-体应变的本构方程,是完全依赖于大量试验数据统计分析的一种本构关系,其所有的力学性质都被归结在应力-应变曲线的试验过程中;该表达式包含了材料的性质,不同的材料性质,其应力应变不同,用一种隐函数的表达式使其建立了关系,该隐函数就表达了材料的内在联系。如果材料改变,还需要单独做试验确定,这也就是不同的过程需要通过试验确定应力-应变关系的原因,根据大量的试验数据来建立本构关系,然后把它推广到结构上,来评价结构的安危。

7.3.2.4　投影寻踪回归(PPR)无假定模型评价

　　根据上述模型结果及极小值准则,将 PPR 投影寻踪回归结果与试验值进行对比分析,结果见图 7-18。从图 7-18 中可以看出,高聚物掺量在 9% ~ 15% 时,高聚物戈壁土具有一定的非线性特点,PPR 投影寻踪回归结果拟合较好,若把试验值看作真值,各样本的 PPR 计算值与试验值的误差均较小,尤其对于体应变的剪胀问题,由于 PPR 投影寻踪回归分析无人工修饰、无限制条件、无人为假定的优点,避免了本构表达式的缺陷,达到了对数据模拟的最佳效果。

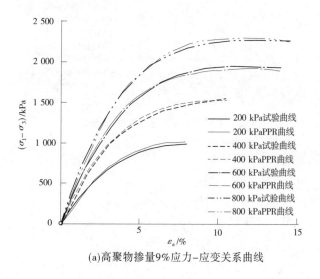

(a)高聚物掺量9%应力-应变关系曲线

图 7-18　不同高聚物掺量高聚物戈壁土 PPR 分析应力-应变-体应变关系曲线

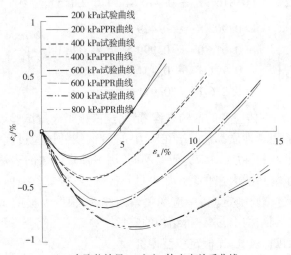

(b)高聚物掺量9%应变–体应变关系曲线

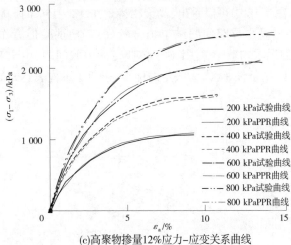

(c)高聚物掺量12%应力–应变关系曲线

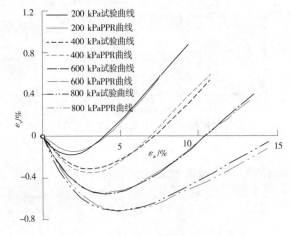

(d)高聚物掺量12%应变–体应变关系曲线

续图 7-18

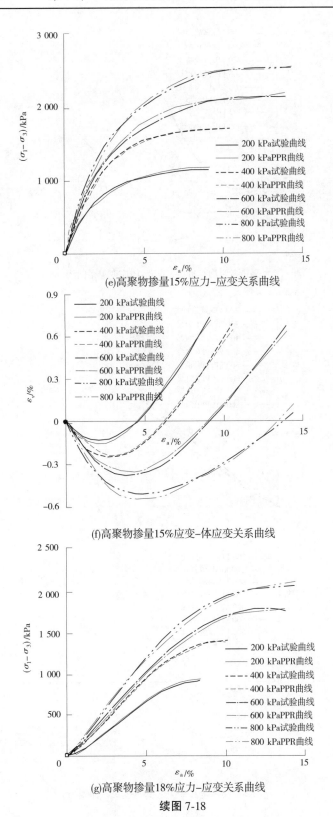

(e)高聚物掺量15%应力–应变关系曲线

(f)高聚物掺量15%应变–体应变关系曲线

(g)高聚物掺量18%应力–应变关系曲线

续图 7-18

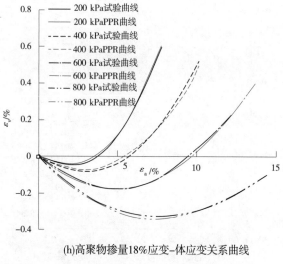

(h)高聚物掺量18%应变–体应变关系曲线

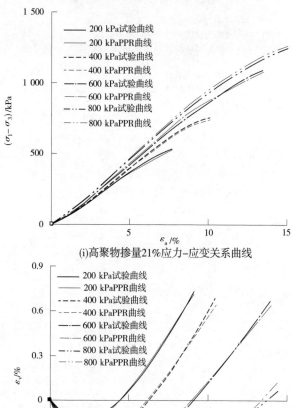

(i)高聚物掺量21%应力–应变关系曲线

(j)高聚物掺量21%应变–体应变关系曲线

续图 7-18

　　考虑掺量较高的高聚物戈壁土的应力-应变关系与双曲线相差较大,分别选用 18%、21% 掺量高聚物戈壁土的应力、应变及体应变的数据进行建模分析,结果如图 7-18 所示。从图 7-18 中可以看出,高聚物掺量在 18%、21% 时,高聚物戈壁土具有一定的线弹性特点,利用投影寻踪回归 PPR 分析结果拟合较好。所以,采用 PPR 建立的数据模型能准确地描述高聚物戈壁土的应力-应变-体应变的关系,具有较高的精度。

　　所以,PPR 数据建模技术能够基于数据客观规律对高维数据进行准确的客观描述和预测,此数据建模方法为岩土工程中描述土体的应力应变规律提出了一种新的思路。

7.3.3　基于 PPR 本构模型的高聚物戈壁土应力-应变仿真分析

　　随着有限元分析软件的日益成熟,本书阐述的建模过程可以通过可视化的数学表达式在计算机程序上实现,通过二次开发将该方法的计算机程序嵌入到 Abaqus 模拟软件中,计算值与试验结果吻合较好,该模型既利于提高模拟结果的准确性,又对高聚物戈壁土的工程设计具有一定的指导意义。

7.3.3.1　PPR 模型子程序流程图

　　PPR 模型子程序流程图见图 7-19。模型子程序的关键点有两个:第一是如何通过应力增量得到应变增量;第二是通过 PPR 模型获取每个应力增量状态下的非线性模量和非线性泊松比。通过应力增量得到应变增量的方式有三种,分别是基本增量法、中点增量法和带误差控制的改进 Euler 积分算法。该程序使用了基本增量法。

　　关于获取每个应力增量状态下的非线性模量和非线性泊松比的方法就是通过 PPR 模型确定模型参数,通过模型预测得到任意状态下的 E_t、μ_t。

7.3.3.2　模型矩阵 $[D]$ 中 E_t、μ_t 的确定

　　与弹性非线性模型的广义胡克定律建立矩阵 $[D]$ 不同。考虑到非线性,包含在矩阵 $[D]$ 中的弹性常数 E_t、μ_t 被看作随应力状态而改变的变量。当土体处于某一应力状态 $\{\sigma\}$ 时,若施加微小的应力增量 $\{\Delta\sigma\}$,则可用该应力状态下的弹性常数形成非线性矩阵 $[D]_{ep}$,这时就可写成增量形式 $\{\Delta\varepsilon\} = [D]_{ep}\{\Delta\sigma\}$。

　　在施加荷载的过程中,相应的荷载也可以通过增量的方式施加,也就是把总荷载分成若干级后分别施加。用应力和应变的有限增量 $\{\Delta\sigma\}$ 和 $\{\Delta\varepsilon\}$ 来代替它们的无限小增量 $\{d\sigma\}$ 和 $\{d\varepsilon\}$,在增量的范围内,非线性矩阵 $[D]_{ep}$ 只与每级荷载加载前的应力状态有关,依次类推,每级荷载的最终状态又都是下一级荷载的初始状态,直到加载完毕。

　　E_t、μ_t 实际上代表的是每个应力增量下的非线性模量和非线性泊松比,是应力状态 $\{\sigma\}$ 的函数,这种状态包含了材料的物理力学性质发生变化的关系。本构模型的主要问题在于土体中的 E_t、μ_t 如何随应力变化,怎样建立其关系式。

　　邓肯-张模型通过对静三轴试验数据的整理,确定邓肯-张双曲线模型的参数。最后可得到切线模量和泊松比的表达式。只要通过试验曲线整理出所需的 8 个参数,就可以推导出任意应力状态下的 E_t、μ_t 值,从而可以确定该应力状态下的矩阵 $[D]_{ep}$,也就建立了关系式 $\{\varepsilon\} = [D]_{ep}\{\sigma\}$。尽管计算的过程中选用的模型参数是定值,但是这些参数的确定存在不唯一性,往往需要根据工程经验进行修正。在整理邓肯-张模型参数的过程中,可以发现很大的人为因素。例如,以工程中最常见的 c、φ 为例,在应力较小的时候,摩

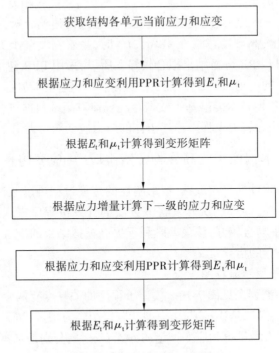

图 7-19　PPR 模型子程序流程图

尔应力圆的公切线相对较陡,φ 值就会大一些,随着应力的增加,应力应变呈非线性变化。摩尔应力圆的公切线就会变缓,φ 值就会减小。也就是说,全部的摩尔应力圆的公切线不是线性的关系,如果强行用线性的 τ_f 求 c、φ 值,就会出现首尾不能兼顾的情况。所以,同一组数据不同的试验人员确定的 c、φ 值也不同。所以,工程中常以试验曲线为参考,通过调整参数使邓肯-张拟合曲线尽量与试验曲线吻合,从而最终确定用于建模的八大参数。

对于高聚物戈壁土的应力-应变关系,如果只沿一个方向施加应力增量 $\Delta\sigma$,其他方向应力保持不变,依据增量的概念,可得

$$E_t = \frac{\Delta\sigma_s}{\Delta\varepsilon_s} = \frac{\Delta\sigma_1}{\Delta\varepsilon_1} \tag{7-38}$$

$$\mu_t = -\frac{\Delta\varepsilon_x}{\Delta\varepsilon_s} = -\frac{\Delta\varepsilon_3}{\Delta\varepsilon_1} \tag{7-39}$$

只要通过试验曲线,由增量的概念,按照式(7-38)、式(7-39)就可以求出试验曲线所对应的 E_t、μ_t 值,也就建立了大主应力增量 $\Delta\sigma_1$、小主应力 σ_3 及大主应变增量 $\Delta\varepsilon$ 与 E_t 的关系;同理也可以建立大主应变 ε_1、小主应变 ε_3 及小主应力 σ_3 与 μ_t 的关系,但这种关系只能反映试验过程中所对应的几组曲线,对于任意应力状态下的 E_t、μ_t 值,仍然无法表达。

通过前面的数据分析可以看出,投影寻踪回归(PPR)分析可以确定具有明确表达式的应力-应变及轴应变-体应变关系,如果事先并不知道测试数据的分类或类型,模型也可以通过对统计数据进行审视,寻找数据客观规律后进行自动分类,而 PPR 具备这种无

指导的学习功能。

根据不同围压下的三轴试验数据,将每个三轴试验的最大轴应力平均分成 100 步施加,也就有 100 个应力增量,将它们施加到每级加载前的水平上去,得到本级加载后的位移、应变及新的应力水平;迭代完毕后再继续施加下一级增量,重复上述计算,直至最大荷载。将 E_t 设为因变量,大主应力增量 $\Delta\sigma_1$、小主应力 σ_3 及大主应变增量 $\Delta\varepsilon_1$ 为自变量;将 μ_t 设为因变量,大主应变 ε_1、小主应变 ε_3 及小主应力 σ_3 为自变量;就可以利用投影寻踪回归分析(PPR)推导出任意应力状态下的 E_t、μ_t 值(见附表 8、附表 9),从而可以确定该应力状态下的矩阵 $[D]_{ep}$,也就建立了关系式 $\{\Delta\varepsilon\} = [D]_{ep}\{\Delta\sigma\}$。

因为 E_t、μ_t 代表的是每个应力增量下的非线性模量和非线性泊松比,这种状态包含了材料的物理力学性质发生变化的关系,其计算结果会出现大于 0.5 的情况。

通过对附表 4 中 15% 掺量的高聚物戈壁土 96 组试验数据进行 PPR 分析,选定投影灵敏度指标光滑系数 $S = 0.10$,投影方向初始值 $M = 2$,最终投影方向取 MU = 2。最终设定的模型参数列于表 7-10 中。

表 7-10　PPR 模型参数

因变量	PPR 参数		
	S	M	MU
E_t	0.1	3	2
μ_t	0.1	3	2

通过 PPR 分析,轴向应变和围压对 E_t、μ_t 的影响权重系数列于表 7-11。

表 7-11　影响因子相对贡献权重系数

因变量	影响因子权重系数		
	主应变	围压 σ_3	主应力
E_t	1.000	0.396	0.137
μ_t	1.000	0.877	0.272

通过 PPR 分析软件的分析,获得 E_t 计算模型的 2 个岭函数,见附表 8,对应于每个岭函数的权重矩阵为

$$\boldsymbol{\beta} = (1.051\ 7, 0.230\ 9)$$

每个自变量对应于相应岭函数的投影方向矩阵为

$$\boldsymbol{\alpha} = \begin{pmatrix} -1.000\ 0 & 1.71 \times 10^{-6} & -6.6 \times 10^{-7} \\ 1.000\ 0 & 4.09 \times 10^{-5} & 2.080\ 6 \times 10^{-6} \end{pmatrix}$$

由上述参数矩阵 $\boldsymbol{\alpha}$、$\boldsymbol{\beta}$ 及岭函数便可确定 E_t 计算模型的表达式为

$$E_t = 200.170\ 6 + (1.051\ 7Y_1 + 0.230\ 9Y_2) \tag{7-40}$$

式中

$$Y_1 = f(X_1)$$
$$Y_2 = f(X_2)$$

$$\begin{pmatrix} X_1 \\ X_2 \end{pmatrix} = \begin{pmatrix} -1.000\ 0 & 1.71 \times 10^{-6} & -6.6 \times 10^{-7} \\ 1.000\ 0 & 4.09 \times 10^{-5} & 2.080\ 6 \times 10^{-6} \end{pmatrix} \times \begin{pmatrix} x_1 \\ x_2 \\ x_3 \end{pmatrix}$$

式中：x_1 为主应变；x_2 为围压；x_3 为主应力。

同理，通过 PPR 分析软件的分析，获得 μ_t 计算模型的 2 个岭函数，见附表 9，对应于每个岭函数的权重矩阵为

$$\boldsymbol{\beta} = (1.003\ 7, 0.111\ 0)$$

每个自变量对应于相应岭函数的投影方向矩阵为

$$\boldsymbol{\alpha} = \begin{pmatrix} 0.886\ 347 & -0.463\ 02 & -9.8 \times 10^{-6} \\ -0.762\ 9 & 0.646\ 516 & -2.7 \times 10^{-6} \end{pmatrix}$$

由上述参数矩阵 α、β 及岭函数便可确定 μ_t 计算模型的表达式为

$$\mu_t = 0.038\ 8 + (1.003\ 7Y_1 + 0.111\ 0Y_2) \tag{7-41}$$

式中

$$Y_1 = f(X_1)$$
$$Y_2 = f(X_2)$$

$$\begin{pmatrix} X_1 \\ X_2 \end{pmatrix} = \begin{pmatrix} 0.886\ 347 & -0.463\ 02 & -9.8 \times 10^{-6} \\ -0.762\ 9 & 0.646\ 516 & -2.7 \times 10^{-6} \end{pmatrix} \times \begin{pmatrix} x_1 \\ x_2 \\ x_3 \end{pmatrix}$$

式中：x_1 为主应变；x_2 为围压；x_3 为主应力。

由投影寻踪回归（PPR）分析的特点可知：式（7-40）、式（7-41）中的得到的 E_t 和 μ_t 即为任一条件下的表达式，将其嵌入 Abaqus 模拟软件中二次开发的计算机程序，就可以完成高聚物戈壁土应力-应变仿真分析。

附　表

附表 1　相关系数检验临界值表

自由度 $f=n-p-1$	5%水平				1%水平			
	变量总数($P+1$)				变量总数($P+1$)			
	2	3	4	5	2	3	4	5
1	0.997	0.999	0.999	0.999	1.000	1.000	1.000	1.000
2	0.950	0.975	0.983	0.987	0.990	0.995	0.997	0.998
3	0.878	0.930	0.950	0.961	0.959	0.976	0.983	0.987
4	0.811	0.881	0.912	0.930	0.917	0.949	0.962	0.970
5	0.754	0.836	0.874	0.898	0.874	0.917	0.937	0.949
6	0.707	0.795	0.839	0.867	0.834	0.886	0.911	0.927
7	0.666	0.758	0.807	0.838	0.798	0.855	0.885	0.904
8	0.632	0.726	0.777	0.811	0.765	0.827	0.860	0.882
9	0.602	0.697	0.750	0.786	0.735	0.800	0.836	0.861
10	0.576	0.671	0.726	0.763	0.708	0.776	0.814	0.840
11	0.553	0.648	0.703	0.741	0.684	0.753	0.793	0.821
12	0.532	0.627	0.683	0.722	0.661	0.732	0.773	0.802
13	0.514	0.608	0.664	0.703	0.641	0.712	0.755	0.785
14	0.497	0.590	0.646	0.686	0.623	0.694	0.737	0.768
15	0.482	0.574	0.630	0.670	0.606	0.677	0.721	0.752
16	0.468	0.559	0.615	0.655	0.590	0.662	0.706	0.738
17	0.456	0.545	0.601	0.641	0.575	0.647	0.691	0.724
18	0.444	0.532	0.587	0.628	0.561	0.633	0.678	0.710
19	0.433	0.520	0.575	0.615	0.549	0.620	0.665	0.698
20	0.423	0.509	0.563	0.604	0.537	0.603	0.652	0.685
21	0.413	0.498	0.552	0.592	0.526	0.596	0.641	0.674
22	0.404	0.488	0.542	0.582	0.515	0.585	0.630	0.663
23	0.396	0.479	0.532	0.572	0.505	0.574	0.619	0.652
24	0.388	0.470	0.523	0.562	0.496	0.565	0.609	0.642
25	0.381	0.462	0.514	0.553	0.487	0.555	0.600	0.633
26	0.374	0.454	0.506	0.545	0.478	0.546	0.530	0.626
27	0.367	0.446	0.498	0.536	0.470	0.538	0.582	0.615
28	0.361	0.439	0.490	0.529	0.463	0.530	0.573	0.603
29	0.355	0.432	0.482	0.521	0.456	0.522	0.565	0.598
30	0.349	0.426	0.475	0.514	0.449	0.514	0.558	0.591

续附表 1

自由度	5%水平				1%水平			
$f=n-p-1$	变量总数($P+1$)				变量总数($P+1$)			
	2	3	4	5	2	3	4	5
35	0.325	0.397	0.445	0.482	0.418	0.481	0.528	0.556
40	0.304	0.373	0.419	0.455	0.393	0.454	0.494	0.526
45	0.288	0.358	0.397	0.432	0.372	0.430	0.470	0.501
50	0.273	0.336	0.379	0.412	0.354	0.410	0.449	0.479
60	0.250	0.308	0.348	0.380	0.325	0.377	0.414	0.442
70	0.232	0.286	0.324	0.354	0.302	0.351	0.386	0.413
80	0.217	0.269	0.304	0.332	0.233	0.330	0.362	0.389
90	0.205	0.254	0.288	0.315	0.267	0.312	0.343	0.368
100	0.195	0.241	0.274	0.300	0.251	0.297	0.327	0.351
125	0.174	0.216	0.246	0.269	0.228	0.266	0.294	0.316
150	0.159	0.198	0.225	0.247	0.208	0.244	0.270	0.290
200	0.138	0.172	0.196	0.215	0.181	0.212	0.234	0.253
300	0.113	0.141	0.160	0.176	0.148	0.174	0.192	0.208
400	0.098	0.122	0.130	0.153	0.128	0.151	0.167	0.180
500	0.088	0.109	0.124	0.137	0.115	0.135	0.150	0.162
1 000	0.062	0.077	0.088	0.097	0.081	0.096	0.106	0.115

注:n 为试验总数;P 为自变量个数。

附表 2　相关系数 R 检验临界值表

F 分布表 $\alpha = 0.10$

f_2	f_1														
	1	2	3	4	5	6	7	8	9	10	12	15	20	60	∞
1	39.86	49.50	53.59	55.83	57.24	58.20	58.91	59.44	59.86	60.19	60.71	61.22	61.74	62.79	63.33
2	8.53	9.00	9.16	9.24	9.29	9.33	9.35	9.37	9.38	9.39	9.41	9.42	9.44	9.47	9.49
3	5.54	5.46	5.39	5.34	5.31	5.28	5.27	5.25	5.24	5.23	5.22	5.20	5.18	5.15	5.13
4	4.54	4.32	4.19	4.11	4.05	4.01	3.98	3.95	3.94	3.92	3.90	3.87	3.84	3.79	3.76
5	4.06	3.78	3.62	3.52	3.45	3.40	3.37	3.34	3.32	3.30	3.27	3.24	3.21	3.14	3.10
6	3.78	3.46	3.29	3.18	3.11	3.05	3.01	2.98	2.96	2.94	2.90	2.87	2.84	2.76	2.72
7	3.59	3.26	3.07	2.96	2.88	2.83	2.78	2.75	2.72	2.70	2.67	2.63	2.59	2.51	2.47
8	3.46	3.11	2.92	2.81	2.73	2.67	2.62	2.59	2.56	2.54	2.50	2.46	2.42	2.34	2.29
9	3.36	3.01	2.81	2.69	2.61	2.55	2.51	2.47	2.44	2.42	2.38	2.34	2.30	2.21	2.16
10	3.29	2.92	2.73	2.61	2.52	2.46	2.41	2.38	2.35	2.32	2.28	2.24	2.20	2.11	2.06
11	3.23	2.86	2.66	2.54	2.45	2.39	2.34	2.30	2.27	2.25	2.21	2.17	2.12	2.03	1.97
12	3.18	2.81	2.61	2.48	2.39	2.33	2.28	2.24	2.21	2.19	2.15	2.10	2.06	1.96	1.90
13	3.14	2.76	2.56	2.43	2.35	2.28	2.23	2.20	2.16	2.14	2.10	2.05	2.01	1.90	1.85
14	3.10	2.73	2.52	2.39	2.31	2.24	2.19	2.15	2.12	2.10	2.05	2.01	1.96	1.86	1.80
15	3.04	2.70	2.49	2.36	2.27	2.21	2.16	2.12	2.09	2.06	2.02	1.97	1.92	1.82	1.76
16	3.05	2.67	2.46	2.33	2.24	2.18	2.13	2.09	2.06	2.03	1.99	1.94	1.89	1.78	1.72
17	3.03	2.64	2.44	2.31	2.22	2.15	2.10	2.06	2.03	2.00	1.96	1.91	1.86	1.75	1.69
18	3.01	2.62	2.42	2.29	2.20	2.13	2.08	2.04	2.00	1.98	1.93	1.89	1.84	1.72	1.66
19	2.99	2.61	2.40	2.27	2.18	2.11	2.06	2.02	1.98	1.96	1.91	1.86	1.81	1.70	1.63
20	2.97	2.59	2.38	2.25	2.16	2.09	2.04	2.00	1.96	1.94	1.89	1.84	1.79	1.68	1.61
21	2.96	2.57	2.36	2.23	2.14	2.08	2.02	1.98	1.95	1.92	1.87	1.83	1.78	1.65	1.59
22	2.95	2.56	2.35	2.22	2.13	2.06	2.01	1.97	1.93	1.90	1.86	1.81	1.76	1.64	1.57
23	2.94	2.55	2.34	2.21	2.11	2.05	1.99	1.95	1.92	1.89	1.84	1.80	1.74	1.62	1.55
24	2.93	2.54	2.33	2.19	2.10	2.04	1.98	1.94	1.91	1.88	1.83	1.78	1.73	1.61	1.53
25	2.92	2.53	2.32	2.18	2.09	2.02	1.97	1.93	1.89	1.87	1.82	1.77	1.72	1.59	1.52
30	2.88	2.49	2.28	2.14	2.05	1.98	1.93	1.88	1.85	1.82	1.77	1.72	1.67	1.54	1.46
40	2.84	2.44	2.23	2.09	2.00	1.93	1.87	1.83	1.79	1.76	1.71	1.66	1.61	1.47	1.38
60	2.79	2.39	2.18	2.04	1.95	1.87	1.82	1.77	1.74	1.71	1.66	1.60	1.54	1.40	1.29
120	2.75	2.35	2.13	1.99	1.90	1.82	1.77	1.72	1.68	1.65	1.60	1.55	1.48	1.32	1.19
∞	2.71	2.30	2.08	1.94	1.85	1.77	1.72	1.67	1.63	1.60	1.55	1.49	1.42	1.24	1.00

续附表 2

F 分布表 $\alpha = 0.05$

f_2	\multicolumn{15}{c}{f_1}
	1	2	3	4	5	6	7	8	9	10	12	15	20	60	∞
1	161.4	199.5	215.7	224.6	230.2	234.0	236.0	238.9	240.5	241.9	243.9	245.9	248.0	252.2	254.3
2	18.51	19.00	19.16	19.25	19.30	19.33	19.35	19.37	19.38	19.40	19.41	19.43	19.45	19.48	19.50
3	10.13	9.55	9.28	9.12	9.01	8.94	8.89	8.85	8.81	8.79	8.74	8.70	8.66	8.57	8.53
4	7.71	6.94	6.59	6.39	6.26	6.16	6.09	6.04	6.00	5.96	5.91	5.86	5.80	5.69	5.63
5	6.61	5.79	5.41	5.19	5.05	4.95	4.88	4.82	4.77	4.74	4.68	4.62	4.56	4.43	4.36
6	5.99	5.14	4.76	4.53	4.39	4.28	4.21	4.15	4.10	4.06	4.00	3.94	3.87	3.74	3.67
7	5.59	4.74	4.35	4.12	3.97	3.87	3.79	3.73	3.68	3.64	3.57	3.51	3.44	3.30	3.23
8	5.32	4.46	4.07	3.84	3.69	3.58	3.50	3.44	3.39	3.35	3.28	3.22	3.15	3.01	2.93
9	5.12	4.26	3.86	3.63	3.48	3.37	3.29	3.23	3.18	3.14	3.07	3.01	2.94	2.79	2.71
10	4.96	4.10	3.71	3.48	3.33	3.22	3.14	3.07	3.02	2.98	2.91	2.85	2.77	2.62	2.54
11	4.84	3.98	3.59	3.36	3.20	3.09	3.01	2.95	2.90	2.85	2.79	2.72	2.65	2.49	2.40
12	4.75	3.89	3.40	3.26	3.11	3.00	2.91	2.85	2.80	2.75	2.69	2.62	2.54	2.38	2.30
13	4.67	3.81	3.41	3.18	3.03	2.92	2.83	2.77	2.71	2.67	2.60	2.53	2.46	2.30	2.21
14	4.60	3.74	3.34	3.11	2.96	2.85	2.76	2.70	2.65	2.60	2.53	2.46	2.39	2.22	2.13
15	4.54	3.68	3.29	3.06	2.90	2.79	2.71	2.64	2.59	2.54	2.48	2.40	2.33	2.16	2.07
16	4.49	3.63	3.24	3.01	2.85	2.74	2.66	2.59	2.54	2.49	2.42	2.35	2.28	2.11	2.01
17	4.45	3.59	3.20	2.96	2.81	2.70	2.61	2.55	2.49	2.45	2.38	2.31	2.23	2.06	1.92
18	4.41	3.55	3.16	2.93	2.77	2.66	2.58	2.51	2.46	2.41	2.34	2.27	2.19	2.02	1.88
19	4.38	3.52	3.13	2.90	2.74	2.63	2.54	2.48	2.42	2.38	2.31	2.23	2.16	1.98	1.84
20	4.35	3.49	3.10	2.87	2.71	2.60	2.51	2.45	2.39	2.35	2.28	2.20	2.12	1.95	1.81
21	4.32	3.47	3.07	2.84	2.68	2.57	2.49	2.42	2.37	2.32	2.25	2.18	2.10	1.92	1.78
22	4.30	3.44	3.05	2.82	2.66	2.55	2.46	2.40	2.34	2.30	2.23	2.15	2.07	1.89	1.76
23	4.28	3.42	3.03	2.80	2.64	2.53	2.44	2.37	2.32	2.27	2.20	2.13	2.05	1.86	1.73
24	4.26	3.40	3.01	2.78	2.62	2.51	2.42	2.36	2.30	2.25	2.18	2.11	2.03	1.84	1.71
25	4.24	3.39	2.99	2.76	2.60	2.49	2.40	2.34	2.28	2.24	2.16	2.09	2.01	1.82	1.62
30	4.17	3.32	2.92	2.69	2.53	2.42	2.33	2.27	2.21	2.16	2.09	2.01	1.93	1.74	1.62
40	4.08	3.23	2.84	2.61	2.45	2.34	2.25	2.18	2.12	2.08	2.00	1.92	1.84	1.64	1.51
60	4.00	3.15	2.76	2.53	2.37	2.25	2.17	2.10	2.04	1.99	1.92	1.84	1.75	1.53	1.39
120	3.92	3.07	2.68	2.45	2.29	2.17	2.09	2.02	1.96	1.91	1.83	1.75	1.66	1.43	1.25
∞	3.84	3.00	2.60	2.37	2.21	2.10	2.01	1.94	1.88	1.83	1.75	1.67	1.57	1.32	1.00

续附表 2

F 分布表 $\alpha = 0.01$

f_2	\multicolumn{14}{c}{f_1}													
	1	2	3	4	5	6	7	8	9	10	12	15	20	60	∞
1	4052	4999	5403	5625	5764	5859	5928	5982	6022	6056	6106	6157	6209	6313	6366
2	98.50	99.00	99.17	99.25	99.30	99.33	99.36	99.37	99.39	99.40	99.42	99.43	99.45	99.48	99.50
3	34.12	30.82	29.46	28.71	28.24	27.91	27.67	27.49	27.35	27.23	27.05	26.87	26.69	26.32	26.13
4	21.20	18.00	16.69	15.98	15.52	15.21	14.98	14.80	14.66	14.55	14.37	14.20	14.02	13.65	13.46
5	16.26	13.27	12.06	11.39	10.97	10.67	10.46	10.29	10.16	10.05	9.89	9.72	9.55	9.20	9.02
6	13.75	10.92	9.78	9.15	8.75	8.47	8.26	8.10	7.98	7.87	7.72	7.56	7.40	7.06	6.88
7	12.25	9.55	8.45	7.85	7.46	7.19	6.99	6.84	6.72	6.62	6.47	6.31	6.16	5.82	5.65
8	11.26	8.65	7.59	7.01	6.63	6.37	6.18	6.03	5.91	5.81	5.67	5.52	5.36	5.03	4.86
9	10.56	8.02	6.99	6.42	6.06	5.80	5.61	5.47	5.35	5.26	5.11	4.96	4.81	4.48	4.31
10	10.04	7.56	6.55	5.99	5.64	5.39	5.20	5.06	4.94	4.85	4.71	4.56	4.41	4.08	3.91
11	9.65	7.21	6.22	5.67	5.32	5.07	4.89	4.74	4.63	4.54	4.40	4.25	4.10	3.78	3.60
12	9.33	6.93	5.95	5.41	5.06	4.82	4.64	4.50	4.39	4.30	4.16	4.01	3.86	3.54	3.36
13	9.07	6.70	5.74	5.21	4.86	4.62	4.44	4.30	4.19	4.10	3.96	3.82	3.66	3.34	3.17
14	8.86	6.51	5.56	5.04	4.69	4.46	4.28	4.14	4.03	3.94	3.80	3.66	3.51	3.18	3.00
15	8.68	6.36	5.42	4.89	4.56	4.32	4.14	4.00	3.89	3.80	3.67	3.52	3.37	3.05	2.87
16	8.53	6.23	5.29	4.77	4.44	4.20	4.03	3.89	3.78	3.69	3.55	3.41	3.26	2.93	2.75
17	8.40	6.11	5.18	4.67	4.34	4.10	3.93	3.79	3.68	3.59	3.46	3.31	3.16	2.83	2.65
18	8.29	6.01	5.09	4.58	4.25	4.01	3.84	3.71	3.60	3.51	3.37	3.23	3.08	2.75	2.57
19	8.18	5.93	5.01	4.50	4.17	3.94	3.77	3.63	3.52	3.43	3.30	3.15	3.00	2.67	2.49
20	8.10	5.85	4.94	4.43	4.10	3.87	3.70	3.56	3.46	3.37	3.23	3.09	2.94	2.61	2.42
21	8.02	5.78	4.67	4.37	4.04	3.81	3.64	3.51	3.40	3.31	3.17	3.03	2.88	2.55	2.36
22	7.95	5.72	4.62	4.31	3.99	3.76	3.59	3.45	3.35	3.26	3.12	2.98	2.83	2.50	2.31
23	7.88	5.66	4.76	4.26	3.94	3.71	3.54	3.41	3.30	3.21	3.07	2.93	2.78	2.45	2.26
24	7.82	5.61	4.72	4.22	3.90	3.67	3.50	3.36	3.26	3.17	3.03	2.89	2.74	2.40	2.21
25	7.77	5.57	4.68	4.18	3.85	3.63	3.46	3.32	3.22	3.13	2.99	2.85	2.70	2.36	2.17
30	7.56	5.39	4.51	4.02	3.70	3.47	3.30	3.17	3.07	2.98	2.84	2.70	2.55	2.21	2.01
40	7.31	5.18	4.31	3.83	3.51	3.29	3.12	2.99	2.89	2.80	2.66	2.52	2.37	2.02	1.80
60	7.08	4.98	4.13	3.65	3.34	3.12	2.95	2.82	2.72	2.63	2.50	2.35	2.20	1.84	1.60
120	6.85	4.79	3.95	3.48	3.17	2.96	2.79	2.66	2.56	2.47	2.34	2.19	2.03	1.66	1.38
∞	6.63	4.61	3.78	3.32	3.02	2.80	2.64	2.51	2.41	2.32	2.18	2.04	1.88	1.47	1.00

附表 3　t 分布表

自由度 f		概率 p									
	单侧	0.25	0.20	0.10	0.05	0.025	0.01	0.005	0.0025	0.001	0.000 5
	双侧	0.50	0.40	0.20	0.10	0.05	0.02	0.01	0.005	0.002	0.001
1		1.000	1.376	3.078	6.314	12.706	31.821	63.657	127.321	318.309	636.619
2		0.816	1.061	1.886	2.920	4.303	6.965	9.925	14.089	22.309	31.599
3		0.765	0.978	1.638	2.353	3.182	4.541	5.841	7.453	10.215	12.924
4		0.741	0.941	1.533	2.132	2.776	3.747	4.604	5.598	7.173	8.610
5		0.727	0.920	1.476	2.015	2.571	3.365	4.032	4.773	5.893	6.869
6		0.718	0.906	1.440	1.943	2.447	3.143	3.707	4.317	5.208	5.959
7		0.711	0.896	1.415	1.895	2.365	2.998	3.499	4.029	4.785	5.408
8		0.706	0.889	1.397	1.860	2.306	2.896	3.355	3.833	4.501	5.041
9		0.703	0.883	1.383	1.833	2.262	2.821	3.250	3.690	4.297	4.781
10		0.700	0.879	1.372	1.812	2.228	2.746	3.169	3.581	4.144	4.587
11		0.697	0.876	1.363	1.796	2.201	2.718	3.106	3.497	4.025	4.437
12		0.695	0.873	1.356	1.782	2.179	2.681	3.055	3.428	3.930	4.318
13		0.694	0.870	1.350	1.771	2.160	2.650	3.012	3.372	3.852	4.221
14		0.692	0.868	1.345	1.761	2.145	2.624	2.977	3.326	3.787	4.140
15		0.691	0.866	1.341	1.753	2.131	2.602	2.947	3.286	3.733	4.073
16		0.690	0.865	1.337	1.746	2.120	2.583	2.921	3.252	3.686	4.015
17		0.689	0.863	1.333	1.740	2.110	2.567	2.898	3.222	3.646	3.965
18		0.688	0.862	1.330	1.734	2.101	2.552	2.878	3.197	3.610	3.922
19		0.688	0.861	1.328	1.729	2.093	2.539	2.861	3.174	3.579	3.883
20		0.687	0.860	1.325	1.725	2.086	2.528	2.845	3.153	3.552	3.850
21		0.686	0.859	1.323	1.721	2.080	2.518	2.831	3.135	3.527	3.819
22		0.686	0.858	1.321	1.717	2.074	2.508	2.819	3.119	3.505	3.792
23		0.685	0.858	1.319	1.714	2.069	2.500	2.807	3.104	3.485	3.768
24		0.685	0.857	1.318	1.711	2.064	2.492	2.797	3.091	3.467	3.745
25		0.684	0.856	1.316	1.708	2.060	2.485	2.787	3.078	3.450	3.725
26		0.684	0.856	1.315	1.706	2.056	2.479	2.779	3.067	3.435	3.707
27		0.684	0.855	1.314	1.703	2.052	2.473	2.771	3.057	3.421	3.690
28		0.683	0.855	1.313	1.701	2.048	2.467	2.763	3.047	3.408	3.674
29		0.683	0.854	1.311	1.699	2.045	2.462	2.756	3.038	3.396	3.659

续附表 3

自由度 f		概率 p									
	单侧	0.25	0.20	0.10	0.05	0.025	0.01	0.005	0.0025	0.001	0.0005
	双侧	0.50	0.40	0.20	0.10	0.05	0.02	0.01	0.005	0.002	0.001
30		0.683	0.854	1.310	1.697	2.042	2.457	2.750	3.030	3.385	3.646
31		0.682	0.853	1.309	1.696	2.040	2.453	2.744	3.022	3.375	3.633
32		0.682	0.853	1.309	1.694	2.037	2.449	2.738	3.015	3.365	3.622
33		0.682	0.853	1.308	1.692	2.035	2.445	2.733	3.008	3.356	3.611
34		0.682	0.852	1.307	1.691	2.032	2.441	2.728	3.002	3.348	3.601
35		0.682	0.852	1.306	1.690	2.030	2.438	2.724	2.996	3.340	3.591
36		0.681	0.852	1.306	1.688	2.028	2.434	2.719	2.990	3.333	3.582
37		0.681	0.851	1.305	1.687	2.026	2.431	2.715	2.985	3.326	3.574
38		0.681	0.851	1.304	1.686	2.024	2.429	2.712	2.980	3.319	3.566
39		0.681	0.851	1.304	1.685	2.023	2.426	2.708	2.976	3.313	3.558
40		0.681	0.851	1.303	1.684	2.021	2.423	2.704	2.971	3.307	3.551
50		0.679	0.849	1.299	1.676	2.009	2.403	2.678	2.937	3.261	3.496
60		0.679	0.848	1.296	1.671	2.000	2.390	2.660	2.915	3.232	3.460
70		0.678	0.847	1.294	1.667	1.994	2.381	2.648	2.899	3.211	3.435
80		0.678	0.846	1.292	1.664	1.990	2.374	2.639	2.887	3.195	3.416
90		0.677	0.846	1.291	1.662	1.987	2.368	2.632	2.878	3.183	3.402
100		0.677	0.845	1.290	1.660	1.984	2.364	2.626	2.871	3.174	3.390
200		0.676	0.843	1.286	1.653	1.972	2.345	2.601	2.839	3.131	3.340
500		0.675	0.842	1.283	1.648	1.965	2.334	2.586	2.820	3.107	3.310
1000		0.675	0.842	1.282	1.646	1.962	2.330	2.581	2.813	3.098	3.300
∞		0.6745	0.8416	1.2816	1.6449	1.9600	2.3263	2.5758	2.8070	3.0902	3.2905

附表 4　不同掺量高聚物戈壁土应力-应变试验数据表

序号	应力/kPa	含量/%	围压/kPa	主应变/%	序号	应力/kPa	含量/%	围压/kPa	主应变/%
1	167.0	9	200	0.57	41	830.1	15	200	2.59
2	302.5	9	200	1.10	42	893.7	15	200	3.10
3	422.6	9	200	1.63	43	950.3	15	200	3.60
4	528.1	9	200	2.15	44	991.9	15	200	4.10
5	619.8	9	200	2.68	45	1 026.2	15	200	4.61
6	699.0	9	200	3.20	46	1 052.3	15	200	5.11
7	766.1	9	200	3.72	47	1 077.5	15	200	5.61
8	822.5	9	200	4.25	48	1 096.4	15	200	6.12
9	868.8	9	200	4.78	49	1 119.4	15	200	6.62
10	905.8	9	200	5.30	50	1 133.8	15	200	7.12
11	934.7	9	200	5.82	51	1 144.8	15	200	7.63
12	956.2	9	200	6.35	52	1 154.5	15	200	8.13
13	971.1	9	200	6.87	53	1 154.4	15	200	8.63
14	980.5	9	200	7.40	54	1 157.5	15	200	9.14
15	985.1	9	200	7.92	55	249.3	9	400	0.59
16	246.5	12	200	0.54	56	437.6	9	400	1.09
17	376.5	12	200	0.98	57	604.3	9	400	1.59
18	481.4	12	200	1.42	58	750.6	9	400	2.10
19	569.4	12	200	1.86	59	879.1	9	400	2.60
20	647.9	12	200	2.30	60	991.1	9	400	3.10
21	718.3	12	200	2.74	61	1 087.7	9	400	3.61
22	780.4	12	200	3.18	62	1 171.2	9	400	4.11
23	832.7	12	200	3.62	63	1 242.2	9	400	4.61
24	878.0	12	200	4.06	64	1 302.6	9	400	5.12
25	910.9	12	200	4.50	65	1 353.1	9	400	5.62
26	943.3	12	200	4.94	66	1 388.8	9	400	6.04
27	969.3	12	200	5.38	67	1 424.7	9	400	6.54
28	990.6	12	200	5.82	68	1 453.8	9	400	7.05
29	1 010.2	12	200	6.26	69	1 477.0	9	400	7.55
30	1 027.2	12	200	6.70	70	1 495.3	9	400	8.05
31	1 035.2	12	200	7.14	71	1 509.2	9	400	8.55
32	1 041.1	12	200	7.58	72	1 519.3	9	400	9.06
33	1 048.0	12	200	8.02	73	1 526.3	9	400	9.56
34	1 058.4	12	200	8.46	74	1 530.5	9	400	10.06
35	1 064.5	12	200	8.90	75	1 532.3	9	400	10.57
36	1 068.3	12	200	9.35	76	101.3	12	400	0.11
37	292.0	15	200	0.58	77	436.3	12	400	0.74
38	481.6	15	200	1.08	78	664.6	12	400	1.37
39	631.9	15	200	1.59	79	846.8	12	400	2.00
40	738.7	15	200	2.09	80	997.0	12	400	2.63

续附表4

序号	应力/kPa	含量/%	围压/kPa	主应变/%	序号	应力/kPa	含量/%	围压/kPa	主应变/%
81	1 129.4	12	400	3.26	121	1 894.2	9	600	8.55
82	1 239.6	12	400	3.89	122	1 915.2	9	600	9.16
83	1 330.2	12	400	4.52	123	1 929.5	9	600	9.76
84	1 395.0	12	400	5.14	124	1 938.4	9	600	10.37
85	1 452.8	12	400	5.77	125	1 942.7	9	600	10.97
86	1 497.1	12	400	6.40	126	1 943.4	9	600	11.57
87	1 537.1	12	400	7.03	127	1 941.4	9	600	12.18
88	1 566.7	12	400	7.66	128	1 937.5	9	600	12.78
89	1 580.6	12	400	8.29	129	1 932.2	9	600	13.38
90	1 588.9	12	400	8.92	130	1 926.1	9	600	13.99
91	1 604.6	12	400	9.55	131	470.1	12	600	0.73
92	1 617.9	12	400	10.18	132	786.8	12	600	1.40
93	1 625.5	12	400	10.81	133	1 022.7	12	600	2.07
94	191.2	15	400	0.28	134	1 209.1	12	600	2.75
95	632.3	15	400	1.07	135	1 369.6	12	600	3.42
96	957.8	15	400	1.85	136	1 500.3	12	600	4.09
97	1 194.7	15	400	2.63	137	1 603.9	12	600	4.76
98	1 361.9	15	400	3.42	138	1 701.7	12	600	5.43
99	1 478.1	15	400	4.20	139	1 778.0	12	600	6.10
100	1 556.5	15	400	4.98	140	1 845.2	12	600	6.77
101	1 609.0	15	400	5.77	141	1 906.9	12	600	7.44
102	1 643.9	15	400	6.55	142	1 943.8	12	600	8.11
103	1 667.7	15	400	7.34	143	1 973.1	12	600	8.78
104	1 684.9	15	400	8.12	144	2 009.0	12	600	9.45
105	1 698.4	15	400	8.90	145	2 036.2	12	600	10.13
106	1 709.7	15	400	9.69	146	2 055.8	12	600	10.80
107	1 719.1	15	400	10.47	147	2 069.4	12	600	11.47
108	335.3	9	600	0.70	148	2 076.6	12	600	12.14
109	587.2	9	600	1.31	149	2 078.6	12	600	12.81
110	809.8	9	600	1.91	150	2 076.2	12	600	13.60
111	1 004.6	9	600	2.52	151	659.1	15	600	0.96
112	1 174.6	9	600	3.12	152	1 047.5	15	600	1.83
113	1 321.3	9	600	3.72	153	1 310.8	15	600	2.69
114	1 447.2	9	600	4.33	154	1 498.6	15	600	3.56
115	1 553.9	9	600	4.93	155	1 640.7	15	600	4.42
116	1 643.7	9	600	5.54	156	1 756.2	15	600	5.29
117	1 718.0	9	600	6.14	157	1 854.2	15	600	6.16
118	1 778.7	9	600	6.74	158	1 938.3	15	600	7.02
119	1 827.3	9	600	7.35	159	2 009.0	15	600	7.89
120	1 865.4	9	600	7.95	160	2 065.1	15	600	8.75

续附表 4

序号	应力/kPa	含量/%	围压/kPa	主应变/%	序号	应力/kPa	含量/%	围压/kPa	主应变/%
161	2 105.9	15	600	9.62	195	1 531.1	12	800	3.19
162	2 132.0	15	600	10.49	196	1 738.8	12	800	3.94
163	2 145.5	15	600	11.35	197	1 899.5	12	800	4.70
164	2 150.1	15	600	12.22	198	2 032.4	12	800	5.45
165	2 161.8	15	600	13.09	199	2 137.8	12	800	6.21
166	2 167.2	15	600	13.95	200	2 216.1	12	800	6.96
167	407.3	9	800	0.70	201	2 279.6	12	800	7.72
168	710.7	9	800	1.31	202	2 335.9	12	800	8.47
169	974.5	9	800	1.91	203	2 382.5	12	800	9.22
170	1 203.5	9	800	2.52	204	2 412.0	12	800	9.98
171	1 400.0	9	800	3.12	205	2 431.5	12	800	10.73
172	1 568.1	9	800	3.72	206	2 455.3	12	800	11.49
173	1 710.0	9	800	4.33	207	2 470.0	12	800	12.24
174	1 829.4	9	800	4.93	208	2 475.6	12	800	13.00
175	1 928.2	9	800	5.53	209	2 475.9	12	800	13.75
176	2 009.6	9	800	6.14	210	2 468.6	12	800	14.51
177	2 075.3	9	800	6.74	211	677.2	15	800	0.83
178	2 127.9	9	800	7.35	212	1 108.3	15	800	1.58
179	2 169.0	9	800	7.95	213	1 420.1	15	800	2.34
180	2 200.8	9	800	8.55	214	1 650.1	15	800	3.09
181	2 224.6	9	800	9.16	215	1 827.4	15	800	3.85
182	2 242.0	9	800	9.76	216	1 970.1	15	800	4.60
183	2 254.2	9	800	10.36	217	2 090.5	15	800	5.36
184	2 262.4	9	800	10.97	218	2 194.5	15	800	6.11
185	2 267.3	9	800	11.57	219	2 285.6	15	800	6.87
186	2 269.9	9	800	12.18	220	2 364.0	15	800	7.62
187	2 270.6	9	800	12.78	221	2 429.6	15	800	8.38
188	2 269.8	9	800	13.38	222	2 484.9	15	800	9.19
189	2 267.7	9	800	13.99	223	2 526.4	15	800	10.05
190	2 264.4	9	800	14.59	224	2 551.1	15	800	10.92
191	136.0	12	800	0.17	225	2 562.0	15	800	11.78
192	636.3	12	800	0.92	226	2 564.0	15	800	12.65
193	1 000.7	12	800	1.68	227	2 562.7	15	800	13.52
194	1 290.4	12	800	2.43	228	2 563.3	15	800	14.38

附表 5　不同掺量高聚物戈壁土主应变-体应变试验数据表

序号	体应变/%	含量/%	围压/kPa	主应变/%	序号	体应变/%	含量/%	围压/kPa	主应变/%
1	0.10	9	200	0.57	41	0.12	15	200	2.59
2	0.19	9	200	1.10	42	0.10	15	200	3.10
3	0.23	9	200	1.63	43	0.07	15	200	3.60
4	0.25	9	200	2.15	44	0.03	15	200	4.10
5	0.24	9	200	2.68	45	-0.02	15	200	4.61
6	0.21	9	200	3.20	46	-0.08	15	200	5.11
7	0.16	9	200	3.72	47	-0.14	15	200	5.61
8	0.09	9	200	4.25	48	-0.21	15	200	6.12
9	0.01	9	200	4.78	49	-0.29	15	200	6.62
10	-0.08	9	200	5.30	50	-0.37	15	200	7.12
11	-0.19	9	200	5.82	51	-0.46	15	200	7.63
12	-0.31	9	200	6.35	52	-0.55	15	200	8.13
13	-0.42	9	200	6.87	53	-0.64	15	200	8.63
14	-0.55	9	200	7.40	54	-0.73	15	200	9.14
15	-0.67	9	200	7.92	55	0.17	9	400	0.59
16	0.10	12	200	0.54	56	0.28	9	400	1.09
17	0.15	12	200	0.98	57	0.36	9	400	1.59
18	0.18	12	200	1.42	58	0.41	9	400	2.10
19	0.18	12	200	1.86	59	0.43	9	400	2.60
20	0.17	12	200	2.30	60	0.44	9	400	3.10
21	0.14	12	200	2.74	61	0.43	9	400	3.61
22	0.10	12	200	3.18	62	0.40	9	400	4.11
23	0.05	12	200	3.62	63	0.36	9	400	4.61
24	-0.01	12	200	4.06	64	0.32	9	400	5.12
25	-0.07	12	200	4.50	65	0.26	9	400	5.62
26	-0.14	12	200	4.94	66	0.21	9	400	6.04
27	-0.21	12	200	5.38	67	0.14	9	400	6.54
28	-0.28	12	200	5.82	68	0.07	9	400	7.05
29	-0.36	12	200	6.26	69	-0.01	9	400	7.55
30	-0.43	12	200	6.70	70	-0.09	9	400	8.05
31	-0.50	12	200	7.14	71	-0.17	9	400	8.55
32	-0.58	12	200	7.58	72	-0.25	9	400	9.06
33	-0.65	12	200	8.02	73	-0.33	9	400	9.56
34	-0.72	12	200	8.46	74	-0.41	9	400	10.06
35	-0.79	12	200	8.90	75	-0.50	9	400	10.57
36	-0.86	12	200	9.35	76	0.03	12	400	0.11
37	0.07	15	200	0.58	77	0.14	12	400	0.74
38	0.10	15	200	1.08	78	0.23	12	400	1.37
39	0.12	15	200	1.59	79	0.28	12	400	2.00
40	0.13	15	200	2.09	80	0.31	12	400	2.63

续附表 5

序号	体应变/%	含量/%	围压/kPa	主应变/%	序号	体应变/%	含量/%	围压/kPa	主应变/%
81	0.31	12	400	3.26	121	0.31	9	600	8.55
82	0.30	12	400	3.89	122	0.23	9	600	9.16
83	0.27	12	400	4.52	123	0.16	9	600	9.76
84	0.22	12	400	5.14	124	0.08	9	600	10.37
85	0.16	12	400	5.77	125	0.00	9	600	10.97
86	0.09	12	400	6.40	126	-0.08	9	600	11.57
87	0.01	12	400	7.03	127	-0.17	9	600	12.18
88	-0.07	12	400	7.66	128	-0.26	9	600	12.78
89	-0.16	12	400	8.29	129	-0.35	9	600	13.38
90	-0.25	12	400	8.92	130	-0.46	9	600	13.99
91	-0.34	12	400	9.55	131	0.21	12	600	0.73
92	-0.44	12	400	10.18	132	0.35	12	600	1.40
93	-0.53	12	400	10.81	133	0.44	12	600	2.07
94	0.02	15	400	0.28	134	0.51	12	600	2.75
95	0.17	15	400	1.07	135	0.54	12	600	3.42
96	0.22	15	400	1.85	136	0.55	12	600	4.09
97	0.25	15	400	2.63	137	0.54	12	600	4.76
98	0.24	15	400	3.42	138	0.51	12	600	5.43
99	0.20	15	400	4.20	139	0.47	12	600	6.10
100	0.14	15	400	4.98	140	0.41	12	600	6.77
101	0.06	15	400	5.77	141	0.35	12	600	7.44
102	-0.04	15	400	6.55	142	0.28	12	600	8.11
103	-0.15	15	400	7.34	143	0.21	12	600	8.78
104	-0.27	15	400	8.12	144	0.13	12	600	9.45
105	-0.40	15	400	8.90	145	0.04	12	600	10.13
106	-0.55	15	400	9.69	146	-0.05	12	600	10.80
107	-0.69	15	400	10.47	147	-0.13	12	600	11.47
108	0.26	9	600	0.70	148	-0.22	12	600	12.14
109	0.42	9	600	1.31	149	-0.31	12	600	12.81
110	0.54	9	600	1.91	150	-0.41	12	600	13.60
111	0.62	9	600	2.52	151	0.16	15	600	0.96
112	0.67	9	600	3.12	152	0.26	15	600	1.83
113	0.69	9	600	3.72	153	0.31	15	600	2.69
114	0.68	9	600	4.33	154	0.34	15	600	3.56
115	0.66	9	600	4.93	155	0.35	15	600	4.42
116	0.62	9	600	5.54	156	0.32	15	600	5.29
117	0.58	9	600	6.14	157	0.27	15	600	6.16
118	0.52	9	600	6.74	158	0.20	15	600	7.02
119	0.45	9	600	7.35	159	0.12	15	600	7.89
120	0.42	10	593	5.03	160	0.20	15	600	5.87

续附表 5

序号	体应变/%	含量/%	围压/kPa	主应变/%	序号	体应变/%	含量/%	围压/kPa	主应变/%
161	−0.08	15	600	9.619	195	0.66	12	800	3.187
162	−0.19	15	600	10.487	196	0.70	12	800	3.942
163	−0.30	15	600	11.354	197	0.72	12	800	4.696
164	−0.42	15	600	12.218	198	0.71	12	800	5.451
165	−0.53	15	600	13.086	199	0.69	12	800	6.206
166	−0.64	15	600	13.950	200	0.65	12	800	6.961
167	0.22	9	800	0.703	201	0.60	12	800	7.715
168	0.40	9	800	1.308	202	0.55	12	800	8.470
169	0.54	9	800	1.911	203	0.50	12	800	9.224
170	0.65	9	800	2.516	204	0.44	12	800	9.980
171	0.74	9	800	3.118	205	0.37	12	800	10.733
172	0.79	9	800	3.723	206	0.31	12	800	11.489
173	0.83	9	800	4.326	207	0.24	12	800	12.243
174	0.86	9	800	4.931	208	0.18	12	800	12.998
175	0.87	9	800	5.534	209	0.11	12	800	13.752
176	0.87	9	800	6.138	210	0.05	12	800	14.508
177	0.86	9	800	6.741	211	0.19	15	800	0.830
178	0.85	9	800	7.345	212	0.31	15	800	1.583
179	0.83	9	800	7.949	213	0.40	15	800	2.339
180	0.80	9	800	8.553	214	0.46	15	800	3.092
181	0.76	9	800	9.156	215	0.49	15	800	3.848
182	0.72	9	800	9.760	216	0.50	15	800	4.602
183	0.68	9	800	10.363	217	0.50	15	800	5.358
184	0.63	9	800	10.968	218	0.49	15	800	6.111
185	0.59	9	800	11.571	219	0.46	15	800	6.867
186	0.55	9	800	12.175	220	0.43	15	800	7.621
187	0.50	9	800	12.778	221	0.39	15	800	8.377
188	0.45	9	800	13.383	222	0.34	15	800	9.188
189	0.40	9	800	13.986	223	0.29	15	800	10.053
190	0.35	9	800	14.591	224	0.22	15	800	10.920
191	0.06	12	800	0.168	225	0.16	15	800	11.785
192	0.30	12	800	0.924	226	0.09	15	800	12.652
193	0.47	12	800	1.677	227	0.01	15	800	13.517
194	0.59	12	800	2.431	228	−0.06	15	800	14.384

附表 6 不同掺量高聚物戈壁土应力-应变计算模型岭函数表

序号	X_1	Y_1	X_2	Y_2	X_3	Y_3	X_4	Y_4
1	2.124 9	−1 189.4	6.338 3	−2 183.0	−2.805 9	−3 142.3	6.387 3	451.2
2	2.270 0	−1 171.8	6.480 3	−1 998.9	−2.403 8	−2 742.0	6.560 5	321.8
3	2.493 9	−1 144.5	6.488 5	−1 988.3	−2.050 6	−2 390.4	6.733 3	192.7
4	2.625 9	−1 128.5	6.621 9	−1 815.2	−2.011 1	−2 351.1	6.776 5	160.4
5	2.709 7	−1 118.3	6.630 4	−1 804.2	−1.799 9	−2 140.7	6.805 5	138.8
6	3.018 2	−1 080.7	6.763 9	−1 631.2	−1.525 6	−1 867.6	6.906 5	63.3
7	3.128 9	−1 067.2	6.772 2	−1 620.5	−1.363 4	−1 706.1	6.921 0	52.5
8	3.149 8	−1 064.7	6.850 0	−1 519.5	−1.297 9	−1 640.9	6.943 0	36.1
9	3.542 6	−1 016.9	6.905 5	−1 447.5	−1.258 4	−1 601.6	6.978 7	9.4
10	3.588 1	−1 011.3	6.914 1	−1 436.4	−1.197 5	−1 541.0	7.065 3	−55.3
11	3.631 4	−1 006.1	6.968 4	−1 366.0	−1.105 9	−1 449.8	7.079 3	−65.8
12	4.027 8	−957.8	7.047 5	−1 263.5	−1.004 3	−1 348.6	7.093 5	−76.4
13	4.066 9	−953.0	7.055 7	−1 249.2	−0.923 2	−1 273.1	7.151 7	−118.8
14	4.132 3	−945.1	7.086 7	−1 204.6	−0.805 7	−1 162.7	7.209 2	−158.7
15	4.308 6	−923.5	7.179 1	−1 072.8	−0.767 3	−1 127.2	7.244 1	−181.5
16	4.329 9	−920.6	7.189 1	−1 053.8	−0.694 0	−1 059.9	7.252 5	−187.0
17	4.467 9	−903.2	7.197 7	−1 039.8	−0.593 6	−970.0	7.324 9	−233.3
18	4.590 0	−887.6	7.204 7	−1 028.4	−0.544 6	−927.5	7.353 5	−250.6
19	4.634 8	−881.7	7.302 5	−868.2	−0.503 1	−891.4	7.394 1	−274.7
20	4.905 8	−846.9	7.322 9	−831.3	−0.478 6	−869.5	7.425 3	−293.2
21	4.956 7	−840.2	7.331 1	−817.5	−0.319 3	−738.2	7.497 5	−333.0
22	4.989 5	−836.0	7.339 3	−805.7	−0.264 3	−693.3	7.497 7	−334.2
23	5.092 2	−822.9	7.425 9	−645.5	−0.137 7	−595.8	7.544 7	−359.6
24	5.114 3	−820.2	7.440 9	−616.6	−0.024 7	−516.8	7.598 5	−387.6
25	5.137 8	−817.4	7.472 7	−556.8	−0.021 3	−518.2	7.641 8	−409.5
26	5.345 9	−790.3	7.481 3	−543.4	0.008 8	−499.0	7.670 9	−424.9
27	5.491 9	−771.0	7.548 8	−408.9	0.097 9	−439.7	7.695 2	−437.1

续附表 6

序号	X_1	Y_1	X_2	Y_2	X_3	Y_3	X_4	Y_4
28	5.584 9	−758.9	7.559 2	−388.9	0.150 3	−407.4	7.771 3	−472.7
29	5.636 7	−752.4	7.614 6	−278.3	0.195 3	−380.6	7.785 8	−479.6
30	5.638 7	−752.2	7.622 9	−265.4	0.210 1	−372.1	7.843 7	−507.2
31	5.785 6	−733.0	7.672 2	−167.2	0.239 2	−354.0	7.845 2	−507.3
32	5.872 7	−721.6	7.677 2	−158.2	0.249 6	−345.5	7.930 1	−546.3
33	5.994 9	−706.0	7.756 3	−0.8	0.283 1	−325.1	7.944 6	−552.9
34	6.141 2	−687.4	7.764 9	12.3	0.371 7	−276.5	7.995 8	−576.9
35	6.161 1	−685.1	7.795 4	69.7	0.612 7	−159.2	8.016 9	−585.7
36	6.211 6	−678.6	7.795 6	69.1	0.622 8	−155.1	8.074 5	−610.7
37	6.223 9	−676.6	7.898 2	259.6	0.635 5	−149.8	8.117 3	−629.5
38	6.496 4	−642.5	7.906 5	271.4	0.646 3	−145.6	8.146 4	−641.4
39	6.644 2	−624.3	7.913 8	282.1	0.726 0	−112.6	8.189 7	−659.5
40	6.656 2	−622.7	7.918 6	290.4	0.741 2	−107.1	8.194 7	−660.2
41	6.664 0	−621.7	8.012 3	441.2	0.760 0	−99.8	8.290 6	−698.6
42	6.685 4	−619.1	8.039 8	480.8	0.777 7	−93.3	8.296 4	−700.4
43	6.839 8	−600.3	8.042 0	480.7	0.873 2	−58.4	8.338 6	−716.6
44	6.998 8	−581.0	8.048 5	490.6	0.887 0	−52.6	8.362 9	−726.4
45	7.103 7	−568.3	8.130 2	595.5	0.964 9	−25.2	8.446 9	−754.7
46	7.145 2	−563.1	8.165 4	636.1	1.004 3	−11.3	8.463 4	−759.5
47	7.207 8	−555.2	8.181 8	651.9	1.076 0	10.3	8.483 0	−766.3
48	7.432 6	−527.5	8.190 1	661.4	1.147 7	32.0	8.535 7	−783.6
49	7.436 7	−526.9	8.248 6	713.6	1.215 1	52.1	8.597 1	−800.6
50	7.468 0	−523.4	8.288 3	744.6	1.244 2	60.8	8.626 8	−808.3
51	7.470 1	−523.5	8.323 4	768.0	1.317 3	81.6	8.636 6	−812.1
52	7.501 8	−519.7	8.332 0	773.5	1.376 7	98.0	8.708 9	−830.4
53	7.543 8	−514.6	8.366 5	789.3	1.406 6	105.8	8.747 7	−837.6
54	7.591 8	−508.8	8.411 7	805.1	1.489 9	126.8	8.771 3	−841.7

续附表 6

序号	X_1	Y_1	X_2	Y_2	X_3	Y_3	X_4	Y_4
55	7.647 6	−502.1	8.465 4	818.8	1.514 8	132.6	8.809 4	−847.4
56	7.732 2	−491.7	8.473 7	819.8	1.544 4	140.1	8.881 7	−857.3
57	7.981 7	−461.0	8.484 8	820.5	1.592 0	149.7	8.898 2	−857.4
58	8.002 8	−458.4	8.534 8	816.8	1.672 6	165.2	8.915 1	−859.0
59	8.094 7	−447.6	8.602 7	804.5	1.718 1	173.3	8.982 6	−865.5
60	8.101 2	−447.2	8.607 0	802.7	1.747 7	178.4	9.048 8	−867.2
61	8.150 6	−441.6	8.615 6	800.2	1.757 6	180.3	9.055 0	−867.2
62	8.193 5	−436.7	8.658 2	780.4	1.819 0	191.3	9.059 5	−867.5
63	8.220 2	−433.7	8.721 1	742.2	1.879 7	202.3	9.155 4	−865.3
64	8.256 5	−429.7	8.749 0	721.1	1.954 9	214.8	9.203 8	−861.7
65	8.335 7	−420.5	8.757 2	718.1	1.986 6	220.7	9.227 7	−859.6
66	8.421 8	−410.6	8.781 6	701.6	2.035 4	229.5	9.328 6	−846.2
67	8.505 8	−401.2	8.839 4	646.6	2.093 8	238.9	9.347 8	−840.4
68	8.651 1	−385.1	8.890 7	593.6	2.196 2	254.4	9.371 7	−834.3
69	8.722 9	−377.2	8.899 2	588.4	2.249 2	263.0	9.401 0	−826.3
70	8.769 9	−372.1	8.905 0	586.8	2.325 6	274.1	9.409 9	−823.1
71	8.778 9	−371.3	8.957 4	524.8	2.381 2	279.7	9.492 2	−793.8
72	8.796 8	−369.3	9.032 7	431.4	2.395 5	279.3	9.501 5	−787.9
73	8.860 2	−362.0	9.040 8	424.2	2.421 4	281.1	9.536 2	−772.6
74	9.000 7	−346.3	9.075 7	381.1	2.456 3	283.9	9.573 8	−752.7
75	9.006 7	−345.6	9.174 3	249.9	2.472 9	285.1	9.582 4	−745.2
76	9.154 1	−329.7	9.182 8	240.9	2.512 3	289.1	9.599 3	−735.2
77	9.198 5	−324.8	9.194 0	228.4	2.657 6	303.6	9.636 5	−712.7
78	9.299 8	−313.6	9.316 3	64.9	2.662 8	304.7	9.662 5	−696.6
79	9.303 3	−312.6	9.324 4	57.1	2.696 2	308.8	9.674 8	−689.3
80	9.349 7	−307.0	9.344 8	32.3	2.721 0	312.9	9.703 5	−669.3
81	9.351 4	−307.1	9.424 0	−68.9	2.752 7	317.8	9.747 0	−635.4

续附表 6

序号	X_1	Y_1	X_2	Y_2	X_3	Y_3	X_4	Y_4
82	9.398 6	−301.2	9.457 9	−109.5	2.833 9	326.6	9.762 8	−624.3
83	9.440 2	−296.1	9.466 4	−117.1	2.884 2	332.5	9.788 4	−603.8
84	9.509 7	−287.5	9.531 3	−192.4	3.025 3	346.0	9.791 8	−601.9
85	9.655 0	−269.2	9.601 5	−270.7	3.110 0	353.6	9.847 6	−553.9
86	9.739 9	−258.1	9.608 0	−274.0	3.226 1	360.7	9.914 7	−494.4
87	9.784 3	−252.2	9.689 1	−357.6	3.244 0	359.9	9.919 8	−490.6
88	9.824 1	−247.1	9.710 1	−373.0	3.254 2	359.9	9.920 0	−490.7
89	9.827 6	−247.1	9.750 0	−403.5	3.265 6	359.3	9.943 2	−469.7
90	9.978 4	−227.2	9.761 4	−408.7	3.274 4	359.4	9.984 3	−433.9
91	10.001 8	−224.2	9.778 5	−419.7	3.291 7	360.2	10.020 8	−403.3
92	10.010 7	−223.1	9.846 8	−462.3	3.300 1	360.0	10.041 0	−386.7
93	10.063 6	−216.0	9.858 0	−463.6	3.322 3	360.5	10.093 0	−344.3
94	10.074 3	−214.4	9.865 0	−467.4	3.327 0	362.6	10.123 1	−321.6
95	10.105 9	−210.2	9.956 0	−490.9	3.387 7	369.1	10.136 0	−312.6
96	10.110 5	−209.8	9.968 4	−494.0	3.627 7	383.2	10.166 8	−291.0
97	10.157 5	−203.4	10.004 2	−492.1	3.714 6	389.9	10.176 3	−285.1
98	10.178 3	−200.3	10.005 8	−494.0	3.757 7	394.0	10.193 6	−274.2
99	10.429 3	−165.4	10.071 6	−478.2	3.768 9	395.4	10.265 8	−227.9
100	10.567 2	−146.5	10.133 1	−454.7	3.889 2	402.5	10.293 2	−212.2
101	10.576 1	−145.3	10.153 3	−445.0	3.891 3	402.9	10.303 5	−204.6
102	10.604 1	−141.9	10.161 5	−440.4	3.902 5	402.3	10.352 5	−179.0
103	10.606 6	−141.7	10.175 2	−437.5	3.919 0	401.6	10.368 2	−170.9
104	10.617 9	−140.3	10.278 6	−360.9	3.980 8	402.5	10.419 0	−148.0
105	10.660 5	−134.9	10.301 1	−340.8	3.996 3	402.2	10.439 0	−138.6
106	10.677 6	−132.6	10.310 5	−335.9	4.020 3	402.4	10.483 5	−121.9
107	10.779 1	−119.4	10.319 3	−329.7	4.153 4	407.5	10.545 3	−102.6
108	10.857 9	−109.0	10.381 8	−264.1	4.188 3	408.2	10.560 7	−98.3

续附表 6

序号	X_1	Y_1	X_2	Y_2	X_3	Y_3	X_4	Y_4
109	10.927 0	−100.0	10.448 6	−187.0	4.231 6	411.1	10.568 6	−95.4
110	10.932 3	−99.3	10.476 6	−154.4	4.259 2	413.6	10.611 8	−84.7
111	11.058 0	−83.0	10.485 4	−145.9	4.293 8	416.0	10.663 8	−76.4
112	11.207 4	−63.4	10.487 4	−145.1	4.392 2	421.2	10.671 6	−76.3
113	11.233 3	−59.8	10.588 4	−8.2	4.506 4	426.3	10.752 7	−67.6
114	11.279 4	−53.8	10.596 5	1.0	4.548 4	428.3	10.785 0	−64.9
115	11.330 5	−47.2	10.634 4	51.7	4.593 9	430.2	10.785 1	−63.8
116	11.348 3	−45.0	10.665 0	93.9	4.667 3	433.2	10.797 9	−62.3
117	11.434 8	−34.5	10.692 0	130.6	4.675 7	434.7	10.843 8	−60.4
118	11.449 4	−32.7	10.743 9	203.3	4.678 3	434.5	10.923 8	−61.6
119	11.610 3	−13.1	10.791 7	267.8	4.734 1	434.7	10.945 2	−61.7
120	11.792 1	8.6	10.795 4	269.5	4.773 6	434.2	11.001 0	−63.9
121	11.809 1	10.8	10.842 0	332.2	4.816 7	433.9	11.024 2	−63.7
122	11.861 5	16.9	10.891 8	396.9	4.834 0	433.4	11.050 1	−64.8
123	11.882 6	19.1	10.899 0	402.9	4.895 7	434.0	11.137 2	−71.9
124	11.936 2	25.4	10.949 5	464.6	5.034 1	437.1	11.176 4	−74.6
125	12.082 5	42.4	11.002 2	524.5	5.052 5	438.1	11.204 7	−76.6
126	12.118 0	46.5	11.019 4	541.7	5.108 8	441.0	11.217 6	−77.5
127	12.131 2	48.5	11.039 7	563.7	5.177 3	444.3	11.302 2	−85.6
128	12.364 3	74.8	11.105 6	625.8	5.181 8	445.2	11.329 6	−88.0
129	12.412 4	80.3	11.107 2	625.3	5.338 3	448.5	11.384 7	−92.8
130	12.438 7	83.5	11.187 2	688.4	5.341 6	448.3	11.428 5	−97.1
131	12.484 4	88.7	11.196 5	691.7	5.397 2	449.1	11.433 5	−97.6
132	12.488 2	89.3	11.209 2	699.4	5.437 9	449.7	11.522 1	−104.6
133	12.657 2	107.8	11.264 6	729.6	5.459 4	449.9	11.554 8	−105.9
134	12.786 7	122.3	11.312 3	745.3	5.474 6	449.6	11.565 1	−105.6
135	12.836 4	127.9	11.335 1	752.0	5.488 8	449.2	11.650 0	−108.4

续附表6

序号	X_1	Y_1	X_2	Y_2	X_3	Y_3	X_4	Y_4
136	12.912 3	136.3	11.373 9	759.9	5.528 3	449.0	11.680 7	−108.6
137	12.940 2	139.3	11.415 8	761.9	5.684 8	449.5	11.714 1	−108.1
138	13.014 2	147.5	11.421 9	761.4	5.712 7	449.2	11.745 0	−107.0
139	13.087 7	155.7	11.482 5	753.7	5.804 7	447.7	11.807 0	−105.5
140	13.116 5	159.0	11.519 3	743.5	5.866 5	445.9	11.866 1	−103.3
141	13.118 2	159.3	11.551 0	734.2	5.900 2	445.0	11.906 1	−100.4
142	13.442 7	195.8	11.579 6	717.9	5.913 0	445.3	11.925 4	−97.7
143	13.457 0	197.5	11.622 5	694.1	5.918 5	446.0	11.933 3	−97.3
144	13.520 6	204.4	11.630 4	694.3	6.007 6	445.9	12.082 6	−78.3
145	13.588 9	212.1	11.726 0	619.5	6.040 3	446.4	12.098 6	−74.7
146	13.617 4	215.4	11.728 4	617.8	6.186 8	444.7	12.105 8	−72.9
147	13.689 4	223.8	11.737 0	614.5	6.241 3	443.8	12.146 5	−64.2
148	13.695 2	224.7	11.778 2	577.2	6.241 6	443.8	12.285 7	−29.3
149	13.743 2	230.2	11.829 5	523.0	6.315 1	440.8	12.290 6	−26.3
150	13.870 7	244.5	11.894 7	449.1	6.338 8	438.3	12.298 6	−24.1
151	13.944 1	252.9	11.905 5	439.3	6.353 5	436.9	12.344 2	−10.2
152	14.127 2	273.5	11.925 7	417.4	6.389 5	434.9	12.394 2	9.4
153	14.219 2	283.8	12.052 5	253.9	6.403 6	434.5	12.466 1	40.8
154	14.292 7	291.9	12.073 6	229.3	6.433 5	433.7	12.483 0	49.5
155	14.342 9	297.5	12.082 9	220.6	6.644 2	423.3	12.488 7	52.6
156	14.371 4	300.9	12.179 4	95.9	6.678 6	421.4	12.515 1	67.2
157	14.385 7	302.5	12.209 8	60.4	6.689 7	421.3	12.552 1	87.1
158	14.446 6	309.3	12.221 0	50.9	6.782 8	416.0	12.613 2	121.9
159	14.478 8	313.0	12.260 3	4.9	6.792 4	415.0	12.632 9	133.6
160	14.624 6	329.3	12.367 2	−125.2	6.904 6	408.1	12.642 8	140.5
161	14.795 9	348.6	12.369 3	−123.0	6.914 4	407.4	12.646 1	141.8
162	14.822 5	351.8	12.382 5	−135.1	6.919 0	407.9	12.675 5	161.0

续附表 6

序号	X_1	Y_1	X_2	Y_2	X_3	Y_3	X_4	Y_4
163	14.894 5	359.9	12.437 4	−193.1	6.996 8	403.2	12.731 2	200.7
164	14.949 6	366.1	12.572 9	−330.5	7.025 1	401.7	12.776 8	234.2
165	14.999 6	371.7	12.586 2	−338.7	7.060 9	399.6	12.777 1	233.9
166	15.095 3	382.4	12.614 4	−358.2	7.191 7	388.0	12.861 6	297.2
167	15.249 0	400.0	12.704 5	−427.3	7.203 1	385.6	12.867 5	300.9
168	15.377 1	414.7	12.726 8	−432.5	7.232 5	381.6	12.890 5	316.7
169	15.424 2	420.0	12.776 0	−451.9	7.246 6	379.1	12.921 2	336.3
170	15.466 2	424.6	12.789 2	−456.1	7.347 9	367.9	12.947 7	353.6
171	15.497 7	427.8	12.791 9	−460.5	7.408 1	360.8	13.001 9	390.5
172	15.849 3	468.2	12.845 2	−469.9	7.439 3	356.9	13.059 5	428.4
173	16.027 5	489.0	12.888 9	−472.4	7.521 4	348.6	13.064 9	431.8
174	16.099 5	497.3	12.963 4	−468.4	7.646 5	334.2	13.109 5	460.6
175	16.111 9	498.7	12.979 6	−467.8	7.673 0	330.6	13.138 9	478.4
176	16.131 1	500.9	12.992 8	−465.2	7.689 8	328.3	13.164 2	494.1
177	16.134 8	501.4	13.073 2	−428.0	7.694 7	327.6	13.209 3	521.5
178	16.601 7	555.7	13.081 3	−428.0	7.749 6	319.1	13.226 2	532.7
179	16.629 3	558.8	13.182 8	−357.4	7.807 0	309.6	13.353 6	599.0
180	16.702 8	567.3	13.196 5	−348.8	7.850 5	301.9	13.357 9	602.5
181	16.805 1	579.2	13.199 7	−349.4	7.909 6	292.2	13.380 2	615.4
182	16.883 5	588.1	13.257 0	−300.3	8.018 9	273.0	13.387 5	619.9
183	16.977 5	599.0	13.317 5	−247.0	8.069 1	263.8	13.451 0	649.1
184	17.232 5	628.4	13.386 4	−178.5	8.111 9	255.9	13.497 5	667.8
185	17.304 5	636.4	13.399 6	−169.5	8.125 2	253.6	13.596 2	708.1
186	17.355 7	642.3	13.435 8	−131.5	8.196 7	239.4	13.605 8	710.2
187	17.473 7	655.9	13.441 2	−129.0	8.317 1	214.9	13.635 3	720.0
188	17.637 5	674.7	13.554 1	2.5	8.412 6	194.7	13.641 9	721.7
189	17.834 3	697.1	13.589 6	41.9	8.452 9	186.6	13.675 3	732.9

续附表 6

序号	X_1	Y_1	X_2	Y_2	X_3	Y_3	X_4	Y_4
190	17. 842 6	697. 8	13. 602 8	55. 1	8. 504 3	176. 4	13. 786 2	767. 4
191	17. 907 8	705. 0	13. 625 1	80. 3	8. 513 1	175. 1	13. 812 8	772. 7
192	18. 142 4	731. 2	13. 672 0	132. 4	8. 552 0	167. 1	13. 854 2	786. 5
193	18. 165 4	733. 8	13. 780 1	253. 5	8. 590 7	159. 3	13. 883 2	797. 3
194	18. 389 4	758. 7	13. 790 3	261. 4	8. 688 3	137. 3	13. 900 1	804. 5
195	18. 437 6	764. 1	13. 806 3	275. 3	8. 699 7	134. 5	13. 930 0	813. 8
196	18. 509 6	772. 0	13. 809 3	276. 8	8. 727 6	127. 2	14. 074 4	848. 1
197	18. 705 4	793. 6	13. 908 6	365. 9	8. 916 1	81. 0	14. 102 2	854. 4
198	18. 812 7	805. 4	13. 957 6	402. 9	8. 933 4	76. 5	14. 125 1	860. 6
199	19. 028 7	828. 9	13. 993 7	427. 9	8. 946 0	72. 5	14. 131 6	860. 1
200	19. 039 3	830. 1	14. 009 5	431. 8	8. 992 5	59. 7	14. 218 7	876. 5
201	19. 112 8	838. 0	14. 026 5	441. 4	9. 056 7	43. 5	14. 334 6	895. 8
202	19. 143 9	841. 4	14. 134 6	491. 2	9. 203 2	5. 7	14. 349 2	899. 5
203	19. 483 0	878. 1	14. 144 8	490. 8	9. 257 6	−8. 6	14. 362 6	900. 4
204	19. 571 1	887. 5	14. 177 4	500. 6	9. 331 5	−28. 8	14. 379 5	902. 1
205	19. 642 6	895. 2	14. 213 1	501. 8	9. 357 6	−36. 5	14. 506 9	924. 7
206	19. 714 6	902. 9	14. 263 1	502. 2	9. 375 1	−41. 5	14. 551 1	934. 6
207	19. 893 8	922. 2	14. 312 1	498. 9	9. 379 1	−41. 5	14. 574 2	942. 0
208	19. 895 9	922. 5	14. 361 8	489. 1	9. 574 9	−102. 0	14. 627 9	953. 9
209	20. 244 4	959. 8	14. 381 0	482. 7	9. 659 1	−129. 1	14. 651 3	960. 6
210	20. 275 8	963. 0	14. 416 7	465. 7	9. 799 4	−175. 2	14. 767 2	990. 2
211	20. 317 9	967. 5	14. 489 1	421. 6	9. 933 9	−220. 0	14. 795 1	999. 7
212	20. 433 9	979. 9	14. 499 2	418. 3	10. 012 3	−247. 2	14. 798 3	1 001. 3
213	20. 649 8	1 003. 3	14. 545 4	387. 8	10. 028 6	−252. 2	14. 876 3	1 025. 9
214	20. 757 2	1 015. 0	14. 617 6	320. 4	10. 242 8	−329. 5	14. 983 7	1 063. 2
215	20. 847 6	1 024. 7	14. 619 9	322. 7	10. 263 0	−336. 3	15. 023 3	1 076. 2
216	20. 919 6	1 032. 4	14. 666 6	277. 9	10. 537 8	−438. 4	15. 124 2	1 112. 3

续附表 6

序号	X_1	Y_1	X_2	Y_2	X_3	Y_3	X_4	Y_4
217	21. 402 3	1 084. 3	14. 729 8	210. 0	10. 663 7	−486. 0	15. 199 8	1 141. 4
218	21. 522 9	1 097. 3	14. 735 5	203. 1	10. 699 6	−499. 6	15. 247 4	1 162. 6
219	21. 622 3	1 108. 0	14. 823 5	96. 0	10. 765 6	−524. 6	15. 372 6	1 218. 2
220	22. 124 7	1 162. 0	14. 843 6	71. 4	10. 865 9	−562. 7	15. 416 2	1 237. 6
221	22. 156 2	1 165. 4	14. 913 5	−13. 7	11. 109 4	−654. 9	15. 472 4	1 262. 5
222	22. 485 7	1 200. 8	15. 021 1	−144. 7	11. 140 2	−666. 6	15. 620 3	1 328. 3
223	22. 727 9	1 226. 9	15. 026 5	−151. 3	11. 469 8	−791. 6	15. 632 3	1 333. 6
224	22. 908 7	1 246. 3	15. 097 9	−238. 3	11. 493 2	−800. 4	15. 848 8	1 429. 8
225	23. 330 2	1 291. 6	15. 198 0	−360. 2	11. 520 3	−810. 7	15. 868 9	1 438. 7
226	23. 350 8	1 293. 8	15. 230 2	−399. 4	11. 529 7	−814. 3	16. 064 7	1 525. 7
227	23. 662 6	1 327. 4	15. 375 6	−576. 4	11. 744 1	−895. 5	16. 281 4	1 621. 9
228	23. 933 5	1 356. 5	15. 552 6	−791. 9	11. 973 1	−982. 3	16. 497 3	1 717. 9

附表7　不同掺量高聚物戈壁土主应变-体应变计算模型岭函数表

序号	X_1	Y_1	X_2	Y_2	X_3	Y_3	X_4	Y_4
1	-11.621	-1.322	-9.963	0.234	-1.877	-1.622	6.486	-1.247
2	-11.166	-1.225	-9.954	0.232	-1.777	-1.549	6.628	-1.169
3	-10.711	-1.129	-9.945	0.231	-1.648	-1.454	6.691	-1.134
4	-10.521	-1.089	-9.935	0.229	-1.516	-1.357	6.771	-1.090
5	-10.258	-1.033	-9.926	0.227	-1.488	-1.336	6.833	-1.056
6	-10.123	-1.005	-9.917	0.226	-1.295	-1.195	6.913	-1.012
7	-9.823	-0.941	-9.908	0.224	-1.136	-1.078	6.946	-0.994
8	-9.803	-0.937	-9.899	0.223	-1.125	-1.070	6.976	-0.977
9	-9.755	-0.927	-9.890	0.221	-1.099	-1.051	7.056	-0.933
10	-9.725	-0.920	-9.881	0.219	-1.028	-0.999	7.065	-0.928
11	-9.350	-0.841	-9.872	0.218	-1.026	-0.997	7.119	-0.899
12	-9.329	-0.837	-9.863	0.216	-0.990	-0.971	7.184	-0.863
13	-9.046	-0.777	-9.854	0.214	-0.851	-0.871	7.198	-0.854
14	-9.042	-0.776	-9.845	0.213	-0.785	-0.823	7.222	-0.840
15	-8.931	-0.753	-9.836	0.211	-0.769	-0.811	7.261	-0.817
16	-8.895	-0.745	-9.827	0.209	-0.759	-0.804	7.302	-0.792
17	-8.767	-0.719	-9.818	0.208	-0.705	-0.766	7.341	-0.769
18	-8.533	-0.671	-9.808	0.206	-0.699	-0.761	7.346	-0.765
19	-8.441	-0.652	-6.968	-0.287	-0.490	-0.616	7.404	-0.728
20	-8.338	-0.631	-6.960	-0.286	-0.460	-0.596	7.421	-0.717
21	-8.259	-0.615	-6.952	-0.286	-0.436	-0.581	7.471	-0.683
22	-8.221	-0.607	-6.944	-0.286	-0.401	-0.559	7.483	-0.675
23	-8.199	-0.603	-6.936	-0.286	-0.324	-0.509	7.540	-0.635
24	-8.136	-0.590	-6.928	-0.286	-0.286	-0.485	7.546	-0.630
25	-7.987	-0.561	-6.920	-0.286	-0.281	-0.483	7.594	-0.596
26	-7.949	-0.554	-6.912	-0.285	-0.262	-0.471	7.626	-0.573
27	-7.738	-0.512	-6.904	-0.285	-0.252	-0.466	7.659	-0.548
28	-7.632	-0.491	-6.897	-0.284	-0.184	-0.427	7.689	-0.525
29	-7.631	-0.490	-6.889	-0.271	-0.161	-0.412	7.718	-0.503
30	-7.532	-0.471	-6.881	-0.286	-0.019	-0.334	7.769	-0.464
31	-7.503	-0.465	-6.873	-0.285	0.009	-0.319	7.777	-0.458

续附表 7

序号	X_1	Y_1	X_2	Y_2	X_3	Y_3	X_4	Y_4
32	−7.479	−0.460	−6.865	−0.284	0.174	−0.233	7.831	−0.415
33	−7.474	−0.460	−6.857	−0.283	0.204	−0.218	7.842	−0.407
34	−7.342	−0.434	−6.849	−0.281	0.214	−0.214	7.896	−0.364
35	−7.279	−0.421	−6.841	−0.280	0.221	−0.211	7.911	−0.353
36	−7.263	−0.418	−6.833	−0.278	0.336	−0.157	7.966	−0.309
37	−7.142	−0.395	−6.825	−0.277	0.346	−0.154	7.974	−0.303
38	−7.078	−0.383	−6.817	−0.276	0.422	−0.121	8.015	−0.272
39	−7.064	−0.380	−6.809	−0.276	0.438	−0.113	8.054	−0.242
40	−7.000	−0.368	−4.792	−0.325	0.455	−0.106	8.090	−0.215
41	−6.944	−0.358	−4.778	−0.325	0.467	−0.100	8.114	−0.197
42	−6.923	−0.354	−4.764	−0.324	0.506	−0.084	8.116	−0.196
43	−6.897	−0.350	−4.750	−0.323	0.610	−0.044	8.196	−0.139
44	−6.808	−0.333	−4.736	−0.322	0.712	−0.009	8.214	−0.127
45	−6.733	−0.320	−4.722	−0.321	0.728	−0.004	8.233	−0.114
46	−6.696	−0.313	−4.707	−0.321	0.845	0.035	8.259	−0.098
47	−6.625	−0.300	−4.693	−0.320	0.857	0.039	8.337	−0.048
48	−6.546	−0.286	−4.679	−0.319	0.870	0.043	8.339	−0.048
49	−6.527	−0.282	−4.665	−0.318	0.945	0.068	8.352	−0.040
50	−6.495	−0.276	−4.651	−0.319	1.005	0.086	8.401	−0.012
51	−6.359	−0.252	−4.637	−0.325	1.036	0.096	8.461	0.019
52	−6.353	−0.252	−4.623	−0.325	1.048	0.100	8.470	0.023
53	−6.291	−0.241	−4.609	−0.325	1.211	0.146	8.481	0.029
54	−6.217	−0.229	−3.944	−0.320	1.216	0.146	8.544	0.057
55	−6.188	−0.224	−3.934	−0.320	1.230	0.148	8.585	0.074
56	−6.170	−0.221	−3.925	−0.319	1.281	0.159	8.589	0.075
57	−6.148	−0.217	−3.915	−0.318	1.377	0.181	8.624	0.089
58	−6.053	−0.202	−3.906	−0.316	1.469	0.200	8.686	0.108
59	−5.965	−0.188	−3.897	−0.315	1.477	0.201	8.708	0.113
60	−5.928	−0.182	−3.887	−0.316	1.483	0.203	8.709	0.113
61	−5.913	−0.179	−3.878	−0.316	1.505	0.208	8.766	0.125
62	−5.899	−0.177	−3.868	−0.317	1.535	0.215	8.827	0.133

续附表 7

序号	X_1	Y_1	X_2	Y_2	X_3	Y_3	X_4	Y_4
63	-5.751	-0.152	-3.859	-0.316	1.543	0.218	8.829	0.132
64	-5.715	-0.146	-3.849	-0.317	1.635	0.235	8.833	0.133
65	-5.686	-0.142	-3.840	-0.318	1.711	0.248	8.909	0.136
66	-5.643	-0.134	-3.830	-0.317	1.898	0.277	8.945	0.134
67	-5.579	-0.124	-3.821	-0.316	1.920	0.280	8.957	0.133
68	-5.578	-0.124	-3.811	-0.315	1.964	0.285	8.971	0.135
69	-5.508	-0.113	-1.800	-0.306	2.003	0.289	9.051	0.126
70	-5.445	-0.103	-1.788	-0.307	2.008	0.288	9.064	0.124
71	-5.360	-0.090	-1.777	-0.309	2.092	0.296	9.114	0.115
72	-5.354	-0.089	-1.766	-0.311	2.138	0.300	9.183	0.100
73	-5.283	-0.079	-1.754	-0.313	2.142	0.300	9.194	0.100
74	-5.262	-0.076	-1.743	-0.316	2.200	0.305	9.256	0.083
75	-5.132	-0.055	-1.732	-0.320	2.208	0.307	9.302	0.070
76	-5.106	-0.051	-1.720	-0.326	2.224	0.310	9.336	0.062
77	-5.098	-0.050	-1.709	-0.328	2.234	0.313	9.399	0.042
78	-5.081	-0.047	-1.698	-0.328	2.356	0.321	9.479	0.015
79	-4.991	-0.033	-1.686	-0.325	2.417	0.326	9.492	0.011
80	-4.955	-0.028	-1.675	-0.320	2.502	0.330	9.541	-0.004
81	-4.807	-0.006	-1.664	-0.323	2.708	0.340	9.621	-0.031
82	-4.799	-0.005	-1.652	-0.326	2.712	0.339	9.625	-0.033
83	-4.796	-0.005	-1.641	-0.328	2.716	0.338	9.679	-0.050
84	-4.793	-0.004	-1.630	-0.330	2.740	0.338	9.684	-0.051
85	-4.750	0.002	-1.618	-0.332	2.784	0.338	9.802	-0.088
86	-4.632	0.018	-1.607	-0.334	2.792	0.337	9.804	-0.086
87	-4.602	0.022	0.340	-0.388	2.833	0.337	9.805	-0.085
88	-4.559	0.028	0.355	-0.389	2.865	0.338	9.826	-0.090
89	-4.553	0.028	0.371	-0.390	2.937	0.339	9.838	-0.093
90	-4.537	0.031	0.386	-0.391	2.973	0.339	9.906	-0.108
91	-4.474	0.039	0.402	-0.392	2.998	0.339	9.953	-0.117
92	-4.352	0.055	0.418	-0.379	3.001	0.341	9.969	-0.121
93	-4.351	0.055	0.433	-0.369	3.206	0.337	9.982	-0.123

续附表 7

序号	X_1	Y_1	X_2	Y_2	X_3	Y_3	X_4	Y_4
94	−4.225	0.071	0.449	−0.361	3.229	0.337	9.996	−0.125
95	−4.205	0.073	0.464	−0.356	3.338	0.335	10.010	−0.127
96	−4.161	0.078	0.480	−0.352	3.339	0.335	10.102	−0.133
97	−4.157	0.079	0.496	−0.354	3.431	0.333	10.114	−0.133
98	−4.093	0.086	0.511	−0.380	3.458	0.332	10.154	−0.135
99	−4.083	0.087	0.527	−0.378	3.461	0.332	10.160	−0.136
100	−4.015	0.095	0.542	−0.374	3.499	0.330	10.218	−0.135
101	−4.008	0.095	0.558	−0.371	3.530	0.329	10.250	−0.134
102	−3.920	0.105	0.574	−0.367	3.562	0.327	10.313	−0.131
103	−3.899	0.107	1.203	−0.227	3.666	0.322	10.322	−0.130
104	−3.869	0.111	1.212	−0.225	3.705	0.320	10.338	−0.129
105	−3.763	0.122	1.221	−0.224	3.720	0.319	10.399	−0.122
106	−3.685	0.131	1.230	−0.222	3.857	0.312	10.426	−0.119
107	−3.660	0.134	1.239	−0.221	3.937	0.308	10.471	−0.114
108	−3.656	0.134	1.248	−0.220	3.963	0.307	10.517	−0.108
109	−3.628	0.137	1.257	−0.219	3.977	0.307	10.530	−0.105
110	−3.569	0.143	1.266	−0.217	3.998	0.306	10.547	−0.102
111	−3.462	0.154	1.276	−0.216	4.030	0.304	10.629	−0.087
112	−3.385	0.161	1.285	−0.214	4.103	0.300	10.633	−0.086
113	−3.367	0.163	1.292	−0.220	4.194	0.295	10.694	−0.073
114	−3.263	0.173	1.301	−0.211	4.203	0.294	10.696	−0.072
115	−3.239	0.175	1.310	−0.210	4.208	0.294	10.738	−0.061
116	−3.232	0.175	1.319	−0.209	4.340	0.284	10.788	−0.048
117	−3.210	0.177	1.328	−0.208	4.469	0.275	10.842	−0.032
118	−3.173	0.181	1.338	−0.207	4.498	0.273	10.844	−0.032
119	−3.114	0.186	1.347	−0.206	4.498	0.272	10.873	−0.024
120	−3.089	0.189	1.356	−0.206	4.536	0.268	10.946	0.000
121	−2.969	0.199	1.365	−0.205	4.538	0.267	10.946	0.000
122	−2.918	0.203	1.374	−0.205	4.587	0.263	10.993	0.016
123	−2.795	0.213	1.383	−0.205	4.619	0.261	11.049	0.036
124	−2.788	0.214	3.344	−0.105	4.628	0.260	11.051	0.036

续附表7

序号	X_1	Y_1	X_2	Y_2	X_3	Y_3	X_4	Y_4
125	-2.737	0.218	3.359	-0.104	4.715	0.253	11.105	0.057
126	-2.678	0.222	3.371	-0.103	4.860	0.241	11.141	0.071
127	-2.658	0.223	3.383	-0.102	4.957	0.232	11.153	0.076
128	-2.571	0.229	3.395	-0.101	4.975	0.231	11.229	0.106
129	-2.570	0.229	3.407	-0.100	4.995	0.229	11.257	0.118
130	-2.557	0.230	3.419	-0.099	5.019	0.226	11.263	0.119
131	-2.521	0.233	3.431	-0.098	5.116	0.217	11.289	0.129
132	-2.451	0.237	3.443	-0.097	5.118	0.216	11.361	0.158
133	-2.372	0.243	3.455	-0.105	5.134	0.215	11.407	0.176
134	-2.341	0.245	3.467	-0.105	5.209	0.207	11.421	0.182
135	-2.263	0.250	3.480	-0.096	5.217	0.207	11.438	0.188
136	-2.052	0.262	3.492	-0.096	5.227	0.206	11.465	0.199
137	-2.024	0.263	3.504	-0.095	5.411	0.187	11.569	0.239
138	-2.005	0.264	3.516	-0.095	5.495	0.179	11.580	0.243
139	-1.970	0.266	3.528	-0.095	5.525	0.176	11.585	0.244
140	-1.954	0.267	3.540	-0.095	5.538	0.174	11.586	0.244
141	-1.886	0.270	3.552	-0.094	5.574	0.170	11.673	0.274
142	-1.877	0.271	3.564	-0.094	5.617	0.166	11.735	0.294
143	-1.828	0.273	3.576	-0.094	5.705	0.157	11.738	0.295
144	-1.789	0.275	5.526	-0.137	5.733	0.155	11.763	0.303
145	-1.718	0.279	5.542	-0.138	5.825	0.146	11.777	0.307
146	-1.480	0.291	5.557	-0.138	5.833	0.146	11.881	0.335
147	-1.445	0.292	5.573	-0.139	5.847	0.144	11.884	0.335
148	-1.433	0.292	5.589	-0.140	5.893	0.140	11.896	0.338
149	-1.385	0.294	5.604	-0.140	5.966	0.133	11.942	0.348
150	-1.314	0.297	5.620	-0.140	5.992	0.130	12.032	0.365
151	-1.282	0.299	5.634	-0.125	6.059	0.124	12.055	0.369
152	-1.264	0.300	5.648	-0.112	6.116	0.119	12.120	0.379
153	-1.222	0.301	5.662	-0.102	6.190	0.113	12.180	0.387
154	-1.194	0.302	5.675	-0.098	6.284	0.105	12.213	0.390
155	-1.036	0.308	5.689	-0.127	6.331	0.102	12.298	0.398

续附表 7

序号	X_1	Y_1	X_2	Y_2	X_3	Y_3	X_4	Y_4
156	-0.978	0.311	5.703	-0.125	6.424	0.094	12.325	0.399
157	-0.934	0.312	5.716	-0.122	6.432	0.094	12.329	0.400
158	-0.841	0.315	5.730	-0.118	6.454	0.093	12.372	0.402
159	-0.817	0.316	5.743	-0.114	6.456	0.092	12.476	0.405
160	-0.738	0.318	5.757	-0.110	6.491	0.090	12.529	0.404
161	-0.555	0.324	5.771	-0.106	6.580	0.083	12.530	0.405
162	-0.525	0.325	6.336	0.123	6.615	0.081	12.570	0.405
163	-0.514	0.325	6.347	0.130	6.669	0.078	12.654	0.401
164	-0.441	0.327	6.358	0.136	6.720	0.076	12.734	0.393
165	-0.389	0.328	6.368	0.142	6.770	0.073	12.767	0.389
166	-0.356	0.329	6.379	0.148	6.855	0.068	12.775	0.387
167	-0.250	0.332	6.390	0.154	6.930	0.064	12.799	0.383
168	-0.236	0.332	6.401	0.160	6.991	0.060	12.832	0.379
169	-0.192	0.333	6.412	0.167	7.022	0.059	12.886	0.371
170	-0.070	0.336	6.423	0.173	7.080	0.057	12.938	0.362
171	0.156	0.341	6.434	0.180	7.113	0.054	12.979	0.355
172	0.168	0.341	6.445	0.187	7.157	0.052	12.984	0.354
173	0.318	0.343	6.456	0.192	7.201	0.049	13.005	0.351
174	0.327	0.343	6.466	0.196	7.289	0.044	13.011	0.351
175	0.341	0.344	6.477	0.201	7.447	0.035	13.123	0.326
176	0.352	0.344	6.488	0.206	7.520	0.032	13.143	0.322
177	0.371	0.345	6.499	0.211	7.528	0.032	13.169	0.316
178	0.385	0.345	6.510	0.215	7.594	0.030	13.183	0.313
179	0.701	0.349	6.521	0.220	7.612	0.029	13.242	0.300
180	0.838	0.351	6.532	0.224	7.621	0.029	13.347	0.275
181	0.849	0.351	6.543	0.228	7.628	0.029	13.354	0.274
182	0.885	0.351	6.554	0.231	7.702	0.025	13.361	0.273
183	0.898	0.351	6.564	0.234	7.950	0.013	13.388	0.266
184	0.976	0.352	6.575	0.236	8.110	0.006	13.480	0.245
185	1.007	0.352	8.522	0.248	8.127	0.005	13.539	0.231
186	1.122	0.352	8.536	0.250	8.149	0.003	13.551	0.228

续附表 7

序号	X_1	Y_1	X_2	Y_2	X_3	Y_3	X_4	Y_4
187	1.247	0.353	8.550	0.252	8.185	0.001	13.592	0.220
188	1.293	0.353	8.563	0.255	8.219	-0.002	13.598	0.219
189	1.443	0.353	8.577	0.258	8.225	-0.002	13.717	0.195
190	1.531	0.353	8.591	0.262	8.326	-0.006	13.724	0.195
191	1.582	0.352	8.604	0.266	8.487	-0.013	13.756	0.188
192	1.689	0.351	8.618	0.270	8.609	-0.018	13.797	0.182
193	1.748	0.351	8.631	0.274	8.697	-0.023	13.836	0.176
194	1.791	0.351	8.645	0.312	8.725	-0.024	13.909	0.165
195	1.905	0.350	8.659	0.307	8.818	-0.027	13.955	0.159
196	1.988	0.349	8.672	0.278	8.850	-0.027	13.960	0.159
197	2.188	0.346	8.686	0.283	8.950	-0.029	13.988	0.157
198	2.212	0.346	8.699	0.289	9.008	-0.031	14.073	0.150
199	2.337	0.343	8.713	0.295	9.109	-0.035	14.095	0.150
200	2.370	0.343	8.727	0.300	9.324	-0.041	14.165	0.147
201	2.533	0.339	8.740	0.305	9.345	-0.043	14.166	0.149
202	2.793	0.333	8.754	0.311	9.416	-0.045	14.192	0.149
203	2.881	0.331	8.767	0.315	9.446	-0.046	14.279	0.152
204	2.894	0.330	8.781	0.320	9.514	-0.047	14.311	0.155
205	3.052	0.326	11.519	0.969	9.865	-0.051	14.344	0.158
206	3.079	0.325	11.530	0.966	9.922	-0.051	14.369	0.161
207	3.398	0.314	11.541	0.964	10.015	-0.051	14.430	0.172
208	3.427	0.313	11.552	0.961	10.180	-0.050	14.465	0.179
209	3.574	0.307	11.563	0.957	10.193	-0.049	14.523	0.193
210	3.623	0.304	11.574	0.953	10.204	-0.049	14.549	0.200
211	3.732	0.300	11.585	0.950	10.521	-0.043	14.574	0.207
212	3.971	0.288	11.596	0.945	10.613	-0.041	14.649	0.233
213	4.169	0.278	11.607	0.941	10.725	-0.039	14.668	0.238
214	4.257	0.273	11.617	0.937	10.845	-0.035	14.701	0.249
215	4.415	0.264	11.628	0.932	10.942	-0.032	14.778	0.281
216	4.517	0.259	11.639	0.929	11.062	-0.028	14.786	0.283
217	4.714	0.247	11.650	0.919	11.119	-0.025	14.834	0.303

续附表 7

序号	X_1	Y_1	X_2	Y_2	X_3	Y_3	X_4	Y_4
218	4.939	0.232	11.661	0.909	11.212	−0.021	14.879	0.325
219	5.061	0.224	11.672	0.899	11.582	−0.004	14.983	0.375
220	5.095	0.222	11.683	0.889	11.633	−0.001	15.019	0.392
221	5.607	0.189	11.694	0.879	11.690	0.002	15.057	0.410
222	5.619	0.188	11.705	0.869	11.718	0.003	15.187	0.473
223	6.152	0.154	11.715	0.859	11.810	0.007	15.204	0.481
224	6.300	0.144	11.726	0.849	11.921	0.013	15.236	0.496
225	6.697	0.118	11.737	0.839	12.316	0.031	15.392	0.571
226	6.982	0.100	11.748	0.829	12.409	0.036	15.413	0.582
227	7.242	0.083	11.759	0.819	12.439	0.037	15.592	0.668
228	7.787	0.048	11.770	0.809	12.916	0.060	15.770	0.753

附表 8　E_t 计算模型岭函数表

序号	X_1	Y_1	X_2	Y_2	序号	X_1	Y_1	X_2	Y_2
1	−7.752 7	−0.094 7	−13.076 8	−0.097 5	36	−0.686 8	−0.014 1	−8.254 5	0.032 5
2	−6.947 0	−0.084 4	−13.038 4	−0.096 3	37	−0.521 2	−0.012 4	−8.237 7	0.032 6
3	−6.542 1	−0.079 3	−12.587 9	−0.082 0	38	−0.491 0	−0.012 0	−8.227 5	0.032 7
4	−6.133 3	−0.074 1	−12.514 2	−0.079 7	39	−0.328 8	−0.010 4	−8.213 2	0.033 0
5	−5.721 9	−0.068 8	−12.501 5	−0.079 3	40	−0.261 2	−0.009 7	−7.826 6	0.037 4
6	−5.308 5	−0.063 6	−12.099 5	−0.066 5	41	−0.071 1	−0.007 7	−7.825 1	0.037 3
7	−5.302 1	−0.063 5	−12.036 2	−0.064 5	42	−0.032 8	−0.007 3	−7.747 7	0.038 1
8	−4.895 6	−0.058 3	−11.961 5	−0.062 1	43	0.162 6	−0.005 3	−7.682 1	0.038 7
9	−4.836 8	−0.057 6	−11.614 4	−0.051 1	44	0.201 2	−0.005 0	−7.414 2	0.040 7
10	−4.479 5	−0.053 0	−11.556 1	−0.049 3	45	0.350 1	−0.003 5	−7.397 1	0.040 7
11	−4.365 0	−0.051 6	−11.422 3	−0.045 0	46	0.457 5	−0.002 4	−7.269 1	0.041 4
12	−4.061 4	−0.047 8	−11.139 4	−0.036 2	47	0.589 1	−0.001 1	−7.152 8	0.042 0
13	−3.889 7	−0.045 8	−11.127 7	−0.035 9	48	0.733 2	0.000 3	−7.003 7	0.042 5
14	−3.642 6	−0.043 0	−10.884 1	−0.028 5	49	0.771 5	0.000 7	−6.968 7	0.042 7
15	−3.606 7	−0.042 6	−10.846 2	−0.027 4	50	0.948 3	0.002 4	−6.792 8	0.043 1
16	−3.412 6	−0.040 4	−10.722 6	−0.023 8	51	1.015 3	0.003 1	−6.625 4	0.043 3
17	−3.222 0	−0.038 4	−10.641 2	−0.021 4	52	1.196 7	0.004 9	−6.596 8	0.043 3
18	−2.936 3	−0.035 5	−10.412 4	−0.014 7	53	1.267 0	0.005 5	−6.541 9	0.043 3
19	−2.932 9	−0.035 5	−10.349 3	−0.012 9	54	1.438 2	0.007 1	−6.318 5	0.043 1
20	−2.802 8	−0.034 1	−10.306 6	−0.011 7	55	1.442 4	0.007 2	−6.189 0	0.042 6
21	−2.456 1	−0.030 9	−10.158 0	−0.007 5	56	1.622 9	0.008 9	−6.117 9	0.042 3
22	−2.420 2	−0.030 5	−9.979 0	−0.002 7	57	1.800 7	0.010 6	−6.102 7	0.042 2
23	−2.380 3	−0.030 0	−9.890 6	−0.000 4	58	1.869 1	0.011 2	−5.849 9	0.041 1
24	−1.974 4	−0.026 4	−9.812 1	0.001 6	59	1.931 5	0.011 8	−5.783 5	0.040 7
25	−1.957 6	−0.026 2	−9.673 6	0.005 1	60	2.051 1	0.012 9	−5.693 0	0.040 0
26	−1.900 9	−0.025 7	−9.546 7	0.008 0	61	2.338 6	0.015 6	−5.580 6	0.039 0
27	−1.872 2	−0.025 4	−9.477 4	0.009 6	62	2.360 5	0.015 8	−5.380 2	0.037 3
28	−1.533 7	−0.022 3	−9.276 6	0.014 2	63	2.425 6	0.016 4	−5.379 1	0.037 2
29	−1.490 5	−0.021 8	−9.189 6	0.016 0	64	2.478 4	0.016 9	−5.270 1	0.035 9
30	−1.378 0	−0.020 8	−9.116 7	0.017 5	65	2.849 4	0.020 3	−5.061 4	0.033 1
31	−1.322 3	−0.020 3	−9.062 5	0.018 6	66	2.877 6	0.020 5	−4.977 3	0.032 0
32	−1.111 4	−0.018 2	−8.741 9	0.024 7	67	2.909 1	0.020 8	−4.913 3	0.031 0
33	−1.008 3	−0.017 2	−8.706 7	0.025 3	68	2.919 7	0.020 9	−4.848 1	0.029 9
34	−0.908 8	−0.016 3	−8.685 0	0.025 6	69	3.340 3	0.024 7	−4.579 2	0.024 7
35	−0.853 6	−0.015 7	−8.648 9	0.026 4	70	3.412 5	0.025 4	−4.545 0	0.023 5

续附表 8

序号	X_1	Y_1	X_2	Y_2	序号	X_1	Y_1	X_2	Y_2
71	3.418 1	0.025 5	−4.448 7	0.021 4	84	5.587 6	0.044 9	−3.019 4	−0.017 9
72	3.773 2	0.028 7	−4.430 0	0.020 8	85	5.893 1	0.047 6	−3.008 0	−0.018 2
73	3.908 4	0.029 9	−4.181 5	0.013 9	86	5.944 3	0.048 1	−2.771 5	−0.024 3
74	3.956 1	0.030 3	−4.034 6	0.009 5	87	6.129 9	0.049 7	−2.617 1	−0.028 4
75	4.204 6	0.032 6	−4.011 6	0.009 6	88	6.381 0	0.051 9	−2.517 5	−0.030 6
76	4.404 1	0.034 4	−3.988 4	0.009 5	89	6.675 3	0.054 5	−2.362 5	−0.034 2
77	4.499 2	0.035 2	−3.786 4	0.003 6	90	6.818 7	0.055 8	−2.241 7	−0.036 9
78	4.638 6	0.036 5	−3.595 6	−0.001 9	91	7.221 6	0.059 3	−2.172 2	−0.038 5
79	4.898 3	0.038 8	−3.527 9	−0.003 6	92	7.254 5	0.059 6	−2.024 1	−0.041 9
80	5.042 6	0.040 1	−3.525 8	−0.003 5	93	7.692 4	0.063 5	−1.955 7	−0.043 5
81	5.074 0	0.040 4	−3.394 8	−0.007 2	94	7.768 5	0.064 2	−1.551 7	−0.052 7
82	5.395 5	0.043 2	−3.181 3	−0.013 3	95	8.131 3	0.067 3	−1.381 5	−0.056 6
83	5.510 0	0.044 2	−3.070 1	−0.016 4	96	8.312 3	0.068 9	−1.152 9	−0.061 8

附表9　μ计算模型岭函数表

序号	X_1	Y_1	X_2	Y_2	序号	X_1	Y_1	X_2	Y_2
1	-0.915 9	-183.343 6	-3.316 7	-663.905 2	36	-0.608 8	-121.857 6	-0.081 2	-16.262 2
2	-0.899 6	-180.069 4	-2.973 7	-595.250 1	37	-0.589 6	-118.013 7	-0.113 8	-22.773 7
3	-0.895 0	-179.159 1	-2.744 8	-549.421 8	38	-0.586 0	-117.308 9	-0.140 2	-28.070 9
4	-0.880 0	-176.156 8	-2.530 8	-506.601 5	39	-0.573 0	-114.702 0	-0.131 8	-26.385 2
5	-0.874 0	-174.947 8	-2.334 3	-467.264 1	40	-0.560 0	-112.103 8	-0.161 5	-32.330 3
6	-0.860 4	-172.223 7	-2.152 4	-430.839 3	41	-0.547 0	-109.488 8	-0.177 3	-35.490 6
7	-0.857 3	-171.601 2	-1.975 1	-395.361 2	42	-0.540 9	-108.277 9	-0.180 8	-36.197 1
8	-0.852 5	-170.654 0	-1.813 7	-363.040 5	43	-0.514 8	-103.044 4	-0.178 7	-35.772 0
9	-0.846 1	-169.359 0	-1.661 2	-332.526 9	44	-0.502 2	-100.519 4	-0.165 0	-33.028 2
10	-0.838 2	-167.788 4	-1.515 8	-303.417 6	45	-0.496 7	-99.429 0	-0.162 2	-32.462 2
11	-0.834 1	-166.952 8	-1.380 3	-276.290 7	46	-0.486 9	-97.459 6	-0.132 9	-26.594 5
12	-0.827 7	-165.684 9	-1.262 7	-252.757 6	47	-0.445 2	-89.113 7	-0.115 5	-23.127 3
13	-0.825 6	-165.266 6	-1.138 9	-227.975 3	48	-0.441 1	-88.294 5	-0.095 0	-19.015 0
14	-0.810 3	-162.200 7	-1.010 1	-202.197 6	49	-0.434 9	-87.045 5	-0.049 0	-9.808 1
15	-0.804 5	-161.042 8	-0.894 1	-178.981 2	50	-0.425 1	-85.095 3	-0.054 4	-10.898 4
16	-0.798 8	-159.906 0	-0.785 3	-157.185 5	51	-0.375 0	-75.069 3	0.007 4	1.490 1
17	-0.793 8	-158.899 3	-0.683 4	-136.800 6	52	-0.361 3	-72.315 9	0.034 2	6.851 8
18	-0.774 5	-155.039 1	-0.613 7	-122.846 4	53	-0.353 1	-70.684 8	0.077 1	15.432 4
19	-0.772 5	-154.623 2	-0.586 5	-117.405 2	54	-0.352 3	-70.523 6	0.140 8	28.186 5
20	-0.767 4	-153.613 8	-0.489 4	-97.960 5	55	-0.296 4	-59.334 8	0.162 1	32.450 0
21	-0.755 2	-151.172 8	-0.395 1	-79.096 0	56	-0.263 5	-52.738 3	0.250 1	50.061 2
22	-0.741 4	-148.400 7	-0.304 3	-60.906 3	57	-0.252 4	-50.524 1	0.362 4	72.550 3
23	-0.739 2	-147.974 1	-0.270 6	-54.157 5	58	-0.249 4	-49.913 8	0.469 5	93.980 8
24	-0.736 9	-147.508 5	-0.212 3	-42.490 4	59	-0.198 7	-39.781 0	0.569 3	113.952 9
25	-0.716 9	-143.500 2	-0.154 3	-30.895 5	60	-0.151 4	-30.315 7	0.562 6	112.614 1
26	-0.708 1	-141.748 6	-0.121 2	-24.244 4	61	-0.119 6	-23.938 7	0.649 9	130.100 4
27	-0.705 0	-141.118 8	-0.106 9	-21.389 6	62	-0.111 0	-22.220 4	0.724 6	145.038 7
28	-0.700 0	-140.126 4	-0.060 4	-12.082 4	63	-0.082 5	-16.509 6	0.787 3	157.588 8
29	-0.671 7	-134.461 7	-0.016 1	-3.227 9	64	-0.018 2	-3.644 9	0.812 6	162.654 9
30	-0.670 0	-134.110 6	0.017 1	3.431 3	65	0.037 8	7.570 0	0.805 3	161.195 6
31	-0.670 0	-134.121 0	0.025 1	5.029 9	66	0.053 5	10.714 6	0.811 2	162.378 4
32	-0.656 6	-131.427 9	0.017 1	3.414 0	67	0.063 8	12.762 8	0.807 0	161.530 7
33	-0.629 7	-126.047 3	0.001 0	0.205 7	68	0.137 7	27.560 8	0.802 1	160.566 8
34	-0.628 9	-125.893 2	-0.025 8	-5.164 8	69	0.207 7	41.580 2	0.768 6	153.858 0
35	-0.623 6	-124.833 0	-0.053 9	-10.791 2	70	0.225 3	45.091 9	0.768 2	153.763 0

续附表 9

序号	X_1	Y_1	X_2	Y_2	序号	X_1	Y_1	X_2	Y_2
71	0.274 0	54.850 0	0.732 9	146.710 0	84	1.184 5	237.110 0	0.949 4	190.050 0
72	0.320 3	64.110 0	0.715 7	143.270 0	85	1.312 8	262.790 0	1.004 9	201.160 0
73	0.391 0	78.260 0	0.703 3	140.770 0	86	1.523 7	304.990 0	1.052 2	210.620 0
74	0.453 1	90.690 0	0.680 6	136.230 0	87	1.523 4	304.940 0	1.094 2	219.040 0
75	0.539 0	107.900 0	0.678 6	135.830 0	88	1.556 1	311.480 0	1.127 9	225.770 0
76	0.538 9	107.870 0	0.679 5	136.020 0	89	1.833 9	367.090 0	1.151 9	230.570 0
77	0.607 7	121.650 0	0.683 2	136.770 0	90	1.969 7	394.280 0	1.167 0	233.610 0
78	0.733 1	146.740 0	0.702 0	140.530 0	91	1.972 7	394.870 0	1.173 3	234.860 0
79	0.803 2	160.780 0	0.714 4	143.010 0	92	2.030 7	406.490 0	1.171 0	234.400 0
80	0.868 2	173.800 0	0.730 3	146.180 0	93	2.453 7	491.160 0	1.160 3	232.250 0
81	0.878 3	175.800 0	0.765 5	153.240 0	94	2.584 4	517.320 0	1.149 7	230.130 0
82	1.088 2	217.840 0	0.828 4	165.820 0	95	2.584 6	517.360 0	1.139 2	228.040 0
83	1.129 3	226.060 0	0.891 3	178.410 0	96	2.623 6	525.180 0	1.127 5	225.690 0

参考文献

[1] 方开泰, 马长兴. 正交与均匀试验设计[M]. 北京:科学出版社,2001.

[2] 中国质量管理协会. 质量管理中的试验设计方法[M]. 北京:北京理工大学出版社,1991.

[3] David C Hoaglin,Frederick Mosteller,John W Tukey. 探索性数据分析,[M].陈忠琏,郭德媛,译. 北京:中国统计出版社. 1998.

[4] 美国科学院国家研究理事会. 2025 年的数学科学[M].刘小平,李泽霞,译. 北京:科学出版社,2014.

[5] Kruskal J B. Toward a practical method which helps uncover the structure of a set ofmultivariate observations by finding the linear transformation which optimizes a new index of condensation[C]//In Milton RC, Nelder J A (ed.). Statistical computation. New York:Academia Press, 1969.

[6] Switzer P, Wright R M. Numerical classification applied to certain Jamaican eocene nummulitids [J]. Mathematical Geology, 1971, 3 (3):297-311.

[7] Kruskal J B. Linear transformation ofmultivariate data[C]//In Kruskal J B (ed.). Theory and Application in the Behavioral Science. New York and London:Semimar Press,1972.

[8] Friedman J H, Turkey J W. A projection pursuit algorithm for exploratory data analysis [J]. IEEE Trans Computers, 1974:23(9):881-889.

[9] Friedman J H, Stuetzle W. Projection Pursuit Regression [J]. Journal of the American Statistical Association, 1981, 76(376): 817-818.

[10] Tukey P A, Tukey J W. Graphical Display of Data Sets in Three or More Dimensions[C]//In Barnett V (ed.). Interpreting Multivariate Data. Chichester U K:John Wiley, 1981:189-213.

[11] Donoho D L, Huber P J. The use of kinematic displays to represent high dimentional data[C]// In Eddy W F (ed.). Computer Science and Statistics:Proceedings of 13th Symposium on the interface. New-York:Semimar Press, 1981.

[12] Diaconis P, Friedman J H. Asymptotics of graphical projection pursuit [C]. Annal of statistics,1984:793-815.

[13] Huber P J. Project Pursuit (With discussion) [J]. Annal of statistics, 1985, 13(2):435-525.

[14] 李国英.散布阵及主成分的稳健的投影寻踪估计的收敛性(英文)[J].系统科学与数学,1984(1):1-14.

[15] 成平,李国英,陈忠琏, 等. 投影寻踪讲义[R].北京: 中国科学院系统科学所,1986.

[16] 成平,李国英. 投影寻踪:一类新兴的统计方法[J].应用概率统计,1986(3):267-276.

[17] 李国英. 什么是投影寻踪[J]. 数理统计与管理, 1986(4):21-23, 36.

[18] 陈家骅. 自回归模型中的矩估计 [J]. 应用数学学报, 1986(4):461-469.

[19] 崔恒建, 成平. 散布阵检验统计量的P-值 [J]. 科学通报, 1993(6):564-567.

[20] 宋立新,成平. 投影追踪回归逼近的均方收敛性[J]. 应用概率统计,1996(2):113-115.

[21] 任露泉.试验优化设计与分析[M].北京:高等教育出版社, 2003.

[22] 郑少华,姜奉华.试验设计与数据处理[M].北京:中国建材工业出版社, 2004.

[23] 陈森发. 复杂系统建模理论与方法[M].南京: 东南大学出版社, 2005.

[24] 马希文. 正交设计的数学理论[M]. 北京:人民教育出版社,1981.

[25] 扬子胥. 正交表的构造[M].济南:山东人民出版社,1978.

[26] 北京大学数学力学系数学专业概率统计组. 正交设计[M].北京:人民教育出版社,1976.

[27] 中国科学院数学所数理统计组. 正交试验法[M]. 北京:人民教育出版社,1975.

[28] 中国科学院数学所统计组. 方差分析[M]. 北京:科学出版社,1977.

[29] 陈魁. 试验设计与分析[M]. 2 版. 北京:清华大学出版社, 2005.

[30] 方开泰. 实用回归分析[M]. 北京:科学出版社, 1988.

[31] 中国科学院数学所概率统计室. 常用数理统计表[M]. 北京:科学出版社,1974.

[32] 中国科学院数学所统计组. 常用数理统计方法[M]. 北京:科学出版社,1979.

[33] 俭济斌. 多因素试验正交优选法[M]. 北京:科学出版社,1976.

[34] 穆歌,李巧丽,孟庆均,等. 系统建模[M]. 2 版. 北京:国防工业出版社,2013.

[35] 任现周,武新华,张海峰. Excel 应用实例与精解[M]. 北京:科学出版社, 2004.

[36] 盛骤,谢武平,潘承毅. 概率论与数理统计[M]. 2 版. 北京:高等教育出版社, 1989.

[37] 唐守正. 多元统计分析方法[M]. 北京:中国林业出版社, 1988.

[38] 王万中. 试验的设计与分析[M]. 北京:高等教育出版社, 2004.

[39] 杨德. 试验设计与分析[M]. 北京:中国农业出版社, 2002.

[40] 赵选民. 试验设计方法[M]. 北京:科学出版社, 2002.

[41] 郑祖国,何建新,宫经伟,等. 复杂系统的投影寻踪回归无假定建模技术及应用实例[M]. 北京:中国水利水电出版社,2019.

[42] 田铮, 林伟. 投影寻踪方法与应用[M]. 西安:西北工业大学出版社,2008.

[43] 付强,赵小勇. 投影寻踪模型原理及其应用[M]. 北京:科学出版社,2006.

[44] 何建新. 碾压式沥青混凝土心墙坝新技术研究与实践[M]. 郑州:黄河水利出版社, 2020.

[45] 陈勒. 大规模复杂决策问题求解的2+3棋型及其分形性质[J]. 系统工程理论与实践,1993(5): 20-25.

[46] 昝廷全. 关于系统学研究的若干问题[J]. 系统工程理论与实践, 1993(6): 23-29.

[47] 陈守煜. 大系统模糊优化单元系统理论[J]. 系统工程理论与实践, 1994(1): 1-10.

[48] 王宗军, 冯珊. 嵌入神经网络专家系统的智能化城市评价 DSS[J]. 系统工程理论与实践,1995(4): 25-32.

[49] 田玉楚, 符雪桐, 孙优贤, 等. 复杂系统与宏观信息熵方法[J]. 系统工程理论与实践,1995(8): 62-69.

[50] 刘光中. 自组织方法(GMDH)中准则的抗干扰性[J]. 系统工程理论与实践,1995(1): 1-15.

[51] Madala H R, Ivakhnenko A G. Inductive learning algorithms for complex system modeling[J]. CRC Press. Inc. 1994.

[52] 郑祖国,邓传玲,刘大秀. PP 回归在新疆春旱长期预报工作中的应用[J]. 八一农学院学报,1990(3):7-12.

[53] 郑祖国,刘大秀. 投影寻踪自回归和多维混合回归模型及其在大河长河段洪水预报中的应用[J]. 水文,1994(4):6-10,65.

[54] 刘录录,何建新,刘亮,等. 胶凝砂砾石材料抗压强度影响因素及规律研究[J]. 混凝土, 2013(3): 77-80.

[55] 刘录录. 胶凝砂砾石材料物理力学性能研究及有限元分析[D]. 乌鲁木齐:新疆农业大学,2013.

[56] 何建新,杨耀辉,杨海华. 基于 PPR 无假定建模的沥青胶浆拉伸强度变化规律分析[J]. 水资源与水工程学报,2016,27(2):189-192.

[57] 杨耀辉. 天然砾石骨料界面与沥青胶浆粘附性能研究[D]. 乌鲁木齐:新疆农业大学,2015.

[58] 刘亮,何建新. 盐化作用对粘性土抗剪强度的影响规律研究[J]. 新疆农业大学学报, 2009,32(4): 54-56.

[59] 何建新,刘亮,杨力行,等.含盐量与颗粒级配对工程土稠度界限的影响[J].新疆农业大学学报,2008,31(2):85-87.

[60] 仝卫超.砾石骨料破碎率对心墙沥青混凝土性能影响研究[D].乌鲁木齐:新疆农业大学,2016.

[61] 仝卫超,何建新,王怀义.砾石骨料破碎对心墙沥青混凝土的性能影响分析[J].水资源与水工程学报,2016,27(1):175-179.

[62] 伦聚斌.骨料级配对心墙沥青混凝土性能影响研究[D].乌鲁木齐:新疆农业大学,2017.

[63] 伦聚斌,何建新,王怀义.粗骨料超径率对心墙沥青混凝土力学性能的影响分析[J].水资源与水工程学报,2017,28(1):169-173.

[64] 宫经伟,唐新军,侍克斌.投影寻踪法在混凝土热力学参数反演中的应用[J].中国农村水利水电,2017(4):164-167,173.

[65] 姜春萌,宫经伟,唐新军,等.基于PPR的低热水泥胶凝体系综合性能优化方法[J].建筑材料学报,2019,22(3):333-340.

[66] 杨丹.RBF神经网络预测水泥水化热研究[J].国防交通工程与技术,2011,9(3):31-33,37.

[67] 杨祎帆.用MATLAB软件预测水泥强度[J].水泥,2010,36(8):54-55.

[68] 王继宗,倪宏光.基于BP神经网络的水泥抗压强度预测研究[J].硅酸盐学报,1999,27(4):26-32.

[69] 杨志豪.大粒径水工沥青混凝土离析特性与静力本构关系研究[D].乌鲁木齐:新疆农业大学,2022.

[70] 杨海华,杨武,刘汉龙,等.基于PPR数据建模技术的砂砾石料应力应变规律拟合[J].材料导报,2023(13):1-13.

[71] 刘亮.高聚物戈壁土工程与力学特性试验研究[D].乌鲁木齐:新疆农业大学,2022.

[72] 杨丹.RBF神经网络预测水泥水化热研究[J].国防交通工程与技术,2011,9(3):31-33,37.

[73] 杨祎帆.用MATLAB软件预测水泥强度[J].水泥,2010,36(8):54-55.

[74] 王继宗,倪宏光.基于BP神经网络的水泥抗压强度预测研究[J].硅酸盐学报,1999,27(4):26-32.

[75] 周品.MATLAB数值分析应用教程[M].北京:电子工业出版社,2014.